中村桂子コレクション
いのち愛づる生命誌

VI

17歳の生命誌

生きる

藤原書店

大学院 2 年生のとき
京都で下宿していた 1960 年頃

大学院入学時、江上研究室の仲間と。
前列中央の著者の右が江上不二夫先生

1959 年、大学院一年生。
初めての学会発表

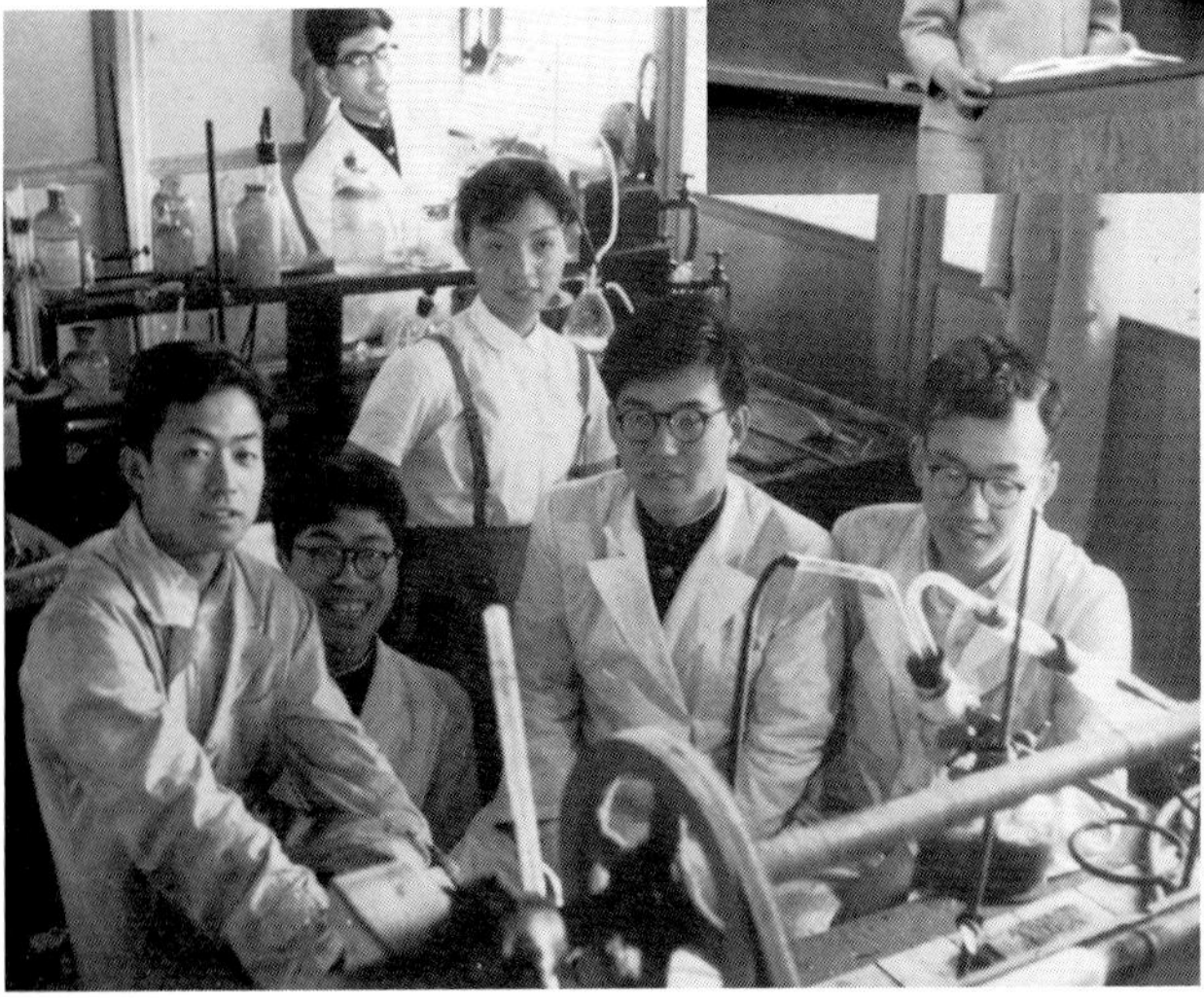

東京大学化学科、実験室の仲間と

はじめに

「生命誌」は、「人間は生きものである」というあたりまえのことを基本に生命科学を中心としたさまざまな学問が明らかにしている知識を取り入れながら「生きているとはどういうことだろう」という問いに向きあう知です。

このコレクションでは、各巻で、生きものの特徴を示す言葉である「つづく」「ひらく」「つながる」「はぐくむ」「あそぶ」などを切り口として生きているとはどういうことかを考えてきました。そしてこの巻は、「生きる」と真正面からの直球です。その球をがっちりと受け取ってほしいのが十七歳なのです。

普段は、コンピューターゲームやスポーツに忙しく、受験のことも考えなければなりません。その中で、人間が生きものだなどと特に意識することはないでしょう。でも小さなときのことを思い出してください。公園で見つけたアリの行列やキャンプに出かけてお父さんと一緒に採ったセミなど、小さな生きものにはどこか惹きつけられるものがありませんでしたか。しかもそれらの生きものはすぐ死んでしまいます。死といえば、かわいがっていたイヌやネコや小鳥が死んでしまうという悲しい体験をした人もあるでしょう。

「生と死」と書くと、この二つは正反対のように見えますが、実は私たちは、死に向きあったときに一番深く、生きるとはどういうことかを考えるのではないでしょうか。これはすぐに答えの出るような課題ではないので考え続けるしかありません。でも、近年生きていること（少しめんどうな言葉で生命現象と言います）を研究する科学が進み、このめんどうな課題を考えるときの参考になる事実がかなりわかってきています。この本ではそれらをさまざまな形で紹介していますので、それを参考に「生きている」という現象のもつおもしろさや私たちの生き方につながる意味を探りだすことを試みてください。

とくに「Ⅱ　まど・みちおの詩で生命誌をよむ」では、一見異質に見える詩と科学が、自然をよく見つめて関心をもち、そこからさまざまな物語を読みとるという点で重なっていることを示しました。科学は苦手と思っている人も、優しく語りかけるまどさんの詩を通して、生きていることを示すさまざまな特徴に眼を向けてくださるとうれしいです。

ところで、これまでは「生きている」ことについて語ってきました。でもこの巻の言葉は「生きる」です。三歳くらいになると、「なぜ?」と問うようになり、「生きている」ことをめぐるさまざまな問題を考えます。そして年齢を重ねるにつれて、「自分はどう生きるか」を考えるようになっていくのです。

そして今の社会では、高校生のときにはこれからおとなとして社会人として生きていく自分をイメージしながら進路を決める必要があります。大学でどのような分野を学ぶか、就職の場合どのような職業を選ぶか。そのときに、社会にどれだけ役に立つかという判断は大事でしょう。報酬がどれだけあるかということも考えますね。

それと同時に人間として何を大事と思うか、どう生きるかも大事だと私は思っています。実は、こちらのほうが大事だというのが本音です。納得のできる生き方をすること。もしかしたらそれは、よい報酬にはつながらないかもしれないけれど、気持ちのよい生き方ができると、充実感が得られて日々が楽しく暮らせます。そのようなことも含めて、自分はどう生きるかということを一番真剣に考えるのは十七歳のころかなと思い、直球を投げました。

私は、世界観がとても大事だと思っています。自分のもつ世界観が明確であれば、世の中で起きる一つひとつのことがらに対する判断に迷うことはあまりありません。潔く生きられます。世界観という言葉にこれまで出会ったことがないかもしれませんが、別にむずかしいことではありません。生命誌としては、やはり人間が生きものであることを忘れずに多様性に眼を向け、それぞれがそれぞれとして生きることを大切にする生き方を大事にします。どんな生き方をするか、ここで考えてみてください。

だれにとっても生きていくのは大変なことですし、いつの時代も課題山積です。でもその中で生きていることを楽しむ日々が送れるように一緒に考えましょう。

中村桂子

二〇二〇年三月

中村桂子コレクション　いのち愛《め》づる生命誌　6

生きる　17歳の生命誌　もくじ

Ⅱ　まど・みちおの詩で生命誌をよむ

Ⅲ ゲノムから脳へ、そして環境

第2章　脳を語る　280

中村桂子コレクション　いのち愛《め》づる生命誌　6

生きる　17歳の生命誌

凡例

一　本コレクションは、中村桂子の全著作から精選し、テーマごとにまとめたものである。収録にあたり、著者自身が註の追加を含め、大幅に加筆修正を行なっている。

一　註は、該当する語の右横に＊で示し、稿末においた。

編集協力＝柏原怜子
甲野郁代
柏原瑞可
製作担当＝山﨑優子
装　丁＝作間順子

中村桂子コレクション

月　報　5
第6巻
（第5回配本）
2020年4月

目　次

藤原書店
東京都新宿区
早稲田鶴巻町523

生命誌絵巻

関野吉晴

私は二〇代、三〇代の時、アマゾンに通い続けた。アマゾンの先住民ヤノマミやマチゲンガと同じ屋根の下で同じものを食べながら暮らした。彼らの家に入った時、印象的だったのは、家の中を見回してみると、周囲にあるものは見事に素材が分かるものばかりだということだ。家を作っている屋根、柱、梁、柱や梁に載っている籠や漁網、ひょうたん、弓矢や糸巻き棒、燃えている薪、ハンモック等々。すべて自然から素材を取って来て、自分で作ってしまうのが彼らの流儀だ。それに対して現代社会では、自然から素材を取って来て自分で作ることはない。

作ったものはいずれ壊れる。バナナ、イモの皮、魚、動物の骨などと共に森に捨てられる。しかし、いつの間にかなくなっている。動物たちが持っていき、ムシや微生物が分解して土に還る。私たち文明社会では問題になっているごみというものはない。彼らは自然の循環の輪の中にいる。

ヒトはアフリカで生まれた。六万年前にアフリカをでて世界中に拡散していった。その中で最も遠く、シベリア、アラスカ経由で南米最南端にまで進出した人たちの旅路を、イギリス人の考古学者がグレート・ジャーニーと名付けた。アフリカをでて、いつ、なぜ、どのようにして、はるばると南米最南端までやって来たのか。私は太古の人とは逆ルート、南米発、アラスカ、シベリア経由でアフリカまで、近代的動力を使わず、自分の腕力と脚力だけで歩くことにした。

一九九三年の一二月が出発だったが、その前に一般向け科学技術誌の企画で中村桂子先生と対談することになった。ちょうど生命誌研究館の設立の年だった。

その時、一つひとつの生きものがもつ歴史性と多様な生きものの関係を示す新しい表現法として考案した「生命誌絵巻」を見せて頂き、この図が示していることは、地球上の生物はすべて三八億年という歴史を体の中に持っているということだと説明していただいた。

「通常生きものの世界を考える時には、得てしてバクテリアのような簡単な生きものを下に、人間を上に置いてしまいますが、そうではありません。絵巻にあるように、どの生きものもまったく同じ時間があっての存在であり、上下関係はありません。絵巻を見てわかっていただきたい大切なことは、人間が生きものの一つとしてこの中にいるということです。これまで考えてきたことからはそれはとてもあたりまえのことですが、現代社会では決してあたりまえではありません。多くの人は、人間はこの図の外、しかも上の方にいると考えて行動しているのではないでしょうか」とおっしゃった。私もアマゾンで、都会の人間は自然の循環から外れていると感じていたので同感だった。

その後も数回、私の勤める武蔵野美術大学に来ていただき、講演をしていただき、対談をさせていただいた。また国立科学博物館で開催した特別展「グレートジャーニー」をご覧になって頂き、生命誌研究館の雑誌のために対談をし、映画の撮影もしていただいた。

最近は中村先生の影響を受けて、武蔵野美術大学の近くを流れる玉川上水の生きものを調査している。アマゾンに比べると小さな自然だ。しかし生き物の専門家と歩いてみると、草木が繁茂し、虫や鳥が飛び、動物たちが動き回っている。その生き物たちのリンクに着目した。

どこにでもいるタヌキ、糞虫を中心に、調べ始めて四年近くになる。タヌキの糞を調べれば食性、行動半径なども分かる。糞があれば糞虫が来る。タヌキが草木の実を食べれば、糞の中に種が残り、いつか芽を出し、群落ができる。そこに様々な虫や動物もやって来て、その土地特有の生態系ができる。

すると野生の動植物の視点から見ても、野生の生きものはすべてが繋がっているのに、文明社会は野生動植物の循環の環から外れていることが分かる。文明社会は、野生の動植物がいなければ生きていけないのに、野生動植物は文明社会を必要としていない。むしろ生命誌絵巻の外に出て、破壊者として、野生の動植物の多くを絶滅に追い込んでいることが分かった。

（せきの・よしはる／探検家、医師）

動詞で考えること

黒川 創

いまから一〇年余り前。

京都の私どものおんぼろな生家に中村桂子さんをお招きして、哲学者の鶴見俊輔さん、経済学者の塩沢由典さんらと、午後から深夜までの長時間にわたって、小人数でお話をうかがう集まりを持ったことがある（この座談の記録は、中村桂子『わたしの中の38億年――生命誌の視野から』、編集グループＳＵＲＥ、二〇〇八年）。

そのとき私は、素人の立場から、およそこんな疑問を中村さんに向けている。

――遺伝子の世界は、目に見えない。だから、たとえば「ヒトの遺伝子は二万二千個」という記述に出会っても、それをどんな情景として思い描けばよいか、戸惑ってしまうんです。――

中村さんは、

「わかります」

と、うなずいて、持参したＤＶＤの映像を見せてくださった。それは、ＤＮＡの自己複製がどうやって行なわれるかを正しいデータにもとづいて可視化しようとして制作されたＣＧ（コンピューター・グラフィクス）だった。中村さんたちは、これを実際につくってみることで、従来の教科書の記述にあった自己複製のプロセスの間違いにも気づくことができた、とのことだった。

つまり、自分の関心の対象について、イメージを明確にし、これを表現することで他者と共有するという行為は、従来、主に音楽、美術、文芸といった芸術にかかわる取り組みだとみなされてきた。だが、中村さんは、具体的なイメージや表現の必要は、自然科学の研究においても変わりがない、と言うのだった。

脳裏に思い描いた「イメージ」は、ある程度、漠然としていることが避けられない。だから、さらにさまざまな修正をそこに加えることを通して、これは自立した「表現」へと鍛えられていく。中村さんたちが、教科書の記述の間違いに気づかされるのも、こうした過程でのことだろう。

中村さんは、そのプロセスをご自身の仕事に引き寄せて、こんなふうにおっしゃった。

「よく、音楽にたとえるんですけど、音楽家は、たとえば、モーツァルトが楽譜を書いて、そこに置いておいたら、モーツァルトにとってはそこに音楽があるんだけど、他の人にとっては音楽がない。（中略）本来、彼が書いた楽譜というのは、彼が演奏することによって音楽になるわけですね。（中略）音楽をつくった人は、演奏までやらなかったら、つくった気にならないと思う。科学も、何かわかったら、それが表現されるところまでいかないと、存在しえない。そこではじめて『ある』んじゃないかなと。」

近ごろ中村さんは、動詞でものごとを考えるように心がけている、とのことだった。たとえば「生命」という名詞に依拠して考えると、この語を定義しなければいけなくなる。だが、本来、「生きていること」は、そのように決定論的には定義できない。なぜなら、生物とは、偶然性と必然性がからみあわないと生まれない系であるからだ。

また、名詞による定義は、博物学的な多様性の分類には適している。だが、まず多様な生物の共通性に遡ってとらえようとする「生命誌」の方法意識においては、動詞に広く基礎づけて考えるほうが、ふさわしい。

むかし、ヒトは五六億七千万年の彼方に、この世界について思惟している弥勒菩薩という存在を思い描いた。動詞の働きが、ここにもあって、三八億年という地球上の生命の歴史を視野に収めて、人類の傲慢が静かに戒められているのを感じる。


（くろかわ・そう／作家）

中村先生というパイプ

塚谷裕一

　中村先生のお名前を初めて存じ上げたのは、高校生の時だった。当時通っていた神奈川県立湘南高校の図書室は大変充実していたので、私は毎日図書室に行き本を乱読していた。そんな中出会ったのが、今や古典となったジェームス・ワトソン著『二重らせん』であった。DNA二重らせん構造の発見につながった物語である。ただし原著ではなく、日本語訳。その訳者が、江上不二夫・中村桂子両氏というわけだった。確かめてみたところ、一九八〇年の日本語訳改訂版初版が私の書棚にあった。奥付を見ると、このとき中村先生は三菱化成生命科学研究所の室長であったことがわかる。

　当時、世の中では細胞融合などのいわゆるバイオテクノロジーが話題になっていたころ。テレビ番組でも関連話題が多く取り上げられており、そうした番組にも中村先生はよく登場されていた。ただテレビでは中村先生は、分子遺伝学を自らの言葉で解説されることは少なかった。逆に、素人のふりをして専門家にインタビューし、解説を引き出すといった役割を果たしていることが多く、違和感を覚えた記憶がある。

　一方、私は高校の生物研究部の部活動として、マウスの発癌実験や、植物の細胞融合などをやっていた。これまた図書室の資料をあさったり、当時毎月通っていた八重洲ブックセンターで書籍などを買い込んで独学でやっていたのだが、なにぶん今と違ってネット検索のような便利なものはない。何か生物学上の疑問について、調べられる範囲で答えが見つからない場合、とにかく専門と思われる先生に質問の手紙を送る、という習慣が私にはあった。今振り返ると錚々《そうそう》たる先生方に対して、伝手《つて》もないのに片っ端から質問を送っていたのは、冷や汗ものである。しかるにいずれの先生方も親切にすぐに返事を下さったのは、いかなる運の良さだったのだろう。同じく中村先生にも質問の手紙をお送りしたことがあり、すぐにお返事をいただいたのを記憶している。

　それからだいぶ年月がたって、改めて個人的に接点ができたのは、岡崎は基礎生物学研究所の助教授だった時代のこと。私自身、一般向けの書物を既に何冊か出していたので、お目に留まったのだろう。研究館の出版物『生命誌』誌上での対談、あるいはJT生命誌研究館での宮沢賢治をテーマとする催しへのお誘いなど、ユニークなサイエンスコミュニケーション活動にもお声がけいただいた。初めてお目にかかったときお尋ねしたところ、高校生の時に無謀にも手紙を差し上げたことは、覚えておいでではなかったが、それはふだんから同様の問い合わせに、いつでも丁寧に対応されてきたからだろう。

それから改めて中村先生のご活動を拝見していると、常によき聞き手として科学の現場と社会をつなごうとしてきたことが分かる。『生命誌』を通読していくと、なんと数多くの著名生物学者が、いかに楽しそうに、その生い立ちから科学への目覚め、そして独自の研究の着想などを語っていることだろう。これは『生命誌』で一番印象に残ることだ。これこそは、中村先生のすぐれた聞き出しによるものだろう。そう思ってみれば、毎日新聞の書評欄を長年担当されてきたところも、一冊の本の魅力を引き出し、それを世に紹介する仕事と見ることができる。以前のテレビ番組での聞き役設定も、中村先生はむしろ引き出し役に徹することで、より膨らみのある科学の世界を、社会に伝えたかったのかも知れない。

今回のこのシリーズでは、聞き手・紹介者あるいは引き出し役としての中村先生に加え、中村先生ご自身の言葉で語られる側面も多く見ることができる。その全貌を見ることで、私たちは科学と社会をつなぐパイプの重要さを改めて感じることになろう。しかしその重要なパイプ役、日本に中村先生お一人ではやはり限度がある。足りない。もっともっとたくさんのパイプが必要だ。このシリーズをきっかけに、あとに連なる方々が続々と出てくれることを望むものである。

（つかや・ひろかず／東京大学教授、植物の分子・発生遺伝学）

中村桂子さんの人と仕事、その魅力

津田一郎

中村桂子さんとの出会いは、一九七七年ごろ私が大学院に入って、非線形・非平衡統計物理学の研究を始めたころに遡る。一方的な出会いである。私は指導教官の富田和久先生から、今後の研究テーマを自分で見つけるようにと言われていた。非線形・非平衡統計力学はとても難しい学問なので、その構築は一朝一夕にはできない。そこで、まず現象論から入ることにした。いろんな研究テーマを考えていた時である。三菱化成生命科学研究所が編集したシリーズ本が出た。生命科学を環境や倫理とも関係づけながら議論する巻もあり、また私の興味の対象であった情報と物理、生命と情報、生命と物理といった異なる専門分野を融合させるような魅力的なタイトルの本たちが刊行された。

私は生命感にあふれた金森順次郎先生の統計力学の講義や生命感あふれる富田先生の研究スタイルに魅了されていたこともあって、非平衡系の統計物理を生命感のある躍動的なものとして研究したかった。そこで、前記のシリーズとともに中村桂子さんを知ることになる。私はいわゆる生物学にはあまり興味は持てなかったのだが、中村さんの考えに今日の「生命誌」に通じる生命的躍動の本質のようなものを感じて、それ以来中村さんの生命の科学の進展に興味を抱いてきた。

その後、同じ下宿にいた化学系の友人が化学の研究に夢が持てなくなり、いろんな本を読み漁っていた時のことである。再び中村さんとの一方的な出会いがあった。この友人はどんな学問も究極においては生命、ひいては宇宙と人間の関係が分からなければならないという考えを持っていた。彼はさまざまな考え方の中で中村桂子さんの考えが最も本質的だと思ったようだ。彼は中村桂子さんのファンになり、ついに中村さんに手紙を書いた。我々下宿の友人たちは「返事なんか、もらえへんでえ」と彼をからかった。

ある日、なんと一介の大学院生に中村さんから返事が来たのだ。これにはみんな驚いた。中身は見せてもらえなかったが、忙しく飛び回っていて返事が遅れたことへのわびと、この返事を新幹線の中で書いているという断り書きがしてあったそうだ。彼が当時の化学に失望し、生命につながる学問は何かと問いかけたのは明らかだったし、それに対して、生命につながる化学を研究することが一筋縄ではいかないこと、そして生命を心に今は化学をしっかり勉強してくださいと中村さんが言ったに違いないこと、こういったことを彼のある意味吹っ切れた満足な顔を見て私は確信したのだった。

その後、私がカオス的な脳観をもって脳の理論的な研究を始めて少し結果が出始めたころに、ある雑誌社から中村桂子さんと対談してほしいと言われたことがあった。これこそ望外の喜びというもので、即快諾し対談の運びとなった。カオスで生命が分かるのか、それはどういう切り口なのか、カオスとはそんなに生命感のあるものなのか、数学的過ぎて生物学者にはよく分からないので分かるように教えてほしいということだった。実は、このような出会いはその後何度かあった。中村さんが主催した家族的な雰囲気のある研究会に複雑系の仲間たちと呼んでいただいた時も、中村さんは複雑系とは何か、生命を複雑系の視点で見たら何が見えるのか、といった本質的な問いを発し続けた。

いろんな機会に対談させていただいたが、いまだ中村さんを〝説得〟するまでには至っていないという思いが強い。ＪＴ生命誌研究館での対談でも、「私を説得してほしい」と言われた。そもそも「生命誌」という発想は誠に独創的であり、生命がゲノムの中に時間を折り畳んで隠れまた現れていく様子が、この言葉に、そしてこの言葉のみに、見事に集約されている。まさに生命の進化・発展の歴史がダイナミックにゲノムの中に畳み込まれていることに、生命の本質を中村さんは見出したのだ。中村さんは生命体の中でゲノムの果たすダイナミックな役割をエレガントに「生命誌」として表し、生命科学をまさに宇宙と人間に関連付ける大きな学問に育てられた。すべてを包み込むような中村さんだからこそ達成できたことだと思う。「生命誌」において中村さんはゲノムと一体化したのだ。だからこそ、見えないものが見えたのだと思う。

（つだ・いちろう／中部大学教授・北海道大学名誉教授、
複雑系科学・応用数学・脳神経科学）

I

私のなかにある三八億年の歴史

――生命論的世界観で考える

原発事故で明らかになった二〇世紀型科学の欠陥

二五年ほど前から、科学を踏まえながら生命の歴史性に注目する知を提唱しています。今日はその「生命誌（Biohistory）」という新しい知の基本となる考え方についてお話しします。

二〇世紀は、科学とそれに基づく科学技術がひじょうに発達した時代でした。科学で自然についての知識を増やし、それに基づいた技術を開発してだれもが暮しを楽しめる社会づくりを求めたのです。ところが、二〇世紀の後半になると、「産業をさかんにし経済を成長させることが第一」という考えが強くなり、産業に役立つ科学技術だけをすばらしいものと評価するようになりました。

自然を知るというより、みんなが健康になるため、さらに産業を興してお金儲《もう》けをするための技術開発が科学の役割であるととらえられたのです。科学に関する書籍やテレビ番組も「こんなに役に立つ」「こんなに健康にいいことがある」という視点のものがほとんどです。

もちろん、それは大事なことです。ただ人間の役に立つとか健康のためと考えると、どうしても性急に「答え」を求めることになります。「こうすれば健康に暮らせます」「こうすれば経済活動を活発にできます」という答えを出すのが研究者であるとされてしまいます。このために本来の科学の役割が忘れられているのではないだろうか。私はそれが気になっています。

たとえば、二〇一一年三月一一日に起きた東日本大震災では、地震による大津波が沿岸部を襲い、福島第一原子力発電所の事故が起きました。それへの対処は長い時間を必要とします。放射能が与える人体への影響や生態学の問題などについての答えを出すためには地道な調査や検査が必要です。実を言うとまだだれも知らないことが多いのです。

現実に起きていることには対応しなければなりません。でも科学に答えを求めてもすぐに答えを出すのは無理なことが多いのです。最先端の科学技術をもっているといわれる日本ですが、原子炉の中ではたらくロボットさえなかなかできずにいるのですから。

このような現状を見ると、今まで欠けていたものが見えてきます。そして、すべての問題には答えがあり、科学技術の進展がそれを与えてくれると信じ、それに沿って行動すればいいと思いこんでいたのは間違いではないかということに気づきます。ここで科学を否定はせずに新しい道を考える必要があります。本来、科学は「自然はどういうものなんだろう」「宇宙ってなんだろう」「地球とはいったい何か」「生きものや人間はどうして生きているんだろう」などを考えるものであり、それを考えていけば、世界観が生まれてくるはずなのです。

「考える」ことが重要なのです。答えはもちろん大事であり、考えて考えぬけば答えは出てきます。しかし、一つの答えが出てくると、もっとむずかしくて、また、おもしろい問いが必ず生まれてきます。「答えを見つけたらオシマイ」ではなく、ずっと考えつづけることがとても大切なのです。別の言い方をするなら、わからないことがたくさんあると思いながら生きることを楽しむ生き方を支えるものとして科学を位置づけよう。私はそう考えています。

「機械」として世界を考えることの限界

では、私たちはこれからどんな世界観をもてばいいのでしょうか。

過去を振り返ると、科学は一七世紀以降の三〇〇年間にわたり「機械論的世界観」を有してきました。簡単にいうと「宇宙や生命、人間をすべて機械と考えて調べればいいのだ」という世界観です。科学を生みだすことに貢献した偉大な人たち、たとえばガリレイは「自然は数学で書かれた書物」、ベーコンは「自然の操作的支配」、デカルトは「機械論的非人間化」、ニュートンは「粒子論的機械論」という言葉や考え方を出しました。自然やその中にある人間は、数学で書かれた法則のもとに動く機械でありそれを構成する因子を調べれば理解できるという考え方です。そのような自然は操作ができるので人間の思うようになるはずだという思いもあります。

たしかに、分子生物学でDNAやたんぱく質のはたらきを調べてみると、生物も機械のように動いていることがわかります。でも人間をも含めての生きものは機械かと問われれば、それは違うと答えざるを得ません。ただ、従来の科学技術を生みだすための答えを求めるには、機械として考えたほうが具合がよかったのです。

ところが、科学研究を進めた結果、「世界を機械として考える」という従来の思考では自然をとらえきれないことがわかってきました。ここで「宇宙」を考えます。

アインシュタインを知っていますね。相対性理論を考えだしたすばらしい物理学者で、二〇世紀初頭に活躍しました。しかし、偉大な業績を残したアインシュタインでさえ、「宇宙は機械」と考えていました。宇宙の銀河の数はつねに一定で、基本的な構造が変化することはないという「定常宇宙論」を支持していたのです。

ところが今、その理論は否定されています。宇宙物理学者の佐藤勝彦さんは「宇宙は動いている、どんどん膨張している」という「インフレーション理論」の提唱者の一人です。それによって、佐藤さんは宇宙論研究を世界的にリードしています。

さらに、宇宙の膨張は加速していることが超新星の観測によってわかりました。この発見をした三人の教授（カリフォルニア大バークリー校のソール・パールマッター教授、オーストラリア国立大のブライアン・シュミット教授、米ジョンズ・ホプキンス大のアダム・リース教授）は二〇一一年のノーベル物理学賞を受賞しました。

私たちの世界を構成している物質として炭素、チッ素、酸素、リン、などの元素、その実体であるさまざまな素粒子について学びましたね。ところで、私たちの知っているこれらの物質は宇宙をかたちづくっている物質のたった四％にすぎないことがわかってきました。残りのうち、約二〇％は「暗黒物質（ダークマター）」とよばれている物質です。これがなんなのか私たちにはまだわかりません。しかも、これでまだ二五％程度。残り、つまり宇宙のおよそ七五％が「暗黒（ダーク）エネルギー」とよばれる私たちの知らないエネルギーなのです。暗黒エネルギーは宇宙の膨張を加速する力のようですが、その実体は謎です。このような事実から、自然は決まりきった構造をもつ機械ではなく動的であり、しかも複雑であることがわかってきました。

今までの科学では解明できない新しい問題はまだまだたくさんあります。宇宙は、先ほど「一つ解いたとしても、次にもっとむずかしい問題が出てくる」とお話ししたよい例です。

三八億年の歴史は自分の体内にある

宇宙の始まりとその歴史の研究が急速に進んでいます。その歴史の中で、さまざまな恒星が誕生し、その一つが太陽です。その周りをまわる惑星の一つである地球は四六億年前に生まれ、液体の水が存在するなどさまざまな条件が重なって、生きもののいる星になりました。生きものが生まれたのは三八億年ほど前とされます。

地球以外に生きものが存在する惑星は、今のところ見つかっていません。しかし、宇宙には、太陽と同じような恒星はたくさんありますし、その周りをまわっている地球のような惑星も最近の観測で次々と見つかってきました。もしも地球と同じような条件の惑星があれば、私たちと同じような生きものがいるかもしれません。

つまり、生きもののことを考えるときも、地球だけでなく宇宙全体を考えることが大切になってきたのです。

ここで「生命誌絵巻」（本書の見返しを参照）を見てください。生命誌の基本となる考え方を示しており、多様な生きものが長い時間の中で誕生してきた様子を表しています。

扇型の要《かなめ》にいるのが最初に生まれた生命体です。扇の天が現在。バクテリア、ミドリムシ、プラナリア（ウズムシ）、ヒマワリ、チョウ、クジラ、そしてヒトもいますね。名前がついている生きものは一二五万種ほどですが、熱帯雨林にはまだ名前がついていない、あるいは発見されていない生きものが少なくとも数千万種いるはずと考えられています。深海や地底でも新しい生きものが見つかっています。

このように、まだ不確かなことの多い生きものですが、一つだけはっきりわかっていることがあります。どこに棲んでいても、どんな姿かたちをしていても、生きものはみな細胞から成り、細胞の中にはＤＮＡが入っているということです。

そこで、地球上にいるすべての生きものの祖先は、ある一つの細胞と考えられます。扇の要にいる地球で生まれた最初の生命体が現在の生きもの共通の祖先なのです。今から三八億年前の地球には細胞があったことは化石によって確認されています。

海の中で生まれた細胞が「進化」をし、多細胞化して植物や動物になり、動物の中で骨がかたちづくられて魚になった仲間から陸に上がって両生類、は虫類、鳥類、哺乳類となり、そして人間になりました。昆虫の仲間も大事ですね。校庭を歩いているアリも、三八億年前からずっと続いてきて今の姿になりました。生きものは、みんな共通の祖先をもっているのです。皆さんのお腹の中にいるバクテリアも、もとをたどれば三八億年前に遡《さかのぼ》ることができます。

つまり、皆さんも含めて地球上の生きものは、体の中に三八億年の歴史をもっているのです。皆さんの細胞の中にあるＤＮＡは、お父さんとお母さんから半分ずつ受け継いでいます。お父さんとお母さんは、おじいさん、おばあさんから受け継いでいるはずです。このようにたどっていけば、だれもが人類の祖先に還るわけです。ＤＮＡの解析により、人類の祖先からもっと遡ることができて、最終的には三八億年前の最初の生命に戻ります。

三八億年という途方もない時間が自分の体内に残されているという事実を知ると、生きていることの重みを感じませんか。

日常生活でも大事な「生命論的世界観」

宇宙の始まりからこれまでをざっと見てきました。時間をかけてできあがってきた自然界は機械のように一定の構造をとっているものではなく動いており、生きもののようです。この事実を踏まえた考え方を「生命論的世界観」と言います。三〇〇年もの間、科学は「機械論的世界観」で進められてきましたが、科学的知見が増すにつれて「生命論的世界観」のほうが実態に合っていると考えられるようになってきたのです。

「生命誌絵巻」では、人間は扇の中に含まれています。しかし、ベーコンが「自然の操作的支配」と言ったように、現在の科学技術は人間が扇の外側に存在するという考えの下につくられています。それは、キリスト教の影響を受け、人間は他の生きものより優れた特別な存在であり、すべてを支配して生きていくものという考え方です。「人間は生きものであり、自然の一部である」というあたりまえのことが「生命論的世界観」のいちばん大切な部分です。これからの科学は、「生命論的世界観」がベースになります。

私は日常生活でも「生命論的世界観」が大事だと思っています。東日本大震災後には、政治家、学者、評論家の発言より、農業、漁業、林業など第一次産業に従事して、つねに自然を相手に生きてきた人々の言葉がとても魅力的でした。

たとえば「津波で田んぼも畑もダメになったし、家もなくなってしまった。けれど、私はこれからここでもう一度ものをつくっていく〝技術と知恵〟はもっている。それはだれにも流せなかった」と語る農家の方がいました。とても印象的な発言でしたが、これは「人間は自然の一部である」と理解している人の強さなのだと思います。

「人間が自然の一部」というのはあたりまえのことです。けれど、「機械論的世界観」に基づいてつくりあげてきた科学技術中心の社会は、お金や利便性のみを追求してきたせいで、自然との向きあい方を忘れてしまいました。行きづまりつつあるこの社会をつくり変えるためにも、「人間は生きものであり、自然の一部である」ということを、すべての起点とすることが重要です。

共存共栄で進化したイチジクとハチ

ここからは「生命論的世界観」に基づいて私たちが生命誌研究館で取り組んでいる具体的な研究内容をお話しします。

皆さんもご存じのように、二酸化炭素を吸収して酸素を供給する熱帯雨林は私たちにとってとても大切な存在です。この大きな森がどのようにしてできているか。熱帯雨林の「キープラント（鍵の木）」の研究を紹介します。

キープラント、つまり熱帯雨林でもっとも大事なのはいつも実がなっている木です。木の実は虫や鳥、動物たちが食べますね。森は木だけでは成り立ちません。森にとってはさまざまな生きものの存在が重要です。

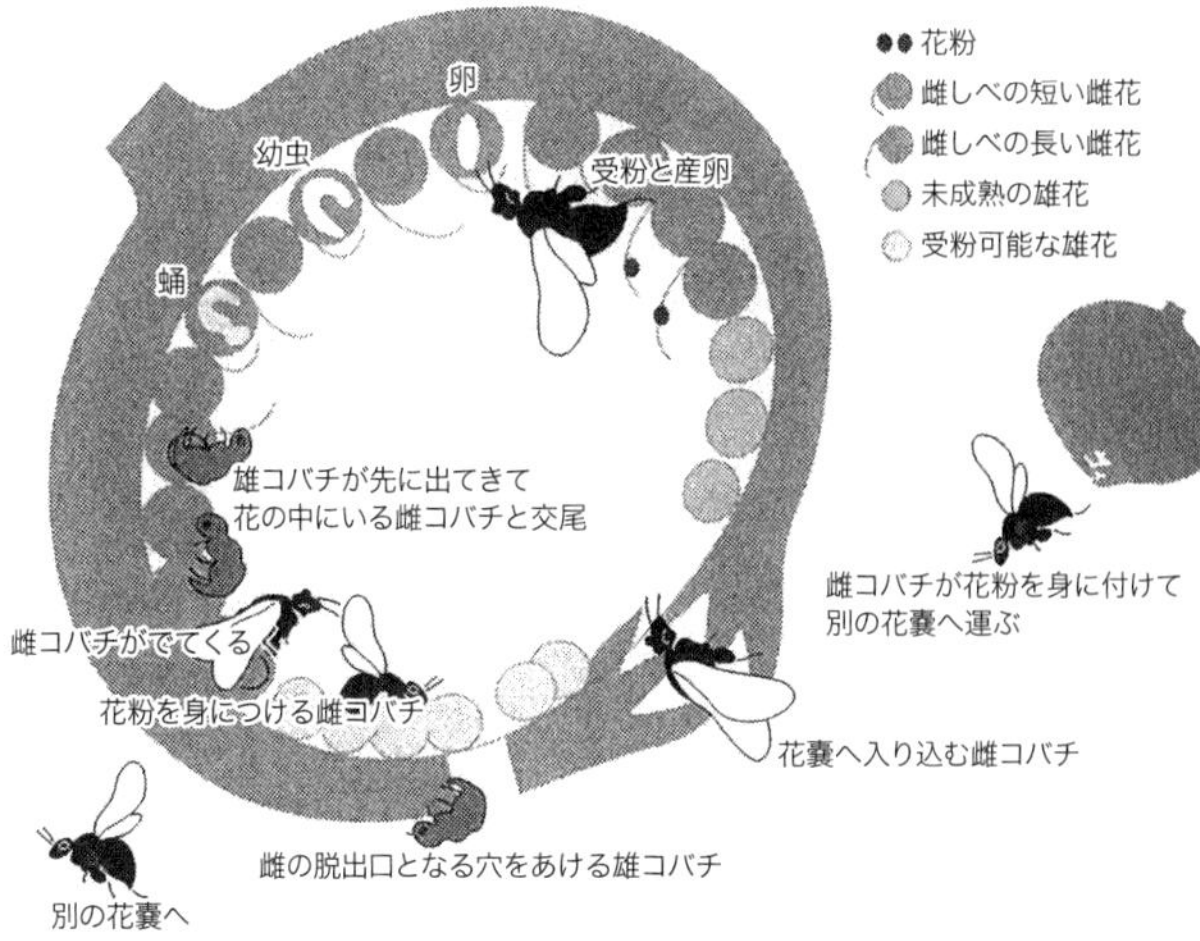

図1-1　コバチはイチジクのなかで育ち、イチジクは花粉を運んでもらう。典型的共進化

カギになる木とはイチジクです。私たちが食べているイチジクは品種改良を重ねて大きくやわらかくなっています。小さくて固い野生のイチジクには、体長一・五～二ミリ程度のイチジクコバチ（以下コバチ）という小さなハチが共生しています。

　イチジクの実のように見えるのは花（花《か》嚢《のう》）です。イチジクの花嚢は実のように閉じているので、受精に必要な雄しべも雌しべも外側からは見えません。花粉を運んで受精させるのは、ふつうはチョウやハチの役目ですが、イチジクの場合はコバチがその役目をになっています。

　コバチはイチジクの花嚢の先端に空いている小さな穴から入りこみ、卵を産みつけます。卵から生まれた幼虫は子房（雌しべの一部分）を食べて成長し、成虫になるとオスとメスは交尾をします。オスはイチジクの花嚢を内側から食い破って、大きな穴を開けます。翅《はね》のないオスはそのまま死んでしまいます。花嚢の中で生まれてそのまま死んでいくのはちょっとかわいそうですね。

一方メスはイチジクの花粉を抱えて、外界へ飛び立ちます。そして別のイチジクの花嚢を見つけて先端の穴から入りこみ、卵を産みつける……というサイクルを繰り返します。コバチは自分の子孫がどんどん増えていき、イチジクも花粉を運んでもらえるので次々と花が咲く。これを「相利共生」といいますが、イチジクとコバチの間にはこうした関係ができあがっています。

私たちはイチジクとコバチの興味深い関係を、DNA解析でたどりました。

まずイチジクの中から一一種類を選び、DNAを分析し、系統図をつくりました。すると、イチジクは八〇〇〇万年くらい前には一種類でしたが、徐々に種類が増えていったことがわかりました。

次に、一一種類のイチジクに共生しているコバチのDNAを解析しました。そしてイチジクと同じように、DNAの差で系統図を描くと、なんとコバチもイチジクとまったく同じ関係だっ

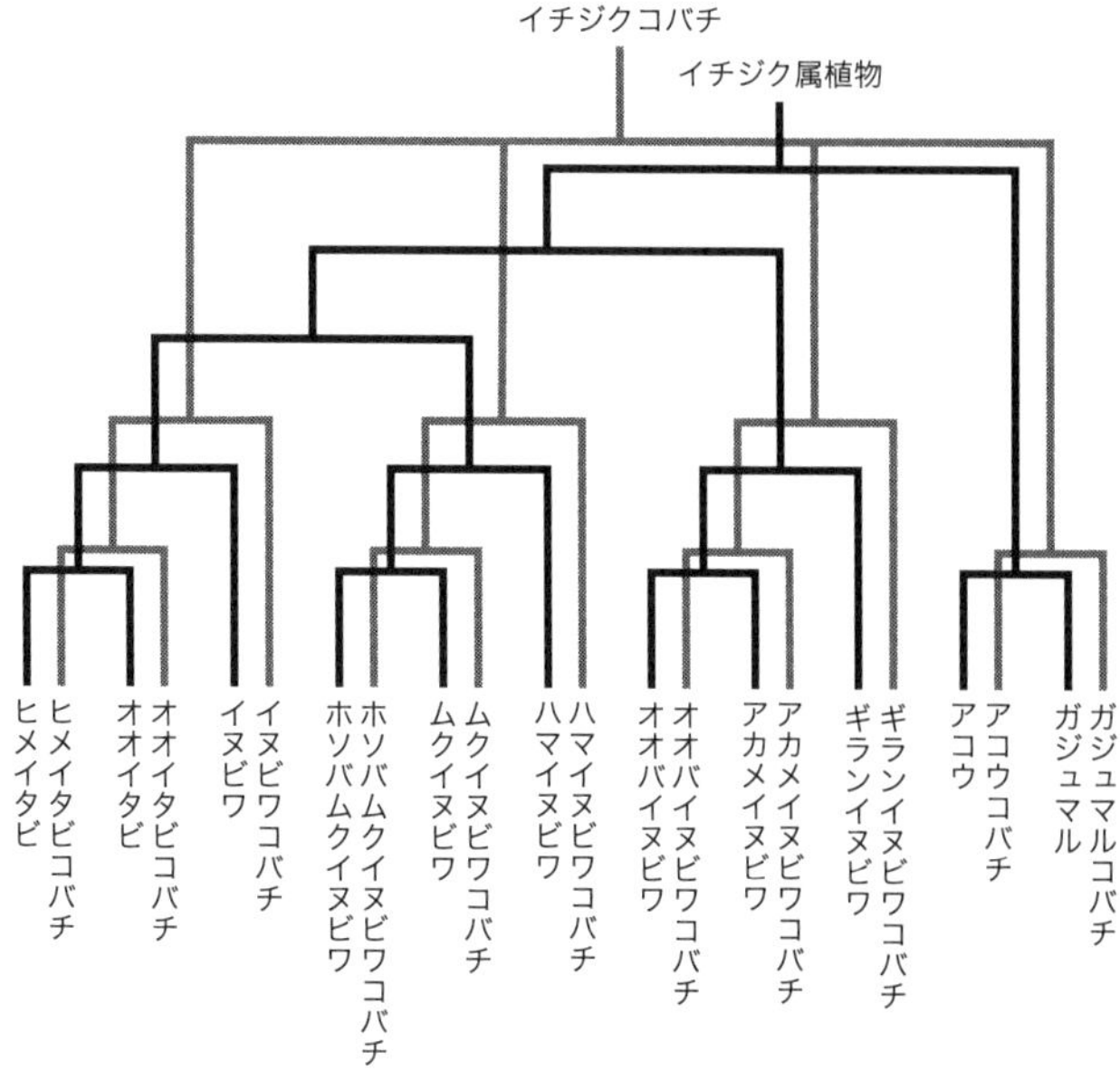

図 1-2　イチジクコバチの系統

たのです。イチジク同士が近い関係なら共生しているコバチ同士も近いのです。

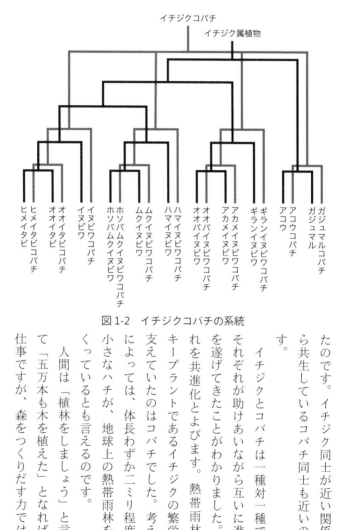

　イチジクとコバチは一種対一種で、それぞれが助けあいながら互いに進化を遂げてきたことがわかりました。これを共進化とよびます。熱帯雨林のキープラントであるイチジクの繁栄を支えていたのはコバチでした。考え方によっては、体長わずか二ミリ程度の小さなハチが、地球上の熱帯雨林をつくっているとも言えるのです。

　人間は「植林をしましょう」と言って「五万本も木を植えた」となれば大仕事ですが、森をつくりだす力では人間よりもコバチのほうがはるかに上だと言えますね。

昆虫と木の関係をつぶさに見ていくと、イチジクとコバチのような関係はほかにもたくさんあります。先ほど「生きものは数千万種いる」と言いましたが、そのうちの七五％は昆虫です。つまり、地球上の自然の多様性をつくりあげているのは、昆虫であり、それが植物と共同でみごとな自然の基本をつくりあげていると考えることができます。「虫けら」などと見下した言い方はできなくなりますね。

チョウが卵を産む葉を間違えない理由

植物と昆虫のかかわりの例をもう一つ紹介します。

私たちはアゲハチョウとその食性について研究しています。つい一週間ほど前、国際学会で「すばらしい研究だ」とお褒めの言葉をいただきました。

チョウは種類によって卵を産みつける植物が決まっています。たとえば、アゲハチョウの一種である「ナミアゲハ」は、柑橘《かんきつ》類（ミカンの仲間）にしか卵を産みません。幼虫はその葉しか食べないからです。そこで、母チョウは間違えずに卵を産まなければなりません。でも、たくさんの植物があるなかで、ミカン類をどうやって見分けているのでしょうか？

ナミアゲハの前脚を見ると、先端は鎌のような形状をしています。メスのチョウの前脚には、毛がたくさん生えています。これらがチョウの秘密を解くカギになります。

卵を産もうと飛んできたナミアゲハは、まず前足の先端で葉をトントンとたたきます。そこで葉に傷がつき葉の中のいろいろな成分が出てきます。それを足に生えている毛でこすって、「これはミカンだ」とか「ミカンではない」と判断しているのです。

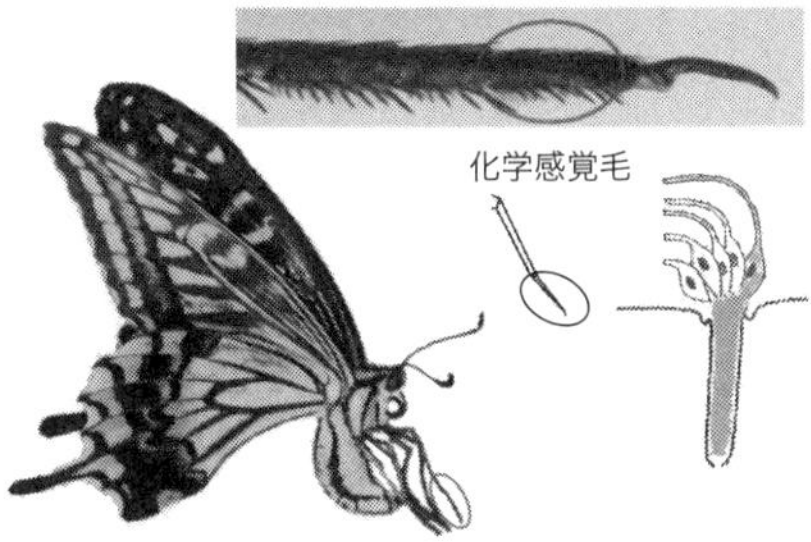

図 1-3　アゲハチョウ味覚細胞の図

葉の種類を識別する機能をもつこの毛は「化学感覚毛」といいます。この毛根の細胞は脳につながっていて、脳が「卵を産んでいい」「この葉は違う」といった指令を出すわけです。ところでこの細胞、興味深いのです。

人間が味を感じるのは舌です。「甘い」「辛い」「苦い」と感じる細胞を味蕾《みらい》とよびますが、チョウの化学感覚毛の毛根細胞と人間の味蕾の細胞はまったく同じ構造なのです。

こういうところからも、人間は自然の一部だ、他の生きものとつながっているということが実感できます。

「上陸」というチャレンジに学ぶ

地球上での生きものの歴史を考える際に、エポック・メイキングとよんでよいことがらがいくつかありますが、その一つに「生きものの上陸」があります。

三八億年前に生まれた地球最初の生命体は、その後三三億年という長い間海の中にいました。今からおよそ五億年前にようやく陸へ上がりはじめたのです。考えてみればこれは当然のこと。海には、生命の維持に大切な水はたっぷりあり、それが太陽から降ってくる紫外線などの有害な光線も遮ってくれるのですから。

にもかかわらず、なぜ生きものが陸に上がったのかはよくわかりませんが、暮らしやすい浅瀬が混雑し始めたことも一つの理由のようです。とにかく生きものはここで挑戦しました。だれも上陸しなかったら人間は生まれなかったわけですし、陸に上がったからこそ生きものは多様化し、空まで飛ぶようになりました。「上陸」というできごとは、生きものの歴史上きわめて重要なことだったのです。

最初に陸に上がったのは植物です。植物は自然界の基礎となる存在です。水中の藻類が上陸し、コケやシダが生まれました。それが日光を求めて上へ上へと伸び、今は樹高四〇メートルから七〇メートルといった高木が森林をつくっています。よく考えると、これは大変な能力です。たとえばマンションの一〇階で使う水道には、エネルギーを使ってポンプを回し、屋上まで吸い上げた水を送っています。しかし、植物は動力を使わずに主として浸透圧を利用して水を七〇メートルの高さまで吸い上げているのです。

「機械論的世界観」が人間社会を覆っていたときは、生きものがやっていることなど「保守的で古いこと」と思われがちでした。しかし、魚類が水の中から陸に上がってきてから空を飛ぶ鳥が生まれるまでの間に、生きものはどれほど新しいことに挑戦してきたことか……。そう考えると、生きものの進化に学ぶところがたくさんあることがわかります。

魚類のヒレは手になり、エラはアゴとなった

私たちは五本の指がついた手をもっています。陸へ上がってきた生きものには四本の脚ができ、前脚が手になりました。手ができるまでを追いかけていくと、三億八五〇〇万年前に生息

していたユーステノプテロンという魚のヒレの中に、私たちの腕の根元にあるものと同じ骨があることがわかりました。三億七五〇〇万年前のティクターリクになると、原始的な手首と考えられる小さな骨があります。さらに三億六〇〇〇万年前のアカンソステガは初期の四足動物ですが、なんと指が八本もありました（人間に続いてくれるとよかったのに）。この過程を追い、環境と身体の構造や機能との関わりを見ると、そこには学ぶことがたくさんあります。

ところで、初期の魚類にはアゴがありませんでした。無顎類《むがくるい》とよばれています。生命科学の研究を始めたころイタリアの教科書を読む機会があり、そこには「まず最初にアゴのない魚がいました。アゴがなければ口のなかに流れこんでくるプランクトンを食べるしかありません。そこでアゴのある有顎類が出現します。アゴがあれば、自分で獲物を獲ることができます。アゴができたことで積極的に生きることになったのです」と書いてありました。

それを読んだとき、初めて「アゴってすごいんだな」と思いました。お腹がすいたら小さな魚を追いかけていってパクッと食べることができるのですから。アゴを獲得したことで、魚類の生き方そのものが大きく変わったことがよくわかりました。（ちなみに、日本の学校では分類しか教えられず「暗記しなさい」と言われてあまりやる気が起きませんでした。生きものの動く姿を知りたいと思っていたのに。）

アゴは、魚の体の前方にあるエラから生まれたもの。そして、魚のアゴの神経は、なんと私たち人間のアゴの神経とまったく同じなのです。魚の中のエラで神経ができてきてアゴになり、さらに現在の人間へと向かう進化が始まったのです。

このように、生きものは新しいことに次々とチャレンジして、自分たちの世界を広げてきました。二〇世紀は「機械と火の時代」でしたから、多大な火（エネルギー）を生みだすために原子力発電所をつくりました。コンピューターや携帯電話も急速に浸透しています。もちろん、技術の進歩は決して悪いことではありません。すべて否定するつもりはありません。

しかし、地球環境問題や福島第一原子力発電所の事故を目の当たりにすると、「機械と火の時代」のままでこの先も進んでいけるとは到底思えないのです。私は、二一世紀は「生命と水の時代」にならなければいけないと考えています。二一世紀は生きものと水についてよく考えたい。生きものがチャレンジしてきた工夫を探しだしたい。そして、自然の一部である人間がそれをよく学んで、これまでとは違う角度から新しい技術をつくっていくことがとても大切だと思います。

人間は、生きものの中でもっとも新しい存在ですが、味覚はチョウと同じ細胞を使っています。古いものを上手に生かしながら生きものは多様化してきたわけです。生きものに学ぶべきことは、とても多いと思います。

「人間は自然の一部である」という新しい世界観

機械と生きものの違いを考えてみます。

機械は「構造と機能」がわかればわかったと言えます。しかし生きものはそうはいきません。たとえばアリを理解しようと思ったとき、アリをバラバラに分解しても本質はわかりません。そのアリはどのようにして今の姿になったのか。三八億年の歴史とほかの生きものたちとの関係を読み解かない限り、ほんとうの意味でアリを理解したことにはならないのです。

もう一つ付け加えると、機械はどれも均一にすることが大事ですが、生きものはどれだけ多様になるかが大切です。

追求することも違います。機械は利便性を追い求めますが、生きものは「つづいていくこと」（継続性）を重視します。生活がどんなに便利で豊かでも、人類という種が途絶えてしまったら意味がありません。「つづく」ということの意味を考える必要があります。

生きものを対象にして、「生きているとはどういうことなのか」を調べていくには、土台となる生命論的世界観が必要なのです。

生きものの一員として、自分がどう生きていくかを決めて、どういう社会をつくっていくと暮らしやすいかを考える。そして、その社会を実現するために必要な科学技術を考える――。これが科学の本来の順序なのですが、今の社会は逆です。まず技術ありき。しかも技術の前に、経済ありきです。社会と生活を支える思想をもち「どう生きるか」を考える部分が抜け落ちています。

三八億年前に生まれた小さな細胞からさまざまな生きものが生まれ、ときどき絶滅の危機に瀕《ひん》しながらもそれを乗り越えて生き続けていくうちに、霊長類の仲間から二本足で立つちょっと変わった生きもの＝ヒトが誕生しました。生きものは何千万種も存在しますが、ほかの生きものは人間のように高度な文明をもつ社会をつくることはできません。

二〇世紀に入って人間は、大きなビルが建ち並び、その間を電車や自動車が走り、飛行機が空を飛び、コンピューターが至るところで使われる社会をつくりました。

人間が脳など独自の能力を生かしたことはとても重要です。だからこそ、このような社会をつくることができたのですから。それを否定はしませんが、でも人間は自然の一部であるということを忘れてはいけません。都市や先端技術といった現在の文明社会は、このままでは続くことがむずかしいと思います。

虫を愛《め》づる文化をもつ日本という国

今お話ししたような新しい世界観を支える言葉を最後にご紹介します。「愛《め》づる」です。

この言葉は、平安時代後期の短編物語集『堤中納言物語《つつみちゅうなごんものがたり》』に収められている「虫愛づる姫君」という物語から拝借したものです。少し説明しましょう。

およそ一〇〇〇年前の京都に、ちょっと変わったお姫さまが暮らしていました。男の子たちに虫をたくさん集めさせ、一匹ずつ名前をつけてかわいがっていたのです。お姫さまのいちばんのお気に入りは毛虫でした。「かわいい、かわいい」と大切にしていた「虫愛づる姫君」です。

両親はちょっと困っています。このお姫さまは裳着《もぎ》（女子が成人して初めて裳を着ける儀式）を済ませたりっぱな成人（一三歳くらい）なのですが、お歯黒や引眉《ひきまゆ》といった当時の女性がしていたお化粧をまったくしません。両親が注意しても「人間はそのままの姿がいちばん美しいのだから」と相手にしません。

あるとき、両親が毛虫をかわいがっているお姫さまに「そんなことばかりしていたらダメですよ」と注意します。しかしお姫さまはこう言いました。「みんなはチョウになったらかわいいと言い、毛虫のときは気持ち悪いと言う。でも、チョウになったらすぐに死んでしまうのだから、むしろ生きる本質は毛虫にあると思うのです」と――。

「この姫君はすばらしい」と思います。日本文学のなかでは変人と言われていますが、生きものをよく見つめ、真剣に調べて、その本質をつかんだうえで自分の生き方を選択しているのです。ここに現代に生かしたい世界観があります。

ちょっと調べてみました。日本以外の国で一〇〇〇年前にこれだけ自然と生きもののことを考えた人がいたかと……。見つかりませんでした。

日本は、自然についてよく考える、すぐれた国なのです。なぜでしょうか？　それは日本の自然がすばらしいからです。砂漠の真ん中では「虫愛づる姫君」のようなお姫さまは生まれようがないでしょう。

一〇〇〇年前からつづく、自然を大切にする日本の文化を受け継ぎながら、コンピューターなど新しい技術を生んだ二〇世紀を踏まえたうえで、新しい科学や科学技術をつくっていくこと。二一世紀はとてもチャレンジングな時代です。私はこのような新しい社会はできると思います。もしできなければ、人間の未来はあまり明るいとは言えません。

自分の体の中には三八億年にもおよぶ生きものの歴史が入っているという事実。それを基本に置いてものごとを考えていく「生命論的世界観」をもつことが今とても大切です。それを忘れずに、日常生活を過ごすようにしてください。

皆さんが進学してこれから何を学ばれるにしても、二一世紀という時代を生きていくための一つの考え方として、今日の話を頭の隅に置いてくださったらうれしく思います。

II

まど・みちおの詩で生命誌をよむ

はじめに

二〇世紀後半、ＤＮＡを基盤として生きものを研究する生命科学が急速に進展しました。多くの知識を蓄積し、それに基づく技術は医療や農林水産業などの産業を進歩させました。ところでその結果、社会は「生きること」を大切にする方向に向かったでしょうか。実は生命科学は生きものを機械ととらえ、その構造と機能を理解し、そこから技術を生みだしていきます。そこでは産業を活性化し、経済を成長させることが目的になっています。しかもその底には「機械論的世界観」があります。ですから、研究が進んでも、そこからはあまり「生きること」の意味や大切さは浮かびあがってこないのです。

ここに疑問を抱き、ＤＮＡを基盤にする科学を「生きものを生きものとして見る」という新しい（実は古くからあり、しかもあたりまえの）見方につなげたいと考えて「生命誌」という新しい知を創りました。もちろん「人間も生きもの」です。地球上の多様な生きものは、どれも細胞から成り、そこにはＤＮＡ（その総体をゲノムとよぶ）が入っています。そこには三八億年前の生命誕生の時からこれまでの生命の歴史が描きこまれています。そこでＤＮＡ解析をもとに生きものの歴史物語を読みとるのが生命誌です。そこからは、多様な生きものの歴史と関係がわかってきます。

すると、おもしろいことに、ＤＮＡから見えてくる生きものたちのありようが、絵画や文学や音楽などの芸術家が見ているすがたと重なるのです。

その中でも、子どもの心そのままに、優しくて易しい言葉で書かれたまど・みちおさんの詩は、生命誌にピタリと合います。とてもうれしくなります。そのうれしい気持ちで、どんなところがどんな風に合うのかを語りますね。

第1章　科学は問うもの――小さなバクテリアと「二本足のノミ」

「科学と人間」というテーマで話をするようにというお話をいただいたとき、即座に頭に浮かんだのが、まど・みちおさんでした。まど・みちおという名前をご存知ない方はあるかもしれませんが、「ぞうさん」「やぎさんゆうびん」「いちねんせいになったら」などの童謡を聞いたことがない方はいらっしゃらないでしょう。

ぞうさん

ぞうさん／ぞうさん／おはなが　ながいのね／そうよ／かあさんも　ながいのよ／／ぞうさん／ぞうさん／だれが　すきなの／あのね／かあさんが　すきなのよ／

小さかったころ、またはお子さんと一緒に歌ったことを思い出されたろうと思います。この詩はまた後で取りあげることとして、まずは詩人まど・みちおさんとの出会いから始め、このシリーズで考えたいことをお話しします。

私の専門は生きもの研究。学問の分野でいうと分子生物学、生命科学、生命誌と移ってきましたが、いつも考えていたのは「生きているってどういうことなのだろう」ということです。世の中にはふしぎに思うことがたくさんあります。なかでも、私にとって最も知りたいふしぎが「生きている」ということでした。庭に出れば、土も石もなぜここにこのようにしてあるのだろうと考えますけれど、その上を歩いているアリのほうがふしぎが大きい。そこでそれを研究する道に入りました。一九六〇年ころです。

増殖と制御

ところで、そのころ生きもの研究の中で大きな発見がありました。一九五三年、アメリカとイギリスの研究者ふたり、J・ワトソン（二五歳）とF・クリック（三七歳）がDNAという物質が二重らせん構造をしていることを見つけたのです（図2―1参照）。この構造、美しくあり

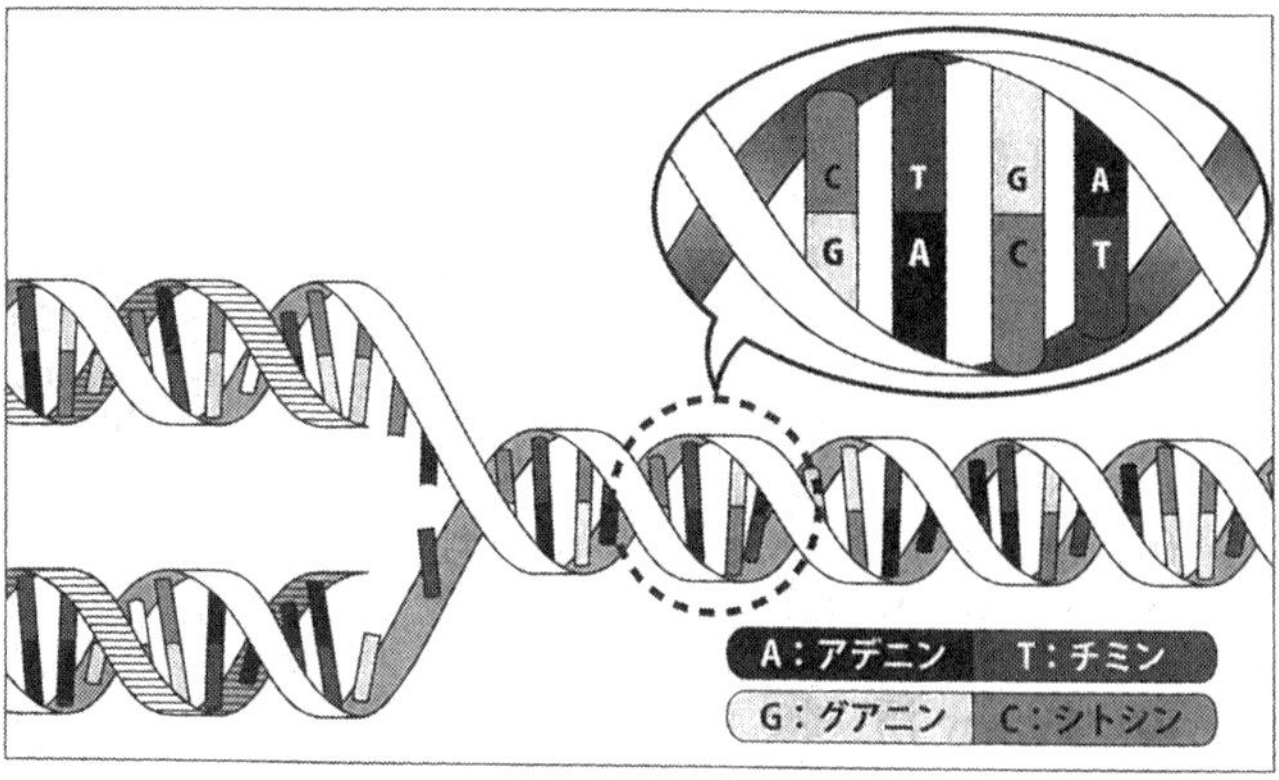

図 2-1　DNA の 2 重らせん構造

ませんか。当時の若者にとって憧れであったアメリカの生活を伝えてくれる映画やテレビによくらせん階段が登場し、あの階段を降りてみたいと思っていましたから、らせんが二本絡まりあった構造がとてもきれいに見えました。

ＤＮＡは、あらゆる生きものの細胞の中にあり、遺伝子としてはたらいていることがわかっており、この構造は、親から子へと同じ性質を伝える遺伝子の性質をみごとに表しています。ですからこの発見後、生きものの研究は、ＤＮＡを中心にして進むことになったのです。ちょうどそのころ研究室へ入った私もＤＮＡを通して生命現象を考える「分子生物学」を始めました。

細かなことは省きますが、大腸菌に感染するウィルス（ファージとよびます）を用いた研究です。そのウィルスを用いて大腸菌の細胞の中へさまざまな遺伝子（DNA）を運ばせると、それが大腸菌に必要なタンパク質の素材となるアミノ酸のつくり方を調節することがわかりました。もちろん、私たちの体でも同じことが起きています。体がその物質を必要とするときには必要なだけつくり、いらないときにはつくらないようにするのです。当時は経済の高度成長期であり、大量生産をよしとしていました。とにかく物質的な豊かさこそが幸せにつながると信じられており、この辺でやめましょうと考えるなどもってのほか、ものづくりに励んでいたのです。

一方で、すでに資源問題や環境問題が出ていました。ものを必要以上につくると資源は不足しますし、廃棄物で環境は汚れます。それはわかっていながら私たち人間は大量生産・大量消費を続けていました。それに比べて小さな小さなバクテリア（大腸菌）がきちんと物のつくり方を調節しているのを知って、すごいと思いました。

生きものの研究は、生きものを知るために行なうのですが、それは生きものに学ぶことでもあります。私たち人間も生きものなのに、技術を開発するという、他の生きものにはない能力を与えられたために、生きものから離れがちです。生きものの大事な特徴のひとつは、この「調節をする」ということなのです。

とても日常的な例で言えば細胞の増殖です。ケガをすると、その部分の皮膚の細胞が増えはじめます。そして元に戻るとそこで増えるのをやめます。こうして小さな傷でしたら、いつの間にか癒《なお》っているのです。増えはじめた細胞が止まらなくなったら……普段はそんなことはありませんが、がん細胞になるとそうなります。増殖する能力はとても大事なのですが、だからと言って勝手に増えるのは体にとっては困ります。だれもがわかることなのに、私たち人間はそれをやってはいないでしょうか。どんどん物をつくり続け、その結果社会にたくさんの問題を生じさせています。

ただそこにいることの価値

そのようなことを少しずつ学んでいる中で、一九六六年に長女、三年後に長男が生まれ、育児が始まりました（五年間、仕事をやめて子どもと向き合いました）。おもしろい絵本を探そうと思って行った本屋さんで見つけたのが、まど・みちお著『てんぷら　ぴりぴり』です。初めて見た名前です。それもそのはず、これがまどさんの初めての詩集（大日本図書、一九六八年）だったのですから。タイトルがユニークなので早速求めました。その中にあったのが「二本足のノミ」です。

二本足のノミ

あきれたことに／ぼくの　ほっぺたに来て／テントウムシが　のこのこ／歩きはじめた／／おいおい　ひとの顔で／ハイキングするなよ／あれ　はなの　富士山にまで／のぼりはじめたぞ／／とんまな虫だなあ／こんなに動くぼくを／なんで　人間だと気がつかないんだ／ぼくが　きみにとって／あんまり　あんまり　大きすぎるからか／／まてよ／もしそうなら／ぼくの　何億　何兆ばいも　大きな／なにかが／いま　天から／ぼくを　見おろしてはいないだろうか／「おや　わしの　足に／二本足の　ノミが／いるぞ……」／

DNAを調べて、テントウムシよりも小さいバクテリアの生き方をすごいと思ったところでしたから、人間もこの「大きななにか」に「二本足のノミ」もなかなかやるねと思わせる存在にならなければいけないと思ったものでした。

それにはきちんと問いを立てて、生きものをよく見ると同時に、生きもののひとつである人間（自分自身）についてもよく考えていこうと思いました。このとき、子どもたちと一緒に楽しんだ詩のひとつに「つけもののおもし」があります。

つけもののおもし

つけものの　おもしは／あれは　なに　してるんだ／／あそんでるようで／はたらいてるようで／／おこってるようで／わらってるようで／／すわってるようで／ねころんでるようで／／ねぼけてるようで／りきんでるようで／／こっちむきのようで／あっちむきのようで／／おじいのようで／おばあのようで／／つけものの　おもしは／あれは　なんだ／

もちろん石は生きものではありませんが、自然という意味ではつながっています。そこまで気持ちを広げてあらゆるものに話しかけながら生きることが大切だと教えられました。

白菜を漬けた樽の上にどんと置かれた石は、漬けた人間にとってみれば大事な大事な存在です。冷たい水で洗った白菜をていねいに並べ、塩を入れて重しを置いてから数日経つと少し水が上がって石の下のほうが湿ってきます。これでおいしい漬け物になるぞ、塩加減はよかったろうな、コブのだしはちゃんときいているだろうなと思いをめぐらせると、サクッとした歯ごたえが思い出されて、あともう少しと期待感がわきます。

でも、漬け物の重しは、そんな大事なことをしている様子を見せません。「なにしてるんだ」と言いたくなる風情で、でんとしています。けれども何かはしているらしいのです。「あそんでるようで、はたらいてるようで」。子どもたちと、漬け物の重しごっこをやるとおもしろい。「すわってるようで、ねころんでるよう」ってどうなるか。とくに「こっちむきのようで、あっちむきのよう」は、まさに漬け物の重しの独壇場であり、これをごっこ遊びでどう表現するかには、苦労します。

まどさんの詩に登場するものは、すべてそうなのです。石だろうと山だろうと、リンゴだろうとバナナだろうと、ゾウだろうとノミだろうと、せっけんだろうとふうせんだろうと、もちろん人間だろうと。この世の中にあるものは、あるということ、それだけでもうよいのです。そこにどんな意味があるか、価値があるかを考えて、ノミとゾウを比べてみても、まったく意味がありません。「あるだけでよい」。もちろん、そのようにしてあるためには、それぞれがそれぞれに苦労したり、頑張ったり、怒ったり、悲しんだり、喜んだりしているのですが、それはそれ。「あるということ」をそのまま受け止め、時には「あること」をふしぎがったりする。それが、生きていることなのではないでしょうか。

ですから、「つけもののおもし」に対して「あれはなにしてるんだ」というのは、決して非難でも否定でもありません。「なにしてるんだ」「あれはなんだ」と思わせてくれるありようはすばらしいのです。しかも「ねぼけてるようで、りきんでるようで」「おこってるようで、わらってるようで」、ひとつではない、たくさんの目で物事を見られるようにしてくれているのですから、なんとも魅力的な存在です。

この「あるだけでよい」というのはまどさんの基本であり、今の私もまったく同じ気持ちです。生きもの研究の意味はこれを知ることにあると思っています（いることのすばらしさは第10章で語ります）。少し先走りましたが、「生きている」ということを通して自然を考えるという点では、詩人も科学者も同じなのだ、少なくともまどさんと私は同じものを見て同じように考えていると思いました。「つけもののおもし」は次々と問いを引き出してくれるありがたい存在なのです。

科学者にとって必要なこと

もちろん、科学には科学としての約束事があります。少なくとも論理的、実証的であり、客観性のあることが重要です。再現性といって、だれがやっても同じになる結果を出さなければ認められません。このだれがやってもできることを最初に見つけるのが発見であり、このときが科学者にとって一番うれしいときなのです。このような科学に求められる性質ゆえに、多くの場合、科学では数式や法則が重要な役割をします。これに対して詩は、主観、つまり私がこう思った、私がこう感じたという思いを語るものですし、そこでは、うれしい、悲しいなどの感情が大事です。これだけを見れば科学と詩はまったく違うものです。では、科学者と詩人はまったくかけ離れた存在かと考えると、まどさんの詩からわかるようにそうではありません。ここが大事です。

先に紹介したように、大腸菌を用いて遺伝子のはたらきを研究するときは、もちろん論理、実証、客観を重視します。そして、アミノ酸が必要なときはそれを作る遺伝子がはたらき、不要なときははたらかないという結果を示す数字をもとに論文を書きます。どこでだれがやっても同じ結果が出なければなりません。でも、それを見て、人間に比べたら単純と思っていた（率直に言えば、ちょっとバカにしていた）バクテリアが、なんともうまく生きていると感じ、これに比べると人間のもののつくり方は賢くないと感じたのは私の主観であり、気持ちです。科学者もひとりの人間としてさまざまな感情をもちますし、私はこれを大切にしています。

最近は競争社会になり、研究の世界も競争が激しくなったために、そのような気持ちをもつ暇がない研究者が増えています。論文だけ書けばよい、さらには論文の数だけで人を追い抜こうとする風潮の中では本当の科学者は育たないと心配ですが、この流れは変わりそうもありません。大事なことは、生物学の場合、研究することによって「生きている」とはどういうことかについてよく考え、自分も生きものであることを自覚することなのです。詩人は、遺伝子の解析はしませんが、小さな生きものも懸命に生きていてすごいと感じる。それが科学者が感じたものと重なるから楽しくなるのです。まどさんの詩を読む楽しみはそこにあります。

科学と詩は同じではありませんが、科学者と詩人は、同じ人間として自然を知り、その中にいる自分のありようを考えているところは同じなのです。科学者は客観的で分析的にものを見て、数値で考えるだけの存在だと思われたら、それは間違いです。前にも触れたように、最近その傾向が強くなっているので気をつけなければなりません。科学者も生きものに学ぶことを忘れないようにする心がけが大事です。科学を技術開発につなげて社会に活用するときにも、科学に一番近いところにいる科学者が、普通の人間として、ときには詩人のような感性で、技術が生きものである人間にとってマイナス面をもっていないかどうかを判断できることが大事です。研究者は勝手に技術を進め、外から倫理学者などがブレーキをかけるというやり方では本当の科学は進みません。

ところで、まどさんの作品との出会いから二〇年ほど経ったある日、阪田寛夫さんからお手紙をいただきました。まどさんと同じように童謡を通してよく存じあげているお名前です。「ぞうさん」と同じように子どもたちと一緒によく歌った「サっちゃん」は阪田さんの作品

図2-2　P・ゴーギャン『我々はどこから来たのか　我々は何者か　我々はどこへ行くのか』

です。その方からのお手紙に驚いて開きますと、「ゴーギャンがタヒチで描いた有名な絵『我々はどこから来たのか　我々は何者か　我々はどこへ行くのか』（図2－2参照）を見ながら、まどさんと『本当にどこから来たんだろう』とよく話しあいます。そして、こんな悠長な話をしているのは、世間広しと言えどもこのふたりくらいだろうねと笑いあっていました。ところが、テレビで同じことを言っている人がいるので驚きました」とありました。

同じことを言っている人とはこの私です。「生命誌の世界」というテーマで、生きものは三八億年もの長い歴史をもつ存在であり、その中に私たち人間もいるという話をある番組でしていたのでした。そこでゴーギャンの絵を使い、ここでの問いはまさに生命誌の問いだと語りました。その番組を見てくださってのお手紙で、以来、悠長に考える仲間に入れていただきました。残念ながらおふたりとも他界されてしまいましたが、たくさんの詩を残してくださいましたので、それらを通しての話しあいは続いていきます。

おふたりは問いを大事にしていらっしゃいます。私も科学は問い続けるものと考えて、生きものを見つめ、生きているってどういうことなのだろうと考え続けていきたいと思います。

第2章　生命誌の基本――三八億年の歴史と「せんねんまんねん」

まどさんと阪田さんに「同じだね」と言っていただいた「生命誌」とは何か。その基本を語ります。

身の回りを見てください。畑で仕事中という幸せな方は、周囲は生きものだらけでしょう。都会でも、公園を散歩していれば桜やケヤキなどの木の緑やさまざまな草花を楽しめます。季節によってチョウが飛んだり、セミの声が聞こえたり……とにかくこの世にはさまざまな生きものがいます。ビルの中で仕事をしていても、鉢植えの観葉植物が置かれているでしょうし、窓から遠くの樹々が見えるでしょう。日本列島は、日常どこにいても美しい自然を楽しめるありがたいところです。

まだ見ぬ種の豊かさ

地球上には多様な生きものが暮らしており、人間もそのひとつです。つまり人間は自然の一部である。生命誌の基本はここにあります。この基本をわかりやすく、しかも美しく表現したいと考えて描いた「生命誌絵巻」（本書の見返しを参照）を見てください。扇の形をしています。扇の天にはさまざまな生きものを描きました。生物界は大きく、原核生物（真正細菌と古細菌）、原生生物、菌類、動物、植物の五つに分かれていますので、ここにもその代表選手が描いてあります。原核生物では大腸菌、原生生物である藻類、菌類としてキノコやカビ。そしてイモリやカワセミなどの動物、ヒマワリなどの植物とさまざまな生きものを描きましたので、中からお気に入りを探してください。もちろんすべての生きものを描くわけにはいきません。これまでに名前をつけられた種の数が一二五万種ほど。これでも大変ですが、実はまだ知られていない種のほうが多く、どれだけいるかはだれも知りません。

最近、さまざまな生きものの相関関係から、バクテリアを除いた生きものの種数を陸上に約六五〇万種、海中に約二二〇万種と見積もる報告が出されました。計八七〇万種です。そして、陸上の八六％、海中の九一％の生物種は未発見と計算されました。今、私たちが自然科学とよんでいる学問がヨーロッパで始まってから三〇〇年以上経ちました。その間さまざまな生きものを発見・分類し研究を続けてきました。それでも九〇％近くが未知というのですから、自然の大きさ・多様さに圧倒されます。こんな基本的なところでさえ知らないことだらけだと知ったら謙虚にならざるを得ません。もちろんこれは、まだまだ新発見ができる楽しみがたくさん残っていると明るく考えることもできます。

ところで、国際自然保護連合が六万種ほどの生きものを調査したところ、三分の一が絶滅の危機にあるというデータが出ました。もちろん未知の生きものの中にも消えそうになっている種があるはずです。よく知っている生きものの絶滅はもちろん大きな問題ですが、知らないままにいなくなってしまう生きものがいるのも残念です。絶滅は人間がまだ登場していなかった時代の、自然の歴史の中でも起きています。地球全体が凍ったり、大きな隕石が落ちてきたりした厳しい事例があります。けれども現在危惧されている絶滅の原因は、人間にあると考えられますので、私たちの自然への向き合い方を考えなければなりません。自分自身が生きものであることを自覚し、生きものの暮らしやすい地球であるようにするにはどうしたらよいのか、私たちの暮らし方を考える必要があります。

とは言ってもむずかしいことを考えようというのではありません。日常、多様な生きものを楽しめばよいのです。まどさんの詩はまさにそれです。「けしつぶうた」にあるいくつかの短詩で、さまざまな生きものへのまなざしを見ましょう。

ゾウ2（「けしつぶうた」より。以下同）

すばらしい　ことが／あるもんだ／ゾウが／ゾウだったとは／／ノミでは　なかったとは／

ノミ

あらわれる／ゆくえふめいに　なるために／

ミミズ

シャツは　ちきゅうです／ようふくは　うちゅうです／―どちらも／一まいきりですが／

ヒョウタン

なさけなや／おなかを／にぎりつぶされた／

他にもケムシ、カマキリ、ワニ、オウム……それこそ多種多様な生きものが出てきます。一つひとつがおもしろい。思わず笑ってしまいます。それを楽しんでいるうちに、生きものとして生きる楽しさがおのずと身にしみついてきます。

祖先はみんな同じ

ここで科学は考えます。ゾウはゾウ、ノミはノミとそれぞれ違うけれど、「生きている」というところは同じ、どこかに共通性があるはずだと。そこではっきりしているのは、すべての生きものは細胞でできていること、その中には必ずＤＮＡが入っていて、同じようなはたらき方をしていることです。「みんな違うけれどみんな同じ」。同じであるのは偶然ではありません。少なくとも八七〇万種はいるとされている地球上の生きものたちはみな進化の産物であり、祖先がひとつであることを意味していると考えられます。

生命誌絵巻の中にいるカワセミを見てみましょう。カワセミは卵から生まれてきました。お父さんカワセミとお母さんカワセミがいたのでその卵ができたのです。そして両親カワセミも卵から生まれ、それはその両親がいたから生まれたのだというように、祖先をたどっていくと始祖鳥になります。化石調査の結果、一億五〇〇〇万年ほど前に空を飛んでいたことがわかっています。また、最近の研究で、鳥は恐竜の仲間から進化してきたことがわかってきました。一九九六年に中国で、羽毛をもつ恐竜の化石が発見されたときは驚きました。小型の獣脚類です。恐竜では、体を巨大化する方に進化した仲間（竜脚類）がよく知られていますが、獣脚類は小型です。

恐竜の羽毛は何の役目をしていたのか。想像するしかありませんが、フリースのような短い毛が体全体を覆っているので、体温調節のためではなかったかと考えられています。恐竜は爬虫類の仲間ですからもともと変温動物だったと考えられます。鳥は私たちと同じ恒温動物です。変温から恒温へと進化する過程で、気温の影響を受けやすい小型の恐竜の中に、羽毛を発達させたものがあってもよかろうと思います。

もうひとつ、繁殖に関係するのではないかという説もあります。羽毛の化石の表面の組織にメラニン色素が残っており、その分析から色を推定した報告があります。アンキオルニスとよばれる仲間は、体が黒、羽毛の一部は白、頭頂部と頬に赤が見られるというのです。これらが求愛のときのディスプレイ（誇示行動）に使われたのかもしれないと想像すると恐竜が急に身近になりませんか。また卵を温めることも知られていますので、ここでも羽毛は役に立ったかもしれません。

こんな風に一億年以上前の生きものたちの様子を思い浮かべながら、次々と祖先をたどっていくと海へ戻り、最後は生命誌絵巻の扇の要に着きます。ここではカワセミから出発しましたが、ヒマワリ、キノコと扇の天に描かれた生きもののどこから始めても必ず要にたどり着きます。もちろん人間から始めても同じです。この要は今から三八億年前の海、そこにいるのが祖先細胞、つまり生きものの始まりです。

地球上の最初の細胞はどのようにしてできたのかはとても知りたいことですが、残念ながらまだ答えはありません。細胞の化石として残っている一番古いものはオーストラリアの三四・六億年前にできた地層から見つかっています。生きものの形はないのですが、三八億年ほど前の堆積岩の中に生物由来と考えられる炭素があるので、研究者は、このころには細胞ができていただろうと考えています。

それが生まれた過程にはさまざまな可能性があり、研究が進められています。たとえば、現在も海底には熱水噴出孔があり、その付近に有機物、さらには微生物も存在していることが明らかにされていますので、このような条件下で生命体が生まれてきたのではないかとも考えられます。実証はまだこれからの研究に待たなければなりませんが、今さかんに研究されていますので、答えが出るのが楽しみです。

生命三八億年という意味

生命誌絵巻の扇の要は今から三八億年前です。地球上の生きものはすべて三八億年という長い時間をかけて今ここにいることを意味しています。

せんねん　まんねん

いつかのっぽのヤシの木になるために／そのヤシのみが地べたに落ちる／その地ひびきでミミズがとびだす／そのミミズをヘビがのむ／そのヘビをワニがのむ／そのワニを川がのむ／その川の岸ののっぽのヤシの木の中を／昇っていくのは／今まで土の中でうたっていた清水／その清水は昇って昇って昇りつめて／ヤシのみの中で眠る／その眠りが夢でいっぱいになると／いつかのっぽのヤシの木になるために／そのヤシのみが地べたに落ちる／その地ひびきでミミズがとびだす／そのミミズをヘビがのむ／そのヘビをワニがのむ／そのワニを川がのむ／その川の岸に／まだ人がやって来なかったころの／はるなつあきふゆ　はるなつあきふゆの／ながいみじかい　せんねんまんねん／

まどさんがここで感じている「ながいみじかい、せんねんまんねん」にグッときます。科学で調べた結果は三八億年であり、科学としてはこれが大事なのですが、受け止める側としてはとんでもなくながーい時間ということでよいわけです。日常感覚ではそれが「せんねんまんねん」でしょう。その時間が生きものすべての体の中に入っている……でも実際に、私たちの生きられる時間は決して長くはありません。あっという間の一生という気持ちがどこかにあります。それを「ながいみじかい」と表現したのです。生命誌としては、「ながいみじかい三八億年」ですが、口ずさむには「ながいみじかい、せんねんまんねん」のほうがよいかもしれません。

大事なことは、一つひとつの生きものがそれだけで時を送っているのではなく、ヤシとミミズとヘビとワニとがみんなつながって関わりあって生きていることです。生命誌の誌は歴史物語という意味であり、さまざまな生きものたちのつながり、関わりあいを描き出します。生きものの歴史は進化の過程です。進化はより優れたものになっていく過程であると誤解して、一番すばらしい存在である人間へ向けて時が流れていく、と思われている方を時々見受けます。進化は多様化であり、ミミズはミミズとして人間は人間として生きているわけで、どちらが優れているか簡単には決められません。多様な生きもののそれぞれの生きる時間と関係を描くのが生命誌であり、すべての生きものが大切な存在です。歴史という時間だけではなく、そこに物語があるという気持ちをこめて、「生命史」ではなく「誌」という文字にしました。

生命誌絵巻が扇の形をしていることには大きな意味があります。扇の要から天までの距離はどこも同じで、三八億年です。一番右に描いてあるバクテリア。ここでは私たちの腸の中にいるおなじみの大腸菌を考えましょう。今ここに存在している大腸菌は、数十分ほど前に分裂をして生まれたものです。そのとき分裂した大腸菌はさらにその前の大腸菌が分裂したもの……と続けていくと三八億年前まで戻ります。キノコもイモリもゴリラもみんな親をたどっていくと三八億年前に戻るのです。もちろん、キノコがキノコのまま、三八億年さかのぼるわけではありません。進化はＤＮＡが少しずつ変化しながら生命が受け継がれる歴史ですから、それを逆にたどれば、三八億年前の祖先に行き着くということです。

つまり、今私たちの身の回りにいる生きものは、みんな三八億年という時間があっての存在なのです。どの生きものもみんな体の中に三八億年の時間をもっていると言ってよいでしょう。これってすごいことだと思いませんか。いい加減には扱えません。小さな虫などなにげなく潰して三八億年もの長い時間を一気に奪ってはいけません。同じだけの時間をもつという意味ではどの生きものもみんな同じ重みをもっています。

私たち人間もこの「せんねんまんねん（三八億年）」の中にいるのはもちろんです。でも、もしかしたらそう思っていない人がいらっしゃるかもしれない。いやそういう人のほうが多いかもしれない……阪田さん、まどさんと一緒に私もそんなことを気にしています。もう一度絵巻で確認します。扇の天には、地球上の生きものすべてがいます（実際描いてあるのはほんの一部ですが）。

そしてその中には人間（生きものとして見るときはヒトとよびますが）がいます。祖先細胞から三八億年かけて今、ここにいる存在として。これが科学が明らかにしたことです。ところが、便利な人工物に囲まれ、インターネットの情報があふれる現代文明の中で毎日を暮らしていると、人間だけは特別と思ってしまいかねません。そこで、この扇の外、しかも他の生きものよりも上のほうにいるつもりになっていはしないかと心配になります。

自然の中で生きものとして生きるのは結構めんどうなことです。身近なところで考えても、夏は暑くて冬は寒い。空調を入れて、一年中同じ温度にしておくと楽です。買い物も、近いところなのに雨の日は自動車で行きましょうということになります。そのうち雨でなくとも歩くのはめんどうだとなり、どこへ行くのも自動車を使うことになるのです。とにかく、現代文明は機械をたくさん考えだし、自然から離れて暮らす生活をよしとしてきました。そこで人間は生きものであることを忘れ、環境破壊などさまざまな問題を起こしているのが現状です。これについては第12章で考えます。とにかくここでは、私たちは他の生きものと一緒に絵巻の中にいるということを確認しておきます。

ゲノムから何がわかるか

ここで少し科学の話をしておかなければなりません。地球上のさまざまな生きものが、三八億年前に海の中にいた祖先細胞から今の姿にまで移り変わってきた（進化です）歴史と、生きもの同士の関係を物語として読み解いていくには、具体的に何をどうするかということです。ここでＤＮＡが役に立ちます。私たちはだれもが両親あっての存在です。母親の卵と父親の精子の合体で生まれた受精卵というひとつの細胞が私たち一人ひとりの始まりであり、そこには両親から半分ずつ受けとったＤＮＡがあります。

受精卵が分裂をし、脳・心臓・皮膚などさまざまな細胞ができていき私たちの体ができていくのですがこのとき、すべての細胞には受精卵にあったのと同じＤＮＡが入っています。このひとつの細胞の中に入っているＤＮＡの全体をゲノムとよびます。ゲノムは遺伝子の集まりとも言えます。ですからたとえば血液など体の細胞のゲノムを調べれば、両親から受けとったＤＮＡを知ることができます。実はそのＤＮＡは両親それぞれがその両親から受けとったものです。このようにさかのぼっていけば、三八億年前にたどり着きます。つまり今ここにいる私たちのもつゲノムには三八億年の歴史が書き込まれているわけです。

DNAはアデニン（A）、チミン（T）、グアニン（G）、シトシン（C）という四種の小さな物質（塩基）がずらりと並んだ長い長いひもが二本らせん状に絡みあっている物質です。この構造は前に紹介したワトソンとクリックというふたりの若い研究者が発見したもので、このATGCの四種の塩基の並び方が生きものの体をつくるタンパク質の構造を決めます。つまり、さまざまな生きものがさまざまな性質をもつ基本は、それがどのようなゲノムをもっているかを知るとわかります。またゲノムを分析すると、それぞれの生きものがどのような歴史をもつかもわかるのです。

今ではさまざまな生きもののゲノムが解析されていますので、それを比べてどの生きものがお互いにどのような関係にあるかということを知ることができるようになりました。以前は形を比べて似たもの同士を仲間にしてきましたが、今はゲノムを用います。すると、たとえば、クジラとカバが近縁だというようなちょっと思いがけない結果も出てきます。こうして生きもののの歴史物語を読み解いていくのです。まどさんの詩に登場するたくさんの生きものたちについて生命誌が解き明かす、それぞれの物語を描いていくのが楽しみです。

第3章　自ら生きる力——大腸菌の分裂と「ふしぎなポケット」

ふしぎな　ポケット

ポケットの　なかには／ビスケットが　ひとつ／ポケットを　たたくと／ビスケットは
ふたつ／／もひとつ　たたくと／ビスケットは　みっつ／たたいて　みるたび／ビスケッ
トは　ふえる／／そんな　ふしぎな／ポケットが　ほしい／そんな　ふしぎな／ポケット
が　ほしい／

大好きな歌のひとつです。詩でなく歌と書いたのは、これはいつも節をつけて口ずさむから
です。夕食の支度を始めようと食品棚を開くと、使おうと思っていた買い置きの干し椎茸がふ

たつしかありません。ちょっと足りない。「ふしぎなポケット」を歌いながら、残念だけれどこんなポケットはないので、まあ今日はこれでごまかすしかないなと思うのです。そして、歌いながらいつも思います。ポケットをたたいたら、ひとつしか入っていなかったビスケットがふたつになるのは確かにうれしい。でも、もうひとつたたいたらビスケットは四つになってくれないのかなと。そんなことを思うのは、私が研究を始めたときの最初の相棒であった大腸菌がそういう増え方をするからです。

大腸菌は細胞分裂がお得意

大腸菌はバクテリア。単細胞生物とよばれ、ひとつの細胞がひとつの個体として暮らしており、分裂して増えます。ひとつの細胞が分裂するとふたつになり、それがまた分裂すると四つになりというように、倍々に増えていきます。ですから、ビスケットもこうやって増えるとよいのにと思うわけです。ビスケットから突然大腸菌へというこの飛躍はなんだと思われるかもしれませんが、大腸菌は増えることが大得意なので、「増える」という言葉を聞くと私の頭の中には大腸菌が登場するのです。ビスケットは、ふしぎなポケットの中に入れなければ増えませんが、大腸菌は自分の中に増える力をもっています。

もっとも栄養分は必要ですから、糖などの栄養がたっぷり入った培養液の中に入れます。三七℃、つまり私たちの体温くらいの温度が大好きなので、容器を三七℃のお湯につけます。すると、大腸菌は二〇分に一回という速度で分裂します。もちろん私たちの体をつくる細胞も分裂をしますが、分裂のスピードは、細胞の種類や体内の位置、体の調子などさまざまな条件で変わり、大腸菌とはまったく違います。たとえば小腸の絨毛《じゅうもう》細胞は、二四時間で一回という分裂速度です。これでも人体の中では入れ替わりが速い例であり、脳の神経細胞や心臓細胞はほとんど分裂をしません。それぞれ役割に合わせた分裂回数になっているのです。血液細胞は一二〇日ほどですべてが入れ替わるとされます。

細胞が分裂して入れ替わるという現象は、生きもの特有のおもしろさです。みんな一人ひとり、一生その人として変わらないと言われながら、実際にその人を構成している細胞たちは日々替わっているのですから。機械にはこんなことはありません。もちろん細胞が入れ替わりながらも、全体としては成長し、あるところまでくると老化が進み、見かけは少しずつ変わりますけれど。でも個人としては変わりません。小学校の同窓会で会った仲間は、一緒に遊んでいたころとは違う細胞でできているのになぜかなつかしい、これが生きものらしさです。

ところで、私たちの体をつくっている細胞には二〇分に一回などという速度で分裂するものはありません。この速度で分裂すると、四〇分で4個、六〇分で8個、八〇分で16個となり、一日経過すると24×3＝72回分裂し、2^{72}個になります。これは4722366482869645213696個。二日経つと2^{144}、三日目には2^{216}……もう実際の数は書きません。実はこうなると、宇宙に存在する原子の数を超えるのだそうです。つまり、もし大腸菌がその生きる力をそのまま発揮すれば、宇宙はすべて大腸菌で埋め尽くされるはずなのです。生きものって空恐ろしい存在と言えます。

でも、宇宙が大腸菌だらけになることは決してありません。養分は足りませんし、他の生きものたちに餌として食べられてしまうこともあるわけで、結局最も居心地のよい動物たちの体内で暮らす日々に落ち着いているわけです。

こうして生きものたちは、それぞれの生きる力を抑制しながら共生して地球をつくっているのです。生きる力がもつポテンシャルの大きさを知り、それらがそれぞれ勝手に生きているのではなく全体としてひとつの系をつくるためには、それぞれの生きる力の抑制が必要なわけです。第1章に、体の中で遺伝子が調節をしていることを話しましたが、地球の上では生きものたちの間での調節が行なわれていることになります。

小さいからこそ大きい生きもの

ＤＮＡの遺伝子としてのはたらきを調べることによって、生きているとはどういうことかを調べる「分子生物学」という新しい学問に魅力を感じて大学院へ進んだころ、実際に研究できる生きものは大腸菌などのバクテリア（細菌）だけでした。今では、ヒトでもチョウでもトマトでも、自分の研究したいと思う生きもので実験ができますが、当時はバクテリアしか扱えませんでしたし、その中でも大腸菌は、世界中で研究される優等生でした。世間では、海水浴場で大腸菌が検出されて遊泳禁止になったとか、食中毒の原因を調べたら大腸菌の一種であるＯ１５７がいたとか、悪いイメージが強いようです。Ｏ１５７は毒性のある特殊な株であり、通常の大腸菌は私たちの腸にいつもいる常在菌です。そのようにどこにでもいる細菌であるがゆえに、水質検査の指標に使われるのであって、ほとんどの大腸菌は悪さはしません。

若いころ、日々大腸菌とつきあいながらＤＮＡという物質のふしぎが少しずつわかってくるおもしろさを味わったものですから、今でも大腸菌には特別の思い入れがあり、肩をもつことになります。大腸菌もいっしょうけんめい生きており、しかもそこではたらいているＤＮＡは私たちの体の中ではたらいているものと同じなのですから。

バクテリアの一匹、一匹は目に見えません（一〇〇〇倍にしてやっと一ミリほどですから）けれど、最近の研究で私たちの体の中にはバクテリアが思っていた以上にたくさんいること、しかもそれがとても大切な役割をしていることがわかってきました。これについては別のところで詳しくお話しします。肉眼では見えないために、私のように研究室でつきあうというような体験をしないと、生きものとして同じ仲間であり大切な存在であると実感し、ときに肩をもったりするのはむずかしいかもしれません。

でもまどさんは、科学を通してでなくともいつも小さな存在に目を注いでいます。しかも、そこに大きなもの、大きな力を感じているのです。そして、「非常に小さなノミの涙みたいなものを描いておりながら、ふとそれがものすごく膨大なものに感じられ、小さいからこそ大きいのだ、と考えさせられる。そのような作品に出会うと、これこそが詩だ、と思うのです。」と語っています（『どんな小さなものでもみつめていると宇宙につながっている――詩人まど・みちお100歳の言葉』新潮社、二〇一〇年。以下、『100歳の言葉』とする）。まどさんの生きものに向けるまなざしはすてきです。

蚊はどなたもご存知でしょう。でも、この名前を聞いても、夏になるとどこからか飛んできて刺すいやなやつと思う程度で、それ以上の関心はわいてこないのではないでしょうか。まどさんには蚊についての詩……と言ってしまうとよそよそしすぎます……蚊に語りかけたり、蚊の気持ちになったりしている言葉がたくさんあります。こんな小さな、しかも通常は嫌われ者の蚊にこれほどの思いを寄せるのが、まどさんのまどさんらしさですから、『まど・みちお全詩集』（理論社）に載っている蚊についての詩をすべて紹介したいと思うほどです。ここでひとつ。

やまびこの　小さなまご

やまびこの／一ばん小さな　まごのことを／それはそれは小さな　まごのことを／ごぞんじですか／／カの　なかよしでしてね／ねても　さめても／カとつれだって　あそんでいるのですよ／／よく　さびしい　夕がたなんかに／カが　うたいながら／とんでくるでしょう／ほそいけむりのような　二本のうたを／よりあわすように　しながら／／あれはカが　うたう　はしから／やまびこの　小さな　まごが／うたいかえして　いるのですよ／いちいち　それに　こたえて…／

説明をするのは野暮というものです。さびしい夕方がよけいさびしくなりそうで切ないですが、蚊が魅力的に思えます。「ふしぎなポケット」から大腸菌へ、大腸菌から蚊へと話は連想ゲームのように続きましたが、どこにもふしぎがいっぱいです。とくに小さなものが精いっぱい生きている様子の中には、問いかけをしたくなることがたくさんあります。蚊に語りかける暮しの中からは悪事は生まれないと思いませんか。

まどさんは一〇〇歳になられたときに「世の中に「?」と「!」と両方あれば、ほかにはもう、何もいらんのじゃないでしょうかね?」(『百歳日記』NHK出版、二〇一〇年)とおっしゃいました。本質をついた名言です。もちろん、一〇〇歳という年齢での境地であり、おいしいものを食べたいとか、有名ブランドのバッグが欲しいとか、さまざまな欲求があるのが普通でしょう。ですから他には何もいらないかどうかは脇に置くとしても、「?」と「!」の大切さは変わりません。というのも、これは人間を人間たらしめる特徴と言えるからです。

赤ちゃんが這い這いを始めると、床の上にある小さなもの――食べこぼしだったり、ゴミだったりすることが多いのですが――をつまみ上げてふしぎそうに眺めます。これは何だろうと考えている顔をしています。庭に来たスズメはあちこちつつきますけれど、食べることにしか興味はないようです。赤ちゃんは、あるものそのものを何だろうと思ってつまむ。そこが他の生きものとは違います。

そしておしゃべりができるようになると間もなく、「なぜ」「どうして」という言葉を次々と発するようになります。「なぜここに本が置いてあるの」という日常あたりまえのことに始まり、「なぜ死んじゃうの」という難問まで出てきます。以前、NHKラジオでの「子ども科学電話相談」で、幼稚園の子どもに「なぜ死ぬの」と聞かれて困ったことがあります。冷や汗をかきながら、科学の立場でのお返事をしました。その内容は「死」を語る第9章にまわします。

意外なところに「!」がある

生命誌の研究では、生きていることのまわりにある(まさにいくらでもある)「?」をいつも考えています。そして、少しずつわかってくると、そうなんだ! と感心する。そのくり返しです。他の研究者の論文を読んで、「ええっ!」とびっくりすることもあります。最近の例では、タコのゲノム解析でしょうか。昼休みの勉強会で仲間のひとりが紹介し、みんなが驚きました。タコっておいしいですよね。酔ダコで一杯を楽しみにしている方もあるでしょう。東京育ちの私が大阪に職場をもつことになって初めて知ったのは、おでんの中のタコです。大阪では忘れてはならない具材のようで、確かに柔らかく煮込んで味のしみたタコは、とてもおいしいと認めます。

タコは軟体動物門で、仲間としてはイカや貝類がいます。イヌやサルなどは私たちに近く、日常なかなか賢いと思う場面によく出会いますが、タコはちょっと遠い存在です。ゲノムがどうなっているか、想像しにくいのですが、解析の結果、ヒトとあまり変わらない大きさであることがわかりました。ゲノムの本体であるDNAにはATGCという塩基が並んでいますが、ヒトの場合、その数が三二億もあります。

サカナ（ゼブラフィッシュ）は一五億、カキ（貝）は五、六億、ハエは一・五億と少しずつ小さな値になります。ゲノムが大きければ上等だとかすばらしいとかいうわけではないのですが、大きいほうがさまざまな能力を出し得ることは確かです。タコの中には擬態が得意な仲間がいて、色や形を変えて他の魚のふりをしたりしますから、ゲノムの大きさはそれと関係があるかもしれません。

実はみんなが驚いたのは大きさではありませんでした。大きさだけなら六七〇〇億ものATGCの並ぶゲノムをもつアメーバもいます。タコでびっくりしたのは、脳ではたらく遺伝子群にタコにしかないものが五〇個近く見つかり、その中で一番多いのが神経に関わるものだったことです。とくに脳の神経の多様性をつくりだすことで知られるプロトカドヘリン遺伝子がヒトの三倍近くもあるのですから驚きです。網膜関係の遺伝子もたくさんあることがわかりました。脳のはたらきは他の生きものより優れていると思っている人間としては気になる事実です。

これだけ「!」があると、そこから次々と「?」が生まれ、研究することがたくさん出てきます。そして、うまく研究が進めば（なかなか思うように進まないことが多いのですが）そこからまた新しい「!」が生まれるはずです。こうして「?」から「!」へ、「!」から「?」へのつながりは楽しく、まどさんの「ほかにはもう、何もいらんのじゃないでしょうかね?」という言葉についうなずいてしまいます。タコのゲノムの研究はまだ始まったばかりですが、これから「?」や「!」がたくさん出てくるに違いありません。もちろん、ヒトを含む他の生きものでも。

子どもからおとなへの道

このようにして見ると、「?」と「!」が好きという点で詩人と科学者はよく似ているのかもしれません。子どもとつながっているとも言えそうです。子どもたちはだれもが「ふしぎなポケット」が欲しいと思っています。もちろんおとなも欲しいのですが、それまでの経験から残念ながらそれはないことがわかっていて、そんなこと考えたってムダだと思ってしまいます。

実は子どもは、ついこの間まで、欲しいなと思ったらそれが手に入るという生活をしていました。赤ちゃんは、まだ言葉も話せない弱い存在であり、おとなの手助けが必要です。生きものの多くは、生まれたらすぐにひとり立ちしますが、人間はそうはいきません。その理由は、大きな脳をもったためであることは言うまでもありません。脳が大きくなりすぎないうちに産道を通るので人間はみな早産、新生児は自分で動くことができません。そこで赤ちゃんの大事な仕事は泣くこと。泣けばおとなが、お腹がすいたのかしら、おむつが濡れたかな、もしかしたらどこか痛いのではなどとあれこれ考えて対処してくれます。

長女が生まれたとき、台所で仕事をしながら、しばらく泣き声が聞こえないと、もしかしたら死んでしまったのではないかと心配になって何度ものぞきに行ったことを思い出します。泣かれるのは困るのですが、でも泣いてこその赤ちゃんでもあるわけです。そのうちおとなは、だんだん泣き声による区別ができるようになり、眠いときには優しく抱いて寝かしつけてくれます。望みはかなう。赤ちゃんは魔法が使えると言ってもよいかもしれません。

でも、泣けばなんでも望みどおりになる時代は、そう長くは続きません。玩具屋さんの前で、あの電車が欲しいと泣きわめいても、お父さんもお母さんも知らん顔。あまり長引くと置いていかれそうになります。そこで、ちょうどこのころから使えるようになる言葉で、子どもは考えはじめるのです。できることとできないこと、してよいこととダメなことがあれこれあるのだなとわかってきます。「言葉」で「考える」。これが人間の大きな特徴であり、詩も科学もここから生まれるものです。そこで、「?」と「!」を発見するわけで、生きることの基本にこの二つがあるのはうなずけます。これこそが赤ちゃん時代の魔法からの脱却であり人間になることなのです。

子どもからおとなへの道として考えてきたこの過程は、人類の歴史でもあります。おいしい果物がなり、花が咲き、楽しくてありがたい自然ですが、一方で大雨が降ったり、噴火が起きたりと恐いことも多い自然です。赤ちゃんのようになぜそんなことが起きるのかがわからず、畏れおののくしかなかった人々が、周囲をよく観察し、考えて、徐々に降雨や噴火のメカニズムを理解してきたのです。これが科学です。

このような理解は大事なことですが、そこで私たち人間はちょっと考え違いをしたのではないかと気になります。他の生きものたちにはわからないこれほどの知識をもち、しかもそこから技術を生むことまでできたのだから、われわれは自然を支配できる存在になったのだと。とくにヨーロッパのキリスト教社会を中心にそのような考え方が一般的になってきました。

生命誌の研究は、人間は科学を進めるすばらしい能力をもっていると同時に、やはりヒトという生きものであり、自然の一部であることに変わりはないことを明らかにしています。これまでは、さまざまな自然現象についての理解をもとに、自然から離れて暮らすための技術を開発することを進歩としてきましたが、実は、自然を理解すればするほど私たち人間が自然の一部であることがわかってくるというのが私の実感です。これからの技術は、自然の中にいることを前提に、そこでの充実した生活を支えるものとして考える必要があると強く思います。

『100歳の言葉』にこうあります。「私たち人間がこうして毎日生きているのが私にはなんとも不思議なことに思えます。私たちといっしょに私たちの兄弟として、数かぎりない動物と植物が生きているのも、ほんとに不思議です。いいえ生き物だけではありません。山も海も石ころも太陽も星も、それから雨も風も一日も四季も、私たちの目で見、耳で聞き、心で考える自然の物事がすべてそう思えるのです」。

自然の中にふしぎを見出し、この問いを続けていくことで人間は少しずつ賢くなり、大きな自然の中での生き方を見つけていけるのではないでしょうか。詩も科学もこのようにして未来を示すものでありたいと思います。

第4章　生きものは矛盾のかたまり——DNAの変異と「けしゴム」

○ですか×ですか。黒ですか白ですか。はっきり答えなさい。今の社会はこれを求めます。○のようでもあるし×のような気もする、などとぐずぐずしていると、それこそ×をつけられてしまいます。

でも生きものを見ていると、「同じだけれど違い、違うけれど同じ」とか「とても安定しているのだけれど変化し、変化するけれど安定し」というように、一見反対の性質が同居しています。こういうのを矛盾というのでしょう。同じで違う、安定しつつ変化する他にも、対立することばかり並びますので、今私が、「生きものって何ですか」と聞かれたら「矛盾のかたまり」と答えます。矛盾などあってはならないとして、目の前にいる生きものから矛盾をなくしたら、きっとそれは死んでしまうに違いありません。アリもタンポポも、実はそういう存在なのです。矛盾をみごとに調和させるそのバランスの上に、「生きている」という現象があるのです。ですから、○か×かですべてを処理しようとする社会は、生きものが生きにくい社会になるわけです。この章は、生きものたちはどのような矛盾を両立させているかを見ていきます。

多様性と共通性

生きものはどれもみんな違います。なんでこんな形をしているのだろうと思うものも少なくありません。ですから見ていてあきません。チョウとトンボが違うだけでなく、本当はチョウの一頭ずつ、トンボの一匹ずつがみんな違うのでしょう。人間の場合、目の大きさや鼻の高さなどがほんの少しずつ違う顔を一人ひとり見分けられます。それはそれを見ている自分が人間だからです。チョウの目は、チョウの仲間の小さな違いを見分けているに違いありません。とにかく一つひとつ違うのが生きものの特徴です。

見えない!

見えない!／一つぶのキャンデーに集まっている／このたくさんのアリが／みんな同じ

にしか…／／神さまがごらんになれば／ひとりずつみんな違うだろうに／太郎ばかりではないだろうに／美代も花子も信二郎も／幸子《さちこ》も源太もいるだろうに／／見えないでいたのだ！／ずうっと今まで…／メダカでもアメンボでも／アカトンボでもスズメでも／小さい生き物は／／なんだってみんな同じにしか…／ということさえもだ！／今が今までぼくには…／

まったくそのとおりです。アリをよく見ながらどれが太郎くんかを考えるとアリがいつもより身近になります。そうは言っても、私たちの目で小さな生きものの個体一つひとつの違いを見るのはむずかしいので、チョウならアゲハチョウ、モンシロチョウと種や属などとしてまとめていき、これまでに一万七〇〇〇種ほどに名前をつけました。地球上には八七〇万種もの生きものがいることはすでに述べました。一方、第2章で紹介したように、地球上の生きものはすべてDNAの入った細胞でできているという点では共通であることがわかっています。しかもDNAのはたらき方はどの生きものでも同じであることも。これが現代生物学が明らかにした重要なことです。地球上の生きものたちは基本はみんな同じなのです。もちろん人間も含めてです。

それなのになぜチョウはチョウになり、しかもその中でもたくさんの種に分かれるのか。しかも一つひとつの個体が違うのか。身の回りにあたりまえにいる多様な生きものですが、ふと考えると、なぜこんなにいろいろに分かれて、「私は私」として存在しているのかふしぎです。実は種がどのようにして確立するかということはまだ明らかにされていません。もちろんDNAが変化し、進化が起きて新しい種ができてくることは第2章でお話ししたとおりなのですが、それぞれの種が種として存在していることは生きもののふしぎのひとつです。

カニ

カニがカニッとしているのは嬉しい／カニがそれを気づいてないらしいので／なおさらしみじみと…／／ああ　こんな私も私っとしていることで／だれかを喜ばせているのかもしれない／私がまるで気づかないでいるとき／いっそう　しみじみと…／／そう思うこともできるんかなあ／と私は私を胸あつくさせた／

さまざまな違いのある生きものたちがいることは楽しいというだけではありません。多様になることで生きものは三八億年もの長い間続いてこられたのです。カニがカニッとして、私が私っとしておらず、みんな同じだったら、地球の温度や空気の成分が変化してその生きものに合わなくなったときに、全滅してしまうでしょう。いろいろな場所で、さまざまな生き方をする生きものたちがいるので、氷河時代でさえ生きものがすべて消えてしまうことはありませんでした。多様性は生きものの世界を強靭なものにしています。すべての生きものに存在の意味があるのです。

原則は安定、でも変化も大事

カニはカニとして存在し続けます。明日になったらエビになっていたということは決してありません。カニがエビに変わるなんてそんなバカなと笑ってしまえばおしまいですけれど、なぜカニは一生カニであり続けるのかと改めて考えてみると、ふしぎなことです。なんでもあたりまえと思わずになぜと問わなければ、科学はありません。このあたりまえへの答えは、カニの細胞にはカニのゲノム（DNA）が入っており、細胞が分裂して次の細胞をつくるときにはその中にあるDNAが複製して必ず自分と同じものをつくるからであるとわかっています。

DNAという物質のすばらしさは、間違えずに自分と同じものをつくる性質をもっているところです。これもまた第2章で話しましたように、ATGCという四つの塩基が並んだ鎖が二本らせん状に絡んでいるのですが、増えるときには二本がふたつに分かれてそれぞれが相手の鎖をつくります。そのとき必ずAとT、GとCが組み合わさるので新しくできたらせんは元のものとまったく同じになるのです。複製です（実際にATGCをいくつか並べて書いて試してください。みごとに同じものができます。五三ページの図2―1参照）。こうしてカニはカニ、私は私を続けていきます。安定に種が保たれ、個体が保たれていくのです。

ところで、DNAが決して変わらなかったらどうやって新しい種が生まれてくるのでしょう。人類は七〇〇万年前に誕生したとされますが、どのようにして生まれてきたのでしょう。

実はDNAは、原則的には安定で不変なのですが、時々間違いをおかします。長い鎖ですから時には途中で切れて次の鎖が正しくつくれなかったりもします。紫外線などがDNAの鎖に傷をつくることがわかっています。また外から入ってきたウィルスなどのDNAが細胞のDNAにまぎれこむこともあります。このような変化がなくとも、正確さを誇るDNAといえども時々複製を間違えることがあるのです。ゲノムの中にはある塩基配列がくり返しているところがあるのですが、このくり返しが増えたり減ったりする変化も見つかってきました。

それだけでなく長い歴史の中ではゲノムがそっくり倍になるという大きな変化も何度か起きています。こうして、とても安定しているDNAは変化するものでもあることがわかってきました。ＤＮＡは、このようにして起きた変化をそのまま正確に複製しますので、その変化が新しい性質として続いていくことになります。こうして新しい生きものが生まれていきます。これが進化です。

安定だけれど変化し、変化するけれど安定しているという性質が、進化という現象につながり、新しい生きものをつくっていく力になっているわけです。

ところで、これまでは変化を、本当は変わってはいけないのに間違いなどで変わってしまうという書き方をしてきました。けれども、進化という目で見るなら、ＤＮＡに起きる変化をむしろポジティブに受け止める必要がありそうです。もしＤＮＡがまったく変化しなかったら、私たち人間が生まれることはなかったでしょうから。

思いがけない変化が思いがけない能力につながった例をあげましょう。最近、私たちが母親の子宮の中で育つときに大切な役割をする胎盤の形成に、昔たまたま入ってしまったウィルスのＤＮＡが役立っていることがわかってきました。こんな大事な役割を担っているＤＮＡのもとがウィルスだなどとはだれも予想してはいませんでした。今となっては、ウィルスに入ってくれてありがとうという気持ちです。もちろんウィルスが入ってきたときは悪さをしたに違いありません。よいことと悪いことのどちらか一方にはならず、○とも×とも言えるようなことがらの積み重ねが生きものをつくってきたことを示すひとつの例です。

合理性を支えるムダ

現代社会は、大量生産と大量消費を続け、ゴミをたくさん出して地球を汚してきました。生態系を壊し、その結果、自然災害が増えているのも気になります。そこで、ムダはいけないとなるのは当然です。生きものは資源を上手に循環させ、巧みに生きているのに、人間はもっと生きものとしての知恵をはたらかせなければいけないと思います。

このように、あまりにもムダの多い現代文明の見直しはしなければなりませんが、生きものはまったくムダをしていないかとなるとそうではありません。生きものの世界を続かせていくには、ある種のムダは必要と思い知らされることがよくあります。そもそも、タラコやカズノコにどれほどの数の卵があるか。数えたことはありませんが、これがすべてタラやニシンになったら大変です。もちろん途中で他の魚はもちろん、人間にも食べられてしまうなど、親にまで育つのはほんの一部です。

風で飛ばされる植物たちの花粉はまさに風まかせですし、人間の精子もひとつの卵にはたったひとつしか授精できず多くがムダになっています。もちろんこのように本来の目的は達成できなかったものも、物質としては循環の中に入っていき、再び生きものの体のどこかに使われるのですが、生殖という局面で見たら、過剰な準備に見えます。しかし、確実に子孫を残していく方法としては、ここでこれだけのムダが必要とされるのです。生きものにはまったくムダがないのではなく、巧みにムダを生かしているというのが当たっているのではないでしょうか。

まどさんはタタミイワシが好物で、毎日何千、何万のイワシの赤ちゃんを食べて寿命を延ばすとは「大残酷な男」だと告白します。人間は限度を知らずに行動するところがありますから、採りすぎには気をつけなければいけませんが、タタミイワシに謝りながら食べる気持ちを失わず、自然界のムダの範囲でいただいて元気に暮らすのは許されるのではないでしょうか。上手にコンガリと焼いて。

意味のあるムダの例をもうひとつあげます。免疫です。胎児はお母さんのお腹の中で守られていますが、オギャアと生まれたら外の空気が体内に入ってきます。そこには、無数と言ってよい細菌やウィルスがいます。体の中で役に立つものもいますが病原体もいますので、気をつけなければなりません。そこで私たちの体には、侵入してくる異物を感知して処理する力が備わっています。これが免疫です。血液中の白血球細胞の中に、免疫細胞とよばれる仲間がいます。そのうちリンパ球とよばれるものは、B細胞やT細胞などに分かれます。B細胞は、主としてリンパ節にいて、体液に入って体をめぐる異物を監視しています。T細胞のほうは、自分が体液の中をめぐって異物を見てまわるパトロール役です。B細胞は免疫グロブリンという物質をつくって異物に対抗し、T細胞は外から入ってきた病原体そのものを殺す役割をもっています。

私たちが気づかないうちに、体の中ではこんなみごとなしくみがはたらき、私たちを守っているのです。ところで、病原体など外来の異物は、いつどこで何が入ってくるかあらかじめわかっているわけではありません。とくに最近はみなが世界中を旅するようになりましたから、思いがけない病原体に出合う機会も増えました。一生の間には、億を超える異物に出合うのではないかと言われます。それに対処するにはどうするか。大きくふたつの方法が考えられます。ひとつは、B細胞もT細胞も決まった種類しかなく、外から入ってきた異物に対応して細胞が変化するという方法です。もうひとつは、あらかじめすべてに対応できるように一億種に近い異なる性質のB細胞やT細胞を用意しておくという方法です。

実際にはどちらが起きているか。いつ何が来るかわからないものにあらかじめ対応できるように異なる種類を準備しておくなんて無理と考えるのが常識だと思うのですが、実は答えはこちらです。そして、準備しておいたけれど役に立たなかった細胞たちは、空しく死んでいくのです。なんとムダなことをしていることかと思います。でも、外敵から体を守るためには、これほど入念な準備をしておかなければならないということなのでしょう。これがあるからこそ、私たちの体は守られているのです。何気なく暮らしている日々がこんなふうにして支えられていると思うと、空しく死んでいくたくさんの細胞たちにありがとうと言わずにはいられません。生きていくことは、とても複雑で大変なことであり、それがうまくいくようにしようとしたら、これだけのムダが必要であるに違いありません。

『100歳の言葉』でまどさんは、「こんなにありとあらゆる物が、ありとあらゆる所で、ありとあらゆる事をしながら、その全体がこんなに美しいバランスをもった宇宙に作られているのは、なんとすばらしいことだろうと思わずにはいられません。」と書いています。たくさんのムダも実は「美しいバランス」につながっています。大事なのはバランスです。ムダの例は他にもありますが、この辺で切り上げましょう。

正確だけれど柔軟

指を広げて見たり、鼻にさわってみたりと自分の体の形をあちこち見まわしながら、受精卵というひとつの細胞から始まって、これほど複雑な形をつくりあげるのは大変だろうなと思います。よほど正確なプログラムがなければできないだろうとも。

ところが、ここにもちょっと意外なことがあります。たとえば広げた指ですが、これを思うがままに動かすためには、その先まで神経が届いていなければなりません。そこで、手をつくるときには、中枢にある神経細胞から指に向けて軸索という突起（神経線維）を伸ばします。その中で、指先にある筋細胞にたまたま行き着いた細胞は生き残り、行き着けなかったものは死にます。神経が来てくれなかった筋細胞も死にます。こうして神経細胞と筋細胞がつながった指ができあがるのです。

毎日何気なく字を書いたりボールを投げたりしていますが、この指が動くことの陰にはたくさんの細胞の死があるのです。はじめからこの神経細胞とこの筋細胞をつなぐと決めていたら、軸索の伸び方が一センチ足りずに届かなかったというような不具合がたくさん出てくることでしょう。いい加減に伸びていってうまくたどり着けたものだけが生き残るからこそ、五本の指が自由に動く手になるのです。正確さの陰にあるいい加減さに救われますが、もちろん、現場の状況に合わせての柔軟な対応あってのことであることを忘れてはなりません。

このような「〇〇だけれど△△」という例は生きものにはたくさんあります。しかもそれこそが生きものの生きものらしさを支えているのですからおもしろいと思います。まさに矛盾のかたまりです。まどさんの言葉にあるように、だからこそ全体が全体として存在しているのです。

おばけなら　いうだろ
けしゴムを　つくったから／えんぴつを　つくったんだ／と　おばかさんが　いった／／えんぴつを　つくったから／けしゴムを　つくったんだ／と　せんせいが　いった／／えんぴつを　つくったのに／けしゴムを　つくったのか／と　かみさまなら　いうかな／／けしゴムを　つくったのに／えんぴつを　つくったのか／と　おばけなら　いうだろ／

確かにそうです。えんぴつとけしゴム。実は今私もえんぴつでせっせと書いた原稿をもう少しなんとかしたいと思ってけしゴムで消すという作業をくり返しています。まどさんのけしゴムへの思いはこんなふうです。

けしゴム
自分が　書きちがえたのでもないが／いそいそと　けす／／自分が書いた　ウソでもな

いが／いそいそと　けす／／自分がよごした　よごれでもないが／いそいそと　けす／／
そして　けすたびに／けっきょく　自分がちびていって／きえて　なくなってしまう／い
そいそと　いそいそと／／正しいと　思ったことだけを／ほんとうと　思ったことだけを
／美しいと　思ったことだけを／自分のかわりのように　のこしておいて／

いっしょうけんめいはたらいて自分はなくなってしまうけしゴム。正しいこと、本当のこと、美しいことだけが残ったらすばらしいだろうな、でもそればっかりだと息詰まるかもしれないなと思いながら、小さくなったけしゴムを眺めています。

正常と異常は地続き

はっきりとは分かれない例として、最後にもうひとつ、どうしても取りあげたいことがあります。正常と異常です。工業製品には、明確に正常と異常があります。自動車も冷蔵庫も、検査を通ってよしとされたものしか工場の外へは出て行けません。○と×がはっきりしています。では生きものはどうでしょう。生物学では、自然界に一番普通にある状態のものを野生型とよびます。ショウジョウバエですと赤い目が普通なので、それが野生型、赤い色素をつくる酵素が欠けているために目が白い仲間は変異型とよびます。ここで赤い目が正常、白い目が異常と言いたくなりますが、これは多数派が正しくて、少数派は間違っているという見方でしかありません。

人間で考えますと、今地球上に暮らす七七億人の皮膚の色について、どの色を正常とするかと問うても答えはありません。現実には皮膚の色による差別が起きていますが、そこにはなんの根拠もないのです。数で決めるものでないのはもちろんです。現生人類は一種、つまりすべての人が同じ種に属しているとわかっていますから、その中での多様性と見るしかありません。すでに見てきたように、生きものの歴史は多様化の方向へ動いているのであり、そこにはどれかを正常としてどれかを異常とするという判断はありません。

ところで、ショウジョウバエの目で見たような変異が起きたとき、それが生きていくうえで不可欠なものを欠き、病気という形で出てくる場合には患者の苦痛をとり、暮らしやすいようにする治療を考えなければならないのはもちろんです。しかし、病気はだれにも起きることであり、これを異常と位置づけてしまうのは問題です。DNAを遺伝子としている限り変異をなくすことはできませんし、事実、何かの形の変異はすべての人が平均八〜一〇個もっているとされています。どこにも欠陥がない完全な人と欠陥をもつ人とがいるのではありません。とにかく、生きものには正常と異常という区別はなく、両方が地続きになっているという事実は理解しておかなければならない大事なことです。

有名な金子みすゞの「みんなちがってみんないい」は、生きものそのものを語っています。ただ、人間も含むさまざまな生きものを見ていると、「みんなちがってみんなだめ」と言ってもよいのかもしれないと思う時もあります。自分自身を含めてこのほうが実感があるような気もします。もちろんこのだめは、心からの愛をこめて言うだめですけれど。

第5章　小さなものへのまなざし——ダーウィンのミミズと「アリ」

いのちを大切にしよう、みんながいのちについて考える社会にしたいと思っていらっしゃる方は少なくないでしょう。社会の話になると、大事なのは経済という答えになり、株価やGDPなどの数値が重視されます。食べる、住む、学ぶなどすべての生活がお金で動いていますのでどうしてもそうなりますが、その結果、「子どもの貧困」などが出てくるのだとしたら、どこか間違っていると思わざるをえません。お金が動いた結果、いきいきと笑っている子どもたちばかりになるのでなければ、なんの意味もないでしょう。「子どもの貧困」というおかしなことが起きないように、制度や法律を変える必要はありますが、一番大事なのは、社会を構成する私たち一人ひとりの考え方です。一人ひとりが生きることを大切にしようという気持ちをもてば、社会もおのずと変わっていくはずです。甘いと言われるかもしれませんが、これが最も堅実な社会変革の道だと信じています。

蚊を代表選手として

生命誌としては、まず、「生きる」や「いのち」という言葉で、人間だけでなく地球上に暮らす生きものすべてを思い浮かべてくださいとお願いします。その理由はふたつあります。ひとつは第2章で見たように、人間も含めて地球上の生きものはすべて祖先をひとつにする仲間であり、みんなで一緒に生きていくようにできているからです。人間だけを別に考えることはできません。もうひとつは、他の生きものたちの生き方を見ていると、なんとうまくやっているのだろうと思うことがあり、そこから学び、生き方を考えるのが楽しくなるからです。

そのとき、先生になるのがまど・みちおさん。さまざまな生きものたち、とくに小さなものへのまなざしはみごとです。私は、DNAを調べるなどして、人間も生きものの仲間だと実感しているのですが、まどさんはそんな知識はまったくないとおっしゃりながら、知識をもった場合と同じくらい、いやそれ以上にみごとに生きものと接したすばらしい方です。だれもがこのような生き方ができたら暮らしやすい社会になるに違いありません。

詩集を開くと、動物や植物が次々登場します。とくに小さな生きものがたくさんですし、小さな星もよく出てきます。第3章で小さな生きものの代表として蚊を取りあげました。そこで、「蚊の詩はみんな紹介します」と書きましたのでここでも蚊に登場してもらいます。

カが　一ぴき

ゆぶねを出て　体を洗っていると／カが　一ぴき／ぼくの顔すれすれにとんでいって／そこにとまった／つるつる　すべすべの　タイルの壁に／／あれ？／おっこちない！／／タイルは　ほんとうは／ざらざら　がさがさの　でこぼこなのか／それがカには分かっているのか／ぼくには分からないのに！／／ああ　そのでこぼこの中の／一ばんいかすでこ頭につかまって／カはいま聞いているのかもしれない！／／ぼくには聞えないすばらしいコーラスを／ぼくの体からたちのぼる／百千万のゆげのつぶつぶたちの！／

ここではなんだか蚊が凜としています。そしてもうひとつ。たたかれる蚊。

カ

ゆうがたに　なると／きまったように／カが　ごはんを　たべにくる／／ほうら　わたしが／ごはんを　たべにきましたよ／わたしに　たべられない　さきに／わたしを　たたかなくても／いいのですか／と　いいながら／／カは／そう　いいながらでしか／ごはんを　たべに　こられないのか／一にち　一かいの　ごはんを／／カよ！／

私たちが蚊とお目にかかるのはこのような場面が一番多いかもしれません。私の家は東京の西端、元武蔵野だったあたり（国木田独歩は『武蔵野』を、このあたりを歩いて書いています）ですから、樹木が多く夏にはヤブ蚊が飛びまわります。庭の草取りのときには、蚊取り線香を腰にぶら下げていなければ、手や首のまわりが蚊に刺された跡だらけになります。お隣の方（亡くなられてしまいましたが、人類学者の香原志勢《こうはらゆきなり》先生です）が一度に二三匹たたきましたよと掌を見せてくださったこともあります。黒と赤の点々が掌中に広がっていましたっけ。

小さきものの死

蚊を叩きながら思うのは、生きることを考えるときにはそれとともに死も考えざるを得ないということです。一番大事なのは自分を含めた人間の死であり、そこにはとてもむずかしい問題がたくさんあります。でも死は避けられない。そこで大事なことのひとつが小さな生きものの死を見つめることではないでしょうか。小さな生きものだからいのちのもつ重みも小さいというわけではありません。「生命誌絵巻」を見ていただくと、すべての生きものが扇の要から等距離のところにあります。つまりどの生きものも生命誕生以来の三八億年という時間を背負って生きているわけですから、そこには気の遠くなるほどの重みがあります。

ですから生きものをむやみに殺してはいけないのは当然です。三八億年かけてやっとここに現れた存在というだけでも大事にしなければなりません。しかし一方で生きものには死があり、また殺さなければならない状況があるのも事実です。まず、私たち動物は他の生きものを食べなければ生きていけないしくみになっています。毎日の食卓は、ブタやトリや魚と、生きものだらけです。菜食主義ですと言っても、植物も生きものなので、やはりいのちをいただいています。他の生きものの死の上に生が成り立っているということはよく知っておく必要があります。さらに、蚊も含めて人間に害を与える昆虫は害虫と名づけて退治します。野菜や庭の園芸植物につく虫、台所に入り込んでくるゴキブリ、蚊の他にも肌を刺すアブなど。

レイチェル・カーソンの『沈黙の春』（一九六二年）で指摘されたように、ＤＤＴなどの殺虫剤を無差別に大量にまくことは、生態系破壊にまでつながるので避けなければなりませんが、病原体を運ぶものもあり、まったく殺さないわけにもいきません。そこで、台所のゴキブリをたたくときに、あなたも三八億年の歴史をもっていることはわかっているのだけれどゴメンナサイという気持ちはもっていよう。言い訳めきますがそう思っています。まさに、矛盾のかたまりであることを示す一例です。いのちは大事と言いながら、さまざまな生きもののいのちを奪いながらしか生きられないのですから。

ところで、生きものを殺すのはいけない、さらには生態系を壊してはいけないという流れの中で、子どもたちの昆虫採集を禁止する考え方が出ています。子どもが網を振り回す昆虫採集でしたら、生態系への破壊とまではならないでしょう。むしろ、それによって昆虫をよく観察し、親しみをもつようになるという観点からすると、勧めてよいことです。小さなものにもいのちがあること、しかもそれは私たち人間と変わらない長い歴史の中で生まれたものであることを学びながらの採集は、生きることを考えるきっかけになるはずです。

昆虫採集と言えば、昭和天皇記念館（東京都立川市）で、昭和天皇が小学校六年生の夏休みの宿題として作られた標本を拝見したときのことが忘れられません。チョウやセミが関わりのある植物とともに箱の中に置いてあったのです。たくさんの昆虫を並べて、こんなにたくさん採ったぞと見せびらかすのではなく、虫たちの生きている姿を再現しようという、まさに生きものへのまなざしの感じられる標本でした。生物学者の素質をお小さい時からおもちだったのだということが身に沁みてわかり、多くを学びました。

ここでまどさんと一緒に、小さな生きものへのまなざしをミミズに向けてみましょう。

ミミズ

ひとりで／もつれることが　できます／／ひとりで／もつれてくることが　あります／ひとりで／もつれてみることが　あります／／あんまり／かんたんな　ものですから／じぶんが…／で　ちきゅうまでが…／

そしてもうひとつ。

みみずの　みみ

みみずの　みみを／みてみたか／みみずの　みみは／みてみない／ねずみの　みみなら／みてみたよ／すももも　ももも／もらったか／すももも　ももも／もらわない／やまもだったら／もらったよ／

これは言葉あそびですね。

ミミズに私たちと同じような耳はありません。実は目もありません。私たちはなんでも自分を基準に考えますので、なんだかかわいそうに思ってしまいますが、ミミズの生き方ではどちらも不要なのです。ミミズはミミズとしてきちんと生きているのです。本当は耳がない。でもそこが詩の羨ましいところです。「みみずのみみ」おもしろい！　と思ったらそれを書いてよいのですから。そして「みみずのみみ」はネズミの耳のようには見えないという観察がありす。ここでミミズには耳がないという科学とつなげることができます。

でも一方で、これを読んだ後でミミズを見ると、なんだかミミズが耳をすまして聴いているような気もしてくるのです。「生きものとして仲間」ということを、私はＤＮＡや細胞の研究から実感していますが、すべての人がＤＮＡと細胞から考える必要はありません。「みみずのみみ」を思いながら、一緒に自然の音を聴く仲間と思ってもよいのですから。科学と詩は決して同じではない、しかしつながりを感じる気持ちとしての共通性はある。これが大事なところです。

ダーウィンとミミズ

ところでミミズというと思い出す人がいます。ダーウィンです。ダーウィンと言えば進化論、テストではいつもこのふたつを結びます。ヨーロッパでは、すべての生きものは、神様が今ある姿でお創りになったものであり、人間は特別のものとされていました。生きものたちのお互いのつながりもないと考えられていましたから、その中での進化という考え方の登場は画期的です。もちろんそれを考えたのはダーウィンだけではありません。

化石の観察や生きもの同士の類似性などから、生きものは時とともに変化し進化をしてきたという考え方がダーウィンの生きた一九世紀には、すでに生まれていました。とくにダーウィンが生まれ育ったイギリスは、家畜の品種改良のさかんなところです。イヌ、ウマ、ハト、ニワトリなど、たくさんの品種を生みだしています。サラブレッドの美しさを見ると、走るのに適したウマを育てようと改良していく情熱に感心します。

秋篠宮様が、イギリス留学時代に研究なさったニワトリの多様なこと、写真を拝見して驚きました。クジャクと同じくらいというのは少し大げさですが、それほど羽のきれいなニワトリもたくさんいました。ダーウィンもハトの形の変化を観察しており、それが進化を考えるきっかけになったのです。それと同時に、ダーウィンは自然が大好きだったので、自然界のさまざまな生きものも観察しました。そこから、だれもが気づき始めている進化は、自然選択によって起きるのだというしくみを考えだしたのです。

ここがダーウィンの優れたところです。観察した現象の裏にある共通のしくみを見出すことが科学の発見です。『種の起源』という大きな本を著し、その中で、形や性質には個体差（変異）があり、より環境に適した個体が子孫を多く残すこと、それが何世代も重なる間に進化が起きることを述べました。今では、変異はＤＮＡの変化であることがわかり、ＤＮＡを解析することで進化の研究ができるようになりました。

生命誌は、生きものの進化の歴史を踏まえた生きものの物語を描きだそうとしているのですから、生命誌にとってダーウィンはとても大切な人です。そこで、ダーウィンの本を読みますと、進化についての新しい考え方を生みだせたのは、小さな生きものたちを心から愛し、よく観察する人だったからだと強く感じます。頭の中だけで考えたのではなく、自然から学びとったのです。ナチュラリスト――日本語では博物学者と訳しますが、英語のほうが気分が出ます。根っからのナチュラリストです。

そのダーウィンが最も愛した生きものは何か。一般にはガラパゴス諸島のフィンチやゾウガメの研究が有名ですし、ご本人が名指しをしているわけではありませんが、私はミミズをあげたいと思います。亡くなる前年、一八八一年に『ミミズの作用による肥沃土の形成およびミミズの習性の観察』という本を書いています。まえがきにこうあります。「この主題は取るに足りないものに思えるかもしれないが、やがてわかるように、かなり興味深い問題を含んでいる。〈法はささいなことにかかわらず〉という格言は科学には通用しないのである」。

実はこの本は長い間、大博物学者《ナチュラリスト》も耄碌《もうろく》してこんな毒にも薬にもならない本を書くようになったと酷評されてきた面があります。研究者たちもミミズなんてと、この小さな生きものをバカにしていたのかもしれません。でもこの本を読むと、ダーウィンはミミズを一生かけてよく観察したこと、おそらくこれは進化論を考えるうえでもとても役に立ったであろうことがわかります。〈法はささいなことにかかわらず〉というけれど科学は違うとダーウィンは言っていますが、そのような消極的な言い方よりも、〈神は細部に宿る〉という小さなものの大切さを強調する言葉のほうがこの本にふさわしいと思います。

小さなミミズの大きな仕事

ダーウィンのミミズの本からふたつ、おもしろい成果を紹介します。ひとつは土づくりです。

ダーウィンはこんなふうに書いています。「適度の湿度がある地域であれば、あらゆる地表面を肥沃土が覆っている。肥沃土は一般に黒っぽく数インチの厚さがある。それを構成している土の粒子が一様な細かさであることが大きな特徴である」。まさに日本は適度の湿度がある地域ですから地面の表面がこのような土でできているのはあたりまえと思っています（最近はアスファルトで覆われているところが多く、土を踏むことが少なくなってきましたが、本来日本列島は豊かな土に恵まれた環境なのです）。でも、もしミミズがいなかったら土はなかった。ダーウィンはこれを調べました。

一例をあげます。ダーウィンの家の近く、スタッフォードシャーに一八二七年に生石灰が厚くまかれ、それ以降耕されたことのない牧草地がありました。一八三七年、二八歳のときにダーウィンはここにいくつかの穴を掘り、中を調べてみました。すると、上から一・三センチほどは芝の根が絡みあっていましたが、その下六・二五センチ（上から七・五センチ）は粉々の土、その下に一〇年前にまいた石灰層が見えたのです。石灰層の下の土は礫《れき》や粗い砂で表面にある土とはまったく違っていました。これはミミズの仕業に違いないとダーウィンは考えました。実はミミズは粗い砂などを食べその中にある栄養分を吸収したあと、細かな土を外に出すのです。

そこでたくさんの事例を調べ、ミミズによって一年に〇・五センチの土ができていくという結論を出しました。一八四二年二月一〇日、三三歳のダーウィンは自分で石灰をまきます。そして一八七一年一一月末、つまり六二歳のときに、まいた石灰がどうなっているかを調べました。すると、地下一八センチまでは土で、その下に石灰がありました。三〇年で一八センチ、これも、年に〇・六センチずつ土ができていることを示しています。ダーウィンは、年を取ってから急にミミズに関心をもったのではなく、三〇年以上もミミズのことを考え続けていたのです。そして、この小さなめだたない生きものが、私たちの生活に不可欠な土をつくってくれているのだという事実を明らかにしました。まどさんにこの話をすればよかった。この文を書きながら思います。

地球の誕生後間もなく海ができ、そこで花崗岩質の岩盤ができて大陸が生まれたのは今から四〇億年前とされています。そのときの大陸は岩石だけでできており、今私たちが見ている土はありません。大陸ができてから間もなく（と言っても二億年ほど経って）生命誕生となり、進化によって生まれてきた動物が上陸したのは四億年ほど前ですから、それまでは土はできなかったことになります。

ミミズがいなかったら、今も地球は岩だらけであり、こんなに緑豊かで多様な生きものの暮らす星にはなっていなかったでしょう。生きものの歴史物語である生命誌も、もっとつまらないものだったに違いありません。人間が登場できたかどうかもあやしいと思いますから、そもそも生命誌を考えることもなかったのではないでしょうか。偉大なりミミズです。そのことに気づいて研究を続けたダーウィンも偉大です。

ミミズに知能はあるか

ミミズの偉大さを知ったところで、もうひとつのダーウィンのミミズ研究を紹介します。「ミミズの穴ふさぎ」です。イギリスのミミズには、土の中の巣につながるトンネルの入口を葉っぱや小枝などでふさぐ仲間がいます。葉っぱで穴をふさぐミミズを観察していたダーウィンは、葉っぱの細い方を穴に引きずり込むことが多いことに気づきます。

そこでダーウィンは実験します。いろいろな形の葉を穴の近くに置いて、どちらから穴に引き込むか数えたのです。

なんだかダーウィンがミミズの穴に向き合っていっしょうけんめい葉っぱを勘定している様子が目に浮かびます。とても楽しかったでしょう。しかも実験結果は明白です（表2―1参照）。どう見ても、ミミズは形を見て細いほうから穴へ入るほうがやりやすいとわかっているとし

		葉先から	基部から	真ん中から
シナノキ	葉先が細く基部が広い　70枚	55	3	12
キングサリ	葉先と基部の幅がほぼ同じ　73枚	46	20	7
シャクナゲ	葉先が基部よりやや広い　91枚	31	60	0
人工葉	先のとがった二等辺三角形　303枚	189	69	45

表2-1　ミミズの穴ふさぎ

か思えません。ダーウィンは言います。「ミミズはある程度の知能をもっているとしか考えられない。そんなことはありそうもないと思うだろうが、その不審の念を正当化するだけの知識を私たちはミミズの神経系についてもっているかどうか疑わしい」と。この結果を見てもなお、ミミズごときに知能などあるものかと思う人は多いだろうが、ちゃんと調べてないではないかと言っているのです。正論です。

ここで、ミミズの耳についてのダーウィンの実験もつけ加えておきたくなりました。ポットに入ったミミズに向けて呼子笛やバスーン（ファゴット）を吹いてみます。でもミミズは知らん顔、ピアノを弾いても聞こえないようです。でもミミズの入ったポットをピアノの上に置いて鍵盤を強くたたくと、あっという間にもぐりこみました。振動は感じているのです。

「小さな生きものへのまなざし」という点では、まどさんも参ったとおっしゃるに違いない確かめぶりです。まどさんとダーウィンを並べて思いました。詩でも科学でも大事なのはまなざしだと。ダーウィンとミミズを通して科学者の小さなものへのまなざしを語ってきましたが、私の研究館での日常もまさにそれです。チョウ、クモ、ハチ、カエル、イモリ……仲間たちとそれらを見ながら少しずつ彼らの物語を語っていけたらと思っています。このような小さなものを見ていると、彼らの力の大きさ、生きるみごとさに打たれます。ミミズのおかげで土ができていることを決して忘れないでください。

もう一度ダーウィンの言葉に耳を傾けましょう。ミミズの本の最後にこうあります。「鋤《すき》は人間が発明したものの中で、最も古く、最も価値のあるものの一つである。しかし実を言えば、人類が出現するはるか以前から、土地はミミズによってきちんと耕され、現在でも耕されつづけているのだ」。私たちが研究しているイチジクコバチというハチは、イチジクの実をいつも実るよう手助けをすることで、あの大きな熱帯雨林をつくるのに大きな役割を果たしていると言ってもよいことがわかってきました。また近年、私たちの体内には一〇〇兆個もの細菌たちがいて体調を整えていてくれることもわかってきました。

この細菌たちなしでは私たちは生きていけません。私たちの体の大事な一部とさえ言えます。小さくてつまらない存在という見方は決してできません。まどさんがアリに向かって、「もうしわけありません。こんなにばかでかくって」と言っている詩を読んでください。

アリ

アリを見ると／アリに　たいして／なんとなく／もうしわけ　ありません／みたいなことに　なる／／いのちの　大きさは／だれだって／おんなじなのに／こっちは　そのいれものだけが／こんなに／ばかでかくって…／

本当にこんな気持ちになります。私たちの中についい生まれてきてしまう傲慢さをふっとばすには、小さな生きものに向きあうのが一番よい方法です。

第6章　つながっていく生きもの――ゲノムと「ぞうさん」

人間が生きものであるという事実から現代社会を見直すとしたらどのような問題が浮かぶかと問われたら「つながり」をあげたいと思います。つながりとは何か。生きものにはさまざまなつながりがありますので、それらを一つひとつ考えていきます。私が小学生のために書き下ろした「生き物はつながりの中に」という文があります（『中村桂子コレクション　V　あそぶ』収録）。そこでは本物のイヌとロボットのイヌを比べてその違いを見ています。すぐ気づくことは、本物のイヌは呼吸をしていることです。呼吸は、空気中の酸素を体に取り入れ、二酸化炭素を体から出すことを指しますが、取り入れた酸素は体の中のさまざまな物質に作用して、エネルギーをつくりだす役割をしています。その間に体をつくっている物質の中の炭素が酸素と結合し、二酸化炭素になって外へ出てくるのです。まどさんの「空気」を見ましょう。

空気

ぼくの　胸の中に／いま　入ってきたのは／いままで　ママの胸の中にいた空気／そしてぼくが　いま吐《は》いた空気は／もう　パパの胸の中に　入っていく／／同じ家に　住んでおれば／いや　同じ国に住んでおれば／いやいや　同じ地球に住んでおれば／いつかは／同じ空気が　入れかわるのだ／ありとあらゆる　生き物の胸の中を／／きのう　庭のアリの胸の中にいた空気が／いま　妹の胸の中に　入っていく／空気はびっくりぎょうてんしているか？／なんの　同じ空気が　ついこの間は／南氷洋の／クジラの胸の中に　いたのだ／／5月／ぼくの心が　いま／すきとおりそうに　清々《すがすが》しいのは／見わたす青葉たちの吐く空気が／ぼくらに入り／ぼくらを内側から／緑にそめあげてくれているのだ／／一つの体を　めぐる／血の　せせらぎのように／胸から　胸へ／一つの地球をめぐる　空気のせせらぎ！／それは　うたっているのか／忘れないで　忘れないで…と／すべての生き物が兄弟であることを…と／

息をするとはまさに生きることであり、だれもがそれをやっているので、空気はみんなの中を行ったり来たりします。普段は自分のことだけ考え、空気がみんなをつなげているという見方はしませんが、目には見えないものでこんなにみごとにつながっているという事実を見つめると、こんな楽しい詩になるのです。

呼吸から考える「つながり」

空気はもちろん、ただみんなの中を出たり入ったりしているだけではありません。入った空気の中の酸素は、血液中の赤血球にあるヘモグロビンに結合して体中に運ばれ、送られた先の細胞の中でエネルギーをつくるはたらきをします。はたらいた後は二酸化炭素として吐きだされ、それを植物の葉っぱが吸収します。植物の細胞には葉緑体があり、お日様の光を利用して水と二酸化炭素からでんぷんをつくります。ここからは酸素が吐きだされます。

まどさんのおっしゃる空気を酸素と二酸化炭素とに分けて考えると、お母さんの吐いた空気の中の二酸化炭素が一度植物の中を通って酸素に戻り、ぼくの胸に入ってくることになります。間で植物が大事な役割をしてくれている。「見わたす青葉たちの吐く空気が、ぼくらに入り」を科学の言葉でちょっと補うとそうなります。

本物のイヌはこうやって空気を通して地球上すべての生きものとつながっているのにロボットにはそれができません。この違いはとても大切なことです。普段空気を吸っているときに、このようなつながりを感じることはあまりないでしょう。でもまどさんの詩とそれを裏づける科学的事実を知った今では、空気を通してあらゆるところにいるあらゆる生きものとつながっているのだ、という気持ちを忘れないでいただきたいのです。

日々変化しながら、個体を保つ

このような物質を通してのつながりという点では、食べものは空気以上に興味深いものです。朝の食事に食べたハムに含まれるタンパク質は、胃で分解されてアミノ酸になり、それが腸の壁から吸収されて血管を通って体全体に送られます。送られた先の細胞で、アミノ酸は私たちの体に必要なタンパク質に組み立てられます。ここでできるタンパク質は私たち人間のものです。ハムのタンパク質はブタのものでしたが、分解した後私たちのタンパク質になるのです。つまり外から取り入れたものが自分の体の一部になるわけです。

このようにしてつながっているのが生きものの特徴です。こうして毎日食べるものが実際に私たちの体になっていくのですから、今日はブタ、明日はイワシと異なる生きものを材料として体をつくり、毎日変化していくわけです。今日のあなたは昨日のあなたとは違うと言ってよいでしょう。でもあなたはあなたです。体を構成する物質が変化していくのと同時に、生まれたときはみんな赤ちゃんだったのに、だんだん成長しおとなになっていき、残念ながら年をとって死んでいきます。この間一秒たりとも同じではないのが生きものです。

ところが一方では、一生の間ひとりの人間としてつながっています。変化しながらもつながっているので、小学校の同窓会で卒業以来初めてというお友達に出会ったとき、最初はちょっととまどっても、すぐに思い出します。ひとりの人間としてのアイデンティティは保たれているからです。このような、ひとりの人間（他の生きものでもそうです）の中での一生というつながりも大切なものです。ロボットは、このように自分で変化しながらなおつながっていくことはありません。外とのつながりがありながら、個体の中での一生のつながりがあるというこのふたつがともにあるところに生きもののおもしろさがあります。

生きものはどこからわく？

そこで次のつながりです。ロボットは部品を組み立ててつくりますが、生きものはそうはいきません。「生きものは生きものからしか生まれない」のです（生命の起源を除いて）。私たちは今これをあたりまえと思っていますが、今から一五九年ほど前（一八六一年）にフランスのルイ・パスツールが証明するまで、昆虫やネズミなど小さな生きものはどこかからわいてくると思われていました。今でも、ウジがわく、ボウフラがわくという言葉があります。

ウジはハエの子ども、ボウフラは蚊の子どもで、どちらももちろんハエや蚊の卵から生まれてくるのですが、卵はとても小さくて見えませんから、何もないところからわいてくると思われたのでしょう。ネズミもどこで生まれているかわからなかったので、ボロ布からわいてくると考えられていたこともありました。人間はもちろん、大きな動物たちはお母さんから生まれるとわかっていましたから、これが、小さな生きものたちは私たちとは違うとるに足らない存在だと思う気持ちにつながってしまったのかもしれません。

パスツールは、ハエや蚊よりももっと小さいバクテリアで、生きものが生まれるのには生きものが必要ということを証明しました。肉汁が腐るのはその中にバクテリアが入って増殖するからであることを示したのです。まず、くねった細長い口のついた容器に入れた肉汁を沸騰させて中にあるバクテリアを殺します（殺菌です）。口がくねっているので外から空気は入るけれど、空気中のバクテリアは入らないという工夫をされているのがこの容器の特徴です。そこでは、肉汁はいつまでも腐りませんでした。バクテリアはわいてくるのではなく、すでに存在していたバクテリアが増えるのだということがこれで証明されました。

ハエや蚊よりもっと小さなバクテリアも含めて「すべて生きものは生きものからしか生まれない」のです。これは生きものを生きものたらしめている大事なつながりです。

私たちには必ず両親があり、母親から生まれてきます。では両親はどのようにして生まれたかと考えれば、お父さんにもお母さんにも両親がいたことがわかります。この親から子へのつながりを強く感じさせるまどさんの詩「ぞうさん」を見ましょう。

ぞうさん
ぞうさん／ぞうさん／おはなが　ながいのね／そうよ／かあさんも　ながいのよ／／ぞうさん／ぞうさん／だれが　すきなの／あのね／かあさんが　すきなのよ／

まどさんの詩の中で最も有名かもしれません。團《だん》伊《い》玖《く》磨《ま》さんの曲もすてきで、親子で一緒に歌うとまさにつながりを感じます。ゾウの子どもは仔ゾウ。ネコの子どもは仔ネコ。ゾウからネコは決して生まれません。生きものにとって親から子へと続いていく遺伝は最も大事な現象であることは確かです。ただ、ここで親の性質が子どもに伝わることの重要性だけでなく、親子の間に生まれる愛情によるつながりの大切さにも眼を向けていただきたいのです。「あのね／かあさんが　すきなのよ」という言葉からそれは読みとれます。そして子どもはお母さんを頼りにして大きくなっていくのです。

ゾウをめぐって

ところで「ぞうさん」は、もちろんお母さんから子どもへのつながりをよんだ作品ですが、まどさんが実は、「いじめ」もテーマなのだという説明をされていて、ちょっと驚きました。「ぞうさん、ぞうさん、お鼻が長いのね」とかわいらしく読めばそれだけですが、ちょっと意地悪に読んでみてください。動物学校の教室でだれかが「おいおまえ鼻が長いなあ。他にそんなおかしな鼻をしている奴はいないぜ」と言っているようにも読めます。子どもたちは違いに敏感です。みんなと同じがいい。そしてちょっと違うことに気づくといじめます。

人間の学校でもそうですから、動物学校だったらなおさら大変でしょう。鼻が長いとかしっぽが短いとか……いくらでも違いを見つけられます。そこでめげてはダメです。「そうだよ。母さんだって長いんだよ。あのすてきな母さんが長くてぼくも長いんだから……なんにも悪くないよ」。仔ゾウは胸を張って言います。そうよ、母さんも長いのよとのんびり歌っていましたが、まどさんの説明を知ってからは仔ゾウの頑張りも感じながら歌うようになりました。

さらに「ぞうさん」にはエピソードがあります。太平洋戦争の後まもなくお子さんを連れて上野動物園へいらしたまどさん。お子さんに誕生日のプレゼントをせがまれたのですが、買う余裕がなく、動物園へでも連れて行ってやろうと思って入ったのだそうです。そして象舎へ行きましたが、ゾウはいません。動物園といえば、ライオンと並んでやはりゾウが人気者です。でも当時の動物園にはそれらはいませんでした。

私はそのころ、まだ疎開先から東京へ戻れずに愛知県にいましたので、名古屋の東山動物園へ連れて行ってもらったのを覚えています。そこも同じでした。なんだかわびしい動物園です。まどさんは、ゾウのいない象舎の前で、ゾウってとっても大きくてお鼻が長く耳も大きい動物なんだよと説明をなさったのだそうです。そしてそのときの気持ちをもとに生まれた詩が「ぞうさん」なのです。

戦時中にいなくなったゾウについては、土家由岐雄著の『かわいそうなぞう』があります。秋山ちえ子さんが一九七〇年から毎年八月一五日にラジオで朗読なさっていました。空襲が激しくなった上野動物園（東京）、天王寺動物園（大阪）、東山動物園（名古屋）などから動物たちが逃げ出すと危険ということで、戦時猛獣処分という命令が出されました。なんとも勝手な話です。もちろん動物園の人たちは反対し、疎開の計画をしました。でも許されませんでした。しかも戦後の調査で、実際には上野動物園の動物たちはその命令より前に東京都長官（今の知事）からの命令で殺されていたようなのです。

まだそれほど空襲が激しくはなかった一九四三年のことでした。戦況がとても大変なところに来ていることを国民に覚悟させるために行なわれたのだと報告されています。戦争が人間の普通の感覚を麻痺させることを示すひとつの例です。自分の勝手で他の生きものに対してまで残酷なことをしてしまう恐さを感じます。殺すために毒の入った餌を与えたところ、それがわかったゾウたちはどうしても食べませんでした。しかたなく餌も水も与えずに餓死を待つことにしたのですからひどい話です。しかも餌をもらうために必死に芸をしたという話を聞くと、涙が出ます。

このような事実からだけでも、戦争が「生きものとして生きること」とはまったく相容れない行為であることは明らかです。「ぞうさん」から戦争という大きなテーマにつながりました。ここではこれを真正面から取りあげる余裕はありませんが、私が「人間は生きものである」という視点で社会を考えているのは、「生きる」という一見あたりまえのことを、ただあたりまえとして放り出してはいけないという思いがあるからです。そこから人間は存在するだけで意味があることがわかり、戦争をしてはいけないという気持ちが生まれるはずです。

ここで、最近読んだ『ひとはなぜ戦争をするのか』（講談社学術文庫、二〇一六年）を紹介したいと思います。一九三二年、国際連盟がアインシュタインに「今の文明でもっとも大事だと思われることがらを取りあげ、一番意見を交換したい相手と書簡を交わしてください」と依頼しました。そこで選ばれたのが「ひとはなぜ戦争をするのか」というテーマであり、相手は心理学、精神医学が専門のフロイトでした。その往復書簡を収めたのがこの本です。

内容の詳細は述べませんが、ふたりがともに、戦争はなんの解決にもならず、なくす努力をしなければならないという点で一致していることだけはお伝えしたいと思います。とくにフロイトは、戦争への拒絶は「体と心の奥底からわき上がってくる」ようになることが大事で、それを生むのは文化、平たく言えばみんなのつながりだと言っています。理屈でなく、わき上がる気持ちが大切だというのは私もつねに思うことであり、生きものであるという感覚、すなわちつながりの感覚がそれを支えると感じています。「ぞうさん」は遺伝、いじめ、さらには戦争とさまざまな形で、つながりの大切さを教えてくれます。

遺伝という言葉を聞くと、今でも決定論的なイメージをもっている方が少なくありません。最近ではDNA、遺伝子という言葉がそれに代わり、ますますそのような物質ですべてが決まると受け止められています。親から子へとＤＮＡが渡されることによって性質が伝えられるのは確かであり、前述したようにゾウの子はゾウということは決まっています。でもゾウは一頭ずつみな違います。と言ってもゾウの違いは私たちにはわかりにくい（ゾウの中ではきっとわかっていることでしょう）ので、人間について考えてみましょう。

ＤＮＡがすべてを決めるのではない

遺伝子とかＤＮＡとかめんどうなことは抜きにしても、この世にまったく同じ人はいないとはだれもが思っていることでしょう。それは科学的にも示されています。ひとりの人間がもっているＤＮＡ全体がゲノムですが、これを調べると、一人ひとりみな違います（犯人の特定や親子鑑定にＤＮＡを用いるのは、まず一人ひとりのもつゲノムがそれぞれに独自のものであり、それは親から子へと渡されるので親と子の間には共通のものがあるからです）。まず親から子へＤＮＡを渡すときは、必ず女性は卵、男性は精子に自分のゲノムの半分ずつを入れ、受精によって新しい組み合わせができるようになっています。しかも卵や精子、つまり生殖細胞ができるときには、それぞれが両親（受精卵から生まれる子どもにとってはおじいさん、おばあさん）から受け継いだＤＮＡの混ぜ合わせが起きます。

ですからどの精子も卵もそれぞれ独自のＤＮＡをもっていて他とは違います。そこで、同じ両親から生まれる兄弟姉妹であってもみな異なる組み合わせのＤＮＡを受けとり、結局ひとりずつみな違うゲノムをもつことになります。とにかく受精というところでだれもが異なる性質をもつようにするしくみを自然は生みだしました。基本は同じＤＮＡを使いながら、多様性、さらには独自性をとても上手に生みだしているのです。これを見ていると自然は多様で独自が好きなのだと思います。

しかも、そのようにしてひとりずつ違う形で渡されたゲノムが、そのままはたらくわけではないことが近年明らかになってきました。生まれてから後の暮らし方、食べものなどで、ゲノムの様子が変わり、したがってそれぞれの人の性質や健康状態が変わっていくことがわかってきたのです。これはエピジェネティックな変化とよばれ、ゲノム本体は変わらないけれど、そこにさまざまな分子が付加されるなどしてはたらき方を変えているのです。ある個体の中で、このエピジェネティックな変化を引き起こすゲノム以外の情報の全体をエピゲノムといいます。

ですから、ひとつの受精卵から生まれて同じゲノムをもつ一卵性双生児でも、エピゲノムは変わり、まったく同じ状態ではあり得ません。ゲノムがまったく同じ個体をつくっても同じ人間にはならないのですから、クローン人間をつくっても意味がないことがはっきりしました。

ＤＮＡとか遺伝子と聞くとそれですべてが決まると受け止めるのは間違いということを再確認し、唯一無二の存在という言葉を噛みしめ、しかも暮らし方が大事であることを忘れないでいたいと思います。

ＤＮＡはつながりを示すものであり、日常はそこから解放されて自分の生き方を考えるほうが生きものとして生きることになるということが、研究が進むにつれてわかってきたのです。いじめや戦争についても、人間は本来それを避けられない欲望をもつよう遺伝子で決められているという見方がありますが、それも違います。アインシュタインやフロイトの考え方は、ゲノム研究が進んだ今こそ支持できるものです。ＤＮＡ研究の意味をこのようなものとして受け止めてほしいと願いながら研究を続けています。

親から子へとつながる縦のつながりをさかのぼっていくと、すでに述べたように生きものはみなひとつの祖先から生まれてきたことがわかりますから、地球上にいる生きものたちすべてとのつながりが見えてきます。縦のつながりが横のつながりへと広がるのです。このふたつのつながりは生きものの大事な特徴であり、生命誌の研究はＤＮＡを通してこのつながりの実態を調べることです。

つながりという言葉にはたくさんの意味がこめられていることを見てきました。ここでもう一度おさらいします。まずは、自分というひとつの存在であるあなたも私も、生まれたときから死ぬまで、さまざまに変化しながらも底の底では変わらぬ自分としてつながっています。その一人ひとりの人間は、必ず母親から生まれ、その母親にも母親がいるという（もちろん父親も）、つながりの中でも最も強い、最も大切なつながりがここにあります。いのちのつながりの基本です。

そしてそのつながりをさかのぼっていくと、人間の祖先、さらにはさまざまな生きものたちとの共通の祖先に到達します。三八億年の生きものの歴史です。この歴史は地球上の生きものすべてがつながっているという大きな横のつながりも教えてくれるのです。さらに、空気の例で見たように、私たちは生きものでないもの、地球上の山や川、宇宙の星などともつながっていることも今の科学は明らかにしています。どこにも私とつながりのないものは存在しない。生きているとはそういうことなのだと思います。

ここで私たち人間は、身の回りのものすべてに、つながりを見る目をもつ生きものとしてここにいることを確かめるために、まどさんの詩「きこえてくる」を読みます。

きこえてくる

土の中から　きこえてくる／水の中から　きこえてくる／風の中から　きこえてくる／ここに　生まれ出ようとして／小さな　数かぎりない生命《いのち》たちが／めいめいの階段をのぼってくる足音が／／ここに　生まれてきさえすれば／自分が　何であるのかを／自分の目で　見ることができるのだと／心はずませて　のぼってくる足音が／／いったい　だれに　きいたのか／どんな物をでも　そのままにうつす／空のかがみと　水のかがみが／ここに　たしかにあることを／ここが　宇宙の／「かがみの間《ま》」で　あることを／／土の中から　きこえてくる／水の中から　きこえてくる／風の中から　きこえてくる／／小さな　数かぎりない生命たちが／ここへ　ここへ　ここへと／いま　近づいてくる足音が／

（第７章で引用する「こんなにたしかに」も読んでみてください。）

第7章　宇宙から考える――生きものの星・地球と「どんなことでも考える」

最近、気になっている言葉が「グローバル」です。グローブは、本来は球、そこから地球という意味が生まれました。ですから「グローバル」は地球という意識を基本にした言葉のはずです。ところで、最近よく使われている「グローバル」はそのような意味になっているだろうか。そのあたりを考えていきます。

「地球規模」の暮しって？

最近は、お正月休みやゴールデンウィークに海外旅行をする人が大勢います。海外からのお客様も多い。私は職場が大阪にあるので週日は京都で暮らしているのですが、京都駅ではいつも大勢のさまざまな国の人に出会います。以前は英語が多かったのですが、このごろはあまり聞いたことのない言葉が聞こえてきて、どこの国の人かしら、初めての日本だったら是非よい思い出をつくって帰ってほしいと思うことがたびたびです。

私が初めて海外出張でヨーロッパへ行ったのは一九七一年でした。女性の一人旅はまだ珍しく、かなり緊張していたことを思い出します。パリのホテルでは、お隣の部屋との間にドアがあるという初めての体験に、もしここからだれかが入って来たらどうしようと心配になり、部屋の中の椅子や小さなテーブルをドアの前に積み上げ入って来られないようにしたりしたものです。

それより少し前の東京オリンピックの年、女子バレーの決勝戦は羽田空港のテレビで見ました。ソ連との大接戦を制して日本が金メダルを手にした試合です。空港にいたのは、研究室の先生のイギリス出張を仲間と一緒にお見送りに行ったからです。海外出張となれば、みんなでお見送りする……水さかずきとまではいきませんが、どうぞご無事でと送りに行くほど海外へ出かけることは珍しいことだったのです。

海外に出れば連絡は手紙です。電話はお金がかかるのでよほどのことがない限りかけられません。どこからでもメールを送ることができる今では想像もつかないほど、ヨーロッパは遠いところでした。それから五〇年足らずですが、今では私たちの日常が地球全体とつながっています。毎日何気なく使っているメールは、地球のあちこちを飛びまわっています。私たちはまさに「グローバル」、地球規模での暮しの中にいるのです。

こうして見えてくる地球にはさまざまな地域があり、さまざまな人々がさまざまな暮しをしています。それが楽しい。それがすばらしいのです。多様性、個別性をもつさまざまな人を大切にする気持ちがおのずとわいてきます。生命誌では、地球を「生きものの星」と見ますので、さまざまな人々だけでなくさまざまな生きものがいることが大切というところまで考えます。ライオンやキリンが走りまわるアフリカ、ゾウがゆったり歩くインド……さまざまな光景が浮かびます。それがグローバルの視点です。

ところが現在のグローバル化は、「地球全体をアメリカ社会を模範とするひとつの価値観で覆う」という意味で使われています。地球全体を金融資本主義での経済成長と科学技術開発を求める社会にするために、みんなが競争する社会です。これは本来のグローバルではありませんし、このような社会を求めると生きものはとても生きにくくなります。人間は生きものなのですから、これまで生きものの特徴として述べてきた性質をもっています。それはたったひとつの価値観で激しい競争をすることには向いていません。

地球人としての意識

地球は、今のところ宇宙でただひとつ生きものが存在している星です。もっとも近年宇宙の研究が進み、恒星のまわりをいくつかの惑星が回っている太陽系と同じような系がたくさんあること、その惑星の中には地球と同じような環境に置かれた星が存在することがわかってきました。そこには生きものが生まれた可能性があります。そこで「アストロバイオロジー（宇宙生物学）」という学問が創られました。

日本でも研究が始まっており、いくつかの発見の中で地球から約一七〇光年というところに地球の二・三倍の惑星（K2-28bと命名）を見つけました。光の速度で一七〇年かかるので実際の距離はとても遠いのですが、一三八億光年もある広大な宇宙の中ではついお隣とも言える近さです。このような星を探し、調べ、生きもの仲間を探すことができるところまで科学は進んだのであり、ワクワクします。これからが楽しみです。

でもその楽しみを本物にするにはまだちょっと時間がかかりそうです。他の星に生きものを見出すには、まず、この地球が生きものの星であり続け、私たち人間がその中で生きものとして幸せに暮らしていく必要があります。私の世代では無理でしょうが、若い人たち、さらにはこれから生まれてくる人には是非その楽しみを味わってほしいと思います。地球という星がある限り（星にも寿命があります）、そこに生きものは生き続けるだろうと思っています。

未来の予測はできませんが、これまで三八億年という長い間、噴火や地震だけでなく隕石の衝突のような大きな変化があった地球上で絶えることなく続いてきた生きものですから、これからも生き続ける力をもっていると信じます。もちろんこれは特定の生きものが生き続けるという意味ではありません。これまでもたくさんの生きものが絶滅しました。

最もよく知られているのが六五〇〇万年前に絶滅した恐竜です。細かい話をする余裕はありませんが、恐竜が滅びなければ人間は登場しなかっただろうと言ってもよい大きなできごとです。これからも消えていく生きものはあるでしょう。そのひとつに人間が入るかもしれません。と言うより、最も絶滅しやすいのはそのときに一番栄えている生きものであり、今栄えているのは人間ですから危険性は高いと言えます。

人間はホモ・サピエンス。知恵あるヒトという意味です。他の生きものはもっていない知恵を与えられているのですから、生き続ける術を考えだしたいと願います。グローバル、つまり地球意識をもって生きることで新しい道を探りたいものです。現在のグローバル化は、経済成長を求めて物を大量につくり続け、エネルギーも大量に消費しており、地球生態系を壊す道を歩んでいます。生き続ける方向とは違う道を歩いていると思えてなりません。そんなとき、またまどさんを思うのです。

いちばんぼし
いちばんぼしが　でた／うちゅうの／目のようだ／／ああ／うちゅうが／ぼくを　みている／

夕方少し暗くなってきたら空を見上げて、一番星を探し、「うちゅうの目だ」と思う生き方は地球をひとつの星、生きものたちの暮らす星として大切にする気持ちとつながります。今都会では夜になっても少しも暗くなりません。東京の場合、住宅街での夜道は暗くても空は夜通し灯る街の人工照明で明るいのです。東日本大震災後しばらくは繁華街の灯が少なくなり、帰宅途中に星が見えました。でもまた明るくなってしまいました。小さな星など見えません。夜中まで明るくし続けるよりも宇宙の目と見つめあう時間をもつ生き方の方が本当は豊かなのではないかと思うのですが、いかがでしょう。次のまどさんの詩を、よーく噛みしめましょう。

どんなことでも考える

アリの下は　ノミ／ノミの下は　ミジンコ／ミジンコの下は　目に見えないバイキン／バイキンのまだずうっと下には　ウィルス／／それなのに大きいほうは／カバの上が　ゾウ／ゾウの上が　クジラ／で　おしまいとは不公平だな／／だが　天に頭がつかえるようなのが／二、三〇ぴきで／ぎゅうぎゅう　まんいんなのと／小さくても　いろいろ変ったのが／うじゃうじゃいるのと／どっちが　おもしろいだろう／やっぱり　うじゃうじゃだな／と　かみさまが考えて／そっちに　なさったのかな／／そして　小さくても／大へんなものを一つ　くださったんだ／どんなことでも考え／にんげんさまの頭を／／気をつけて使わないと／とんでもないことになるよ　といって／

このまどさんの詩を読みながら、よく意味を考えずにグローバルなどと言わずに、私たちは地球で暮らしているのだということを忘れないようにしたいと思います。

月のふしぎ

近年、地球のさまざまな生きものを構成する炭素、チッ素、酸素などの元素はすべて宇宙に存在することがわかってきました。つまり、今ここで私たちが生きているという現象は宇宙の中のできごとのひとつなのです。まどさんの詩で語られている宇宙、地球、生きものたち、人間を、科学の言葉で考えてみます。

宇宙にある物質が物理法則に従って集まり、隕石になり、それがまた集まって星になるという過程の中で四六億年前に地球というひとつの星が生まれました。太陽系の他の星たちも同じようにして生まれたのです。ただここで、とてもふしぎな気持ちになるのは、四五億三〇〇〇万年前、つまり宇宙の時計で計るならできたばかりの地球に火星ほどもある大きな惑星がぶつかったことです。ジャイアント・インパクトとよばれます。

このときぶつかった星は、ギリシャ神話の月の女神セレネの母親の名前、「テイア」という名でよばれています。衝突したときの「テイア」の速度は秒速四キロという驚くべき高速でしたから、地球の中にめり込んだに違いありません。ここで具体的にどんなことが起きたのだろう。知りたいと思った研究者はこのときの衝突の様子をコンピューターでシミュレーションし、衝突したふたつの天体からは大量の破片が飛び散って、カオスとしか言いようのない世界が広がったことを示しました。

ところが、数十年後には衝突で生じたたくさんの星のかけらが引力によって集まり、ひとつの星、つまり月になって地球のまわりを回りはじめました。そのときの地球と月の間の距離は二万キロでした。かなり遠いように思いますが、現在の月は地球から三八万キロも離れていま す。地球から見える生まれたての月の大きさは、いまの二〇倍ほどだったことになります。もちろんそのときにはまだ人間はいないので、お月見をする人はいませんでしたが、二〇倍の月が浮かぶ様子を想像するとふしぎな気持ちになります。

その後、地球の周囲は落ち着きはじめ、衝突で散らばった隕石は減り、衝突はなくなっていきます。こうして地球の温度は少しずつ下がってきました。そこで、大気の中の水蒸気が雨となり、海ができたのです。今から四〇億年ほど前のこととされます。そして三八億年前にはその海の中に小さな生きものが存在したという証拠があり、それが今の私たちにつながるという歴史になります。

最初の生命体がいつどこでどのようにして生まれたのかはまだわかっていません。海がなければ生きものは生まれなかったでしょう。そして生きものは、月が地球をめぐる時間をひと月とする、生き物としての時計を体の中にもって生きているのです。今晩月を見て、宇宙の中でたまたま起きたできごとが、今の私たちのありようにつながっているふしぎを思ってみてください。それができるのは、私たちに「にんげんさまの頭」があるからです。でも、まどさんの詩にあるように、この頭は気をつけて使わなければとんでもないことにつながるのだということを忘れないようにしなければなりません。

月を見るといつも浮かんでくるふしぎがもうひとつあります。月と地球の間の距離が変化し、今は三八万キロほどになっていると書きました。宇宙にあるさまざまな星の動きによって、天体ショーとよばれる現象が時々起きますが、その中でもなんともみごとなのは日食ではないでしょうか。地球と太陽の間に入った月が、太陽を隠してしまうのは、私たちの見る月と太陽の直径がほとんど同じだからであり、すべてが隠れる皆既日食も、金環食も見られます。残念ながら現場に行ったことはありませんが、映像で見た金環食の細い細い光る円環はなんとも美しいものです。もし月が今より少し大きかったら太陽はすべて隠れるしかないでしょうし、逆に小さかったら太陽が見えすぎてこの微妙な美しさはないでしょう。

四六億年の地球の歴史、三八億年の生きものの歴史の中で、二〇万年前というほんのこの間生まれた人間が空を見るときに、太陽と月がちょうどこの関係にあるというのはふしぎとしか言いようがありません。人間のために宇宙があるわけではないでしょう。太陽も月もたまたま生まれたのであり、人間のために生まれたのではありません。でも人間が皆既日食や金環食を楽しめるという偶然を思うと、ふしぎな気持ちになります。たまたまこのときに空を見ることのできるありがたさを思い、宇宙や星について考えながら自然のふしぎを感じます。

ここでも、「にんげんさまの頭を、気をつけて使わないと」と思うのです。

頭を気をつけて使う

詩の中でまどさんは「かみさまが考えて」と書いていますが、「私がいう「かみさま」は「宇宙の意志」みたいなもの」（『１００歳の言葉』）とのことです。そして、「宇宙は人間に、自分の力で生きているように思わせてくれる。それにいい気になっているのが人間のいけないところでしょうね。」と続けます。これまで見てきたように、宇宙、地球、生きもの、人間はお互いにつながっており、その中で、私たち人間はいろいろなことを楽しめる幸せの中にいます。でも、これを楽しむ頭が同時に、自然がわかった、これを支配できるなどと思ってしまうのが困ったところです。

そうではなく、こんなすばらしい自然の中にいられることと、そのすばらしさがわかることのありがたさを思うのが人間らしく生きることではないでしょうか。「生命誌」はそのように生きましょうという提案であり、それがまどさんの気持ちと重なることがなんともうれしいのです。自然を理解することによって、そのような気持ちをもてることをありがたいと思って科学の世界で暮らしてきたのですが、実は最近科学が進んだためにかえって自然はわからないものであることがわかってきたという事実があり、少し複雑な気持ちになっています。

わかっているところは数%

気持ちを複雑にさせることのひとつは、宇宙が何もないところから生まれ、変化しつつあると考えられるようになったことです。

アインシュタインは、宇宙について考え、相対性理論という物理学の基本となる理論を生みだした人としてだれもが知っている研究者です。相対性理論の詳細はむずかしくて私もあまりよくわかってはいないのですが、光の速度より速く動くものはないとか光の速度に近い速さで動くと時間が遅く流れるなどという話は物語ができそうで身近に感じます。この理論（特殊相対性理論）についての論文発表は一九〇五年、今から一一五年も前のことであり、また、新しい重力理論といわれる一般相対性理論が発表されたのは一九一四年から一九一六年にかけてでした。そのときはアインシュタインのような優れた研究者でも宇宙は固定したものと思っていました。宇宙が動くはずがない。だれだって直感的にはそう思います。

ところが一九二九年、E・ハッブルが、銀河は決まったところにあるのではなく地球から遠ざかっていることを見つけました。つまり宇宙は膨張しているという観測値を出したのです。その後、宇宙望遠鏡による観察などもなされ、何もない状態つまり無から、一三八億年前に、今私たちが存在する宇宙が誕生したという現代の宇宙観が生まれました。誕生から10^{-35}秒後にはインフレーション（とてつもない速度の急膨張）があり、それからおよそ三八万年後に原子が生まれ、光が直進する今の宇宙の状態になったと言われます。これを「宇宙の晴れ上がり」とよびます（京都大学の佐藤文隆先生の命名とのこと、よい名前です）。

ところで、このような研究を進めていくうちに、銀河の回転速度などが私たちが知っている物質の存在だけでは説明できないことになり、どうしても光学的に観測できない物質があると考えなければならなくなりました。「暗黒物質《ダークマター》」とよばれます。さらに、宇宙の膨張速度が加速していることを説明するには、普通の物質による引力とは反対の退ける力の原因となる「暗黒《ダーク》エネルギー」を考えないわけにはいかないことになりました。

今まで存在するとも思わなかったわけのわからない物質やエネルギーがあるというだけでふしぎな気持ちになりますが、宇宙を動かす力として見ると、暗黒エネルギーがその七五％、暗黒物質が二〇％で、私たちが知っている物質（バリオンとよぶ）は四％にすぎないと言うのですから驚く他ありません。たった四％しか知らずにそれがすべてと思っていたなんて。おまえたち偉そうにするなよという声が聞こえてきます。

最近の研究報告にも、暗黒エネルギーの正体は不明、むしろ謎は深まっていると書いてあります。すばる望遠鏡での観測の結果、「天の河銀河（私たちのいるところ）の近くに極めて暗い矮小《わいしょう》銀河がいくつか見つかり、その銀河には星が数十個しかないので、暗黒物質に支配される程度が大きいのではないだろうか」という考えも出されています。謎があるからこそ楽しみがあるとも言えるわけで、専門家がおもしろい結果を出してくれるのを待ちたいと思います。

宇宙で私たちが知っている物質は四％という数字で思い出したのが生きものの種の数です。陸上生物の八六％、海中では九一％の生物種が未発見という数字を前に書きました。このような研究のきっかけとなったのは一九八〇年代に行なわれたT・アーウィンの現地調査です。

スミソニアン博物館の研究員だった彼はパナマのアマゾン流域に入り、そこにある七〇メートルほどの樹を下から燻《いぶ》して樹の中にいる生きものたち（ほとんどが昆虫）を落とし、種の同定を試みました。もちろんひとりではすべてを判断することはできませんから、研究者仲間に協力を頼んで……その結果答えを出せたのが四％だったというのです。生物多様性の大切さが強調されますが、実はどれほどの生きものがいるかを知らずにいるのが実態なのです。ここでも、知らないほうが多いという事実をつきつけられています。

数%と言えばヒトゲノムもそうなのです。ヒトゲノムを解読したところ、全塩基配列の一・五%しかタンパク質の構造を指令していなかったという事実があります。これは少し詳しく語りたいので第9章にまわします。

なぜ？　なぜ？　子どものころの質問にはたいていおとなが答えてくれました（おとなも苦労して、ときにはちょっとごまかしたりしながらですが）。答えがあると安心します。でもここにあげた問いは、まだだれにもわからないことです。宇宙や生きものに限らず、私たちのまわりはわからないことだらけ、それを考え続けるのが人間なのでしょう。

最近すぐに答えを求める風潮があるような気がします。黒か白か、○か×かと問われるのです。科学も答えを出すこと、すぐに役に立つことを求められますが、むしろ科学は新しい謎を生みだす役割をもっているのだと思います。謎がなくなってしまわないように、みなが考え続けられるようにと願います。

宇宙、地球、生きもの、人間は謎の宝庫です。以降の章でも考え続けます。わからないことを抱え込みながら、あまり偉そうにせずに、でもしっかり生きていこうというこの気持ちと重なるのがまどさんの詩です。

こんなに　たしかに

ここは宇宙の　どのへんなのか／いまは時間の　どのへんなのか／／鉱物たち　はてしなく大らかで／植物たち　かぎりなくみずみずしくて／動物たち　いつもまっ正直で／この数えきれないまぶしい物物物《もの》の中の／ひとにぎりの人間　ぼくたち／／こいびとたち美しく／父母《ちちはは》たち　やさしく／友だちみんな　たのもしく／たべもの　みんな　おいしく／やらずにおれない素晴らしいこと／山ほど　あって／生かされている！／／自分で　生きているかのように／こんなに　たしかに！／

第8章　希望を知ったホモ・サピエンス
——言葉の獲得と「いくらなんでも」——

この章では私たち人間について考えます。これは大きなテーマであり、人間を考える学問はたくさんあります。哲学、心理学、人類学など直接人間を考える学問はもちろん、社会学、経済学、政治学なども人間の行為を見ていくわけで人間を考えているとも言えるでしょう。ここでは、まどさんと共通の「人間はどこから来るのだろう」に始まる問いを考えます。生命誌の中での人間です。

生命誌は、地球上の多様な生きものは、それぞれがその特徴を生かして生きていることを基本としています。ですから、人間も多様な生きもののひとつとして、地の生きものとの仲間意識が大事であると考えています。とはいえ、人間の特徴を生かし、人間だからこそできることを充分に生かして生きていくことは大切です。詩を書くことも、科学の研究も人間だからできることです。人間の特徴を見ていきます。

生命誌の中での人間の誕生

人間は哺乳類のひとつであり、母親の子宮の中では胎盤を通して栄養分をもらい、生まれてからは母乳を飲んで育つ仲間です。母子関係が密な存在です。最近新しい化石の発見で哺乳類は二億年ほど前から存在していたことがわかってきましたが、その中で、人間へと続く胎盤をもつ仲間が出現したのは約一億年前とされます。そのころは恐竜の時代で、哺乳類は今のネズミたちに近い夜行性の生きものでした。

ところが、よく知られているように、六五〇〇万年ほど前に中米のユカタン半島に直径一〇キロもの巨大な隕石が落ちて大きな津波や火災が起き、空は大きな雲で覆われて太陽光が届かず、光合成ができない状態になったのです。そこで恐竜は絶滅し、その仲間では鳥類へとつながるものだけが残りました。近年恐竜と鳥のつながりを示すデータが次々と出され、恐竜が今につながっていることを実感できて楽しいことは、第2章で話しました。

恐竜の絶滅を哺乳類の側から見ると、繁栄していた大型の生きものが消え、夜だけでなく昼間も活動の場ができてのびのび生きられるようになったことになります。そこから人間へと続く進化が起きたのですから、もしこの絶滅がなければ私たち人間は生まれなかったかもしれない、いやおそらく生まれなかったでしょう。絶滅は新しい生きものの世界を生みだすのです。物事は一面だけを見て評価するのでなく全体を見なければいけないと、生きものの歴史を見ているとそう思うことがよくあります。

哺乳類の中で霊長類、さらにその中でヒト科としてくくれるオランウータン、ゴリラ、チンパンジー（ボノボも含む）、ヒトという仲間が生まれました。ゲノム解析が進み、霊長類の中でヒトに最も近いのはチンパンジー、次いでゴリラであることがわかってきました。そこで、私たち人間の特徴がこのような仲間の中にすでにどのように存在していたか、さらにそこから人間だけができることがどのように生まれてきたかを考えていきます。

第7章で取りあげたまどさんの詩「どんなことでも考える」の最後に、「そして小さくても／大へんなものを一つ　くださったんだ／どんなことでも考え／にんげんさまの頭を／／気をつけて使わないと／とんでもないことになるよ　といって」とあります。まさに人間らしさを考えるには、この「頭」に注目することになりますし、これをどう使うかが人間が人間らしく生きることに違いありません。そこにいたるまでの経緯を主としてゴリラとチンパンジーの特徴と関連させながら考えていきます。

人間の特徴はなんと言っても二足歩行、そこから生まれた大きな脳と言葉、さらにそこから生まれた文化・文明です、と一気に書いてしまえばこうなります。時間を追って見ていくと、二足歩行を始めたのが七〇〇万年前、脳の大型化が始まったのが二五〇万年ほど前です。言葉の誕生には諸説があり明確ではありませんが、少なくとも現生人類（ホモ・サピエンス）になってからという考え方が強いように思います。

そして集団がかなり大きくなり、世界各地へ移動した七万五〇〇〇年ほど前には言語があったという考えをここでは取りあげておきたいと思います。そして農耕（英語ではカルチャー、まさに文化です）を始めたのが一万年前ですから、かなりの時間をかけてこれらの特徴が徐々に出てきたと考えられます。この間をていねいに追う余裕がありませんので、まどさんの詩とつなげながらいくつかのトピックスを取りあげていきます。

二足歩行へ

生きていくうえでまず必要なのは食べものです。人類の祖先は、アフリカ大陸の熱帯雨林で暮らしていました。チンパンジーとゴリラは今もそこに暮らしています。熱帯雨林は、食べもの、とくに果物が豊富にある暮らしやすい場です。ところが、気候変動で熱帯雨林が縮小し、食べものが不足し始める中で、少しずつ外へ出ていったのが私たちの祖先だったらしいのです。食べものの不足になったので外へ出たのですが、熱帯雨林からはずれてだんだん草原へと出ていってみると、そこは決して食べものが得やすいところではありませんでした。

また肉食獣などの外敵もいて危険です。食べものがたっぷりある場所でみんなが一緒に食べる余裕はなくなり、食べものを手に入れたオスが仲間のところへそれを運ぶようになりました。できるだけたくさん運びたい、それが手を自由にする二足歩行につながったとされます。

それでも、人類の棲家《すみか》には危険が多く、子どもの死亡率が高かったからでしょう、多産が霊長類の中での人類の特徴になりました。オスがメスのところへ食べものを運ぶ、メスはいっしょうけんめい子育てをして仲間の繁栄につなげていくという暮しが初期の人類の姿として浮かびあがります。その姿そのままを今の社会につなげて語ると叱られそうですが、男女の協力や、子育ての大切さは今も生活の基本と言ってよいでしょう。

二足歩行への移行が起きた理由とその利点と不利な点などについてはさまざまな説がありますが、ここでは近年多くの研究者が指摘している食べものを運んだというところに重点を置きました。おいしいものを手に入れたときに、すぐにそこで自分だけが食べてしまわずに手に抱えてせっせと仲間のいるところへ帰っていく姿が、お土産を抱えた会社帰りのお父さんと重なって楽しくなります。

もうひとつの、多産になって子育てに母親だけでなく他の人も関わるようになったという人間の特徴も大切なことです。野生動物は生殖期を過ぎると死んでしまう場合が多く、寿命もそれほど長くありません。人間は同じサイズの動物の中では寿命が長く、おばあさんも育児に参加します。ヒト科はすべて比較的寿命が長くおばあさんに相当する年齢の個体はいるのですが、人間のようなおばあさん役はしないようです。おばあさんという存在はとても人間的なものと言ってよいと言えます。ここに家族、三世代の協力という今の社会でも大切にしたい原点があります。

とにかく、人間が他の生きものとは違う暮らし方をしていく最初のできごとは二足歩行である。これぞ人間らしさへの始まりと言えます。ここでまどさんの詩「椅子」を見ましょう。

椅子

建物の中だけではない／外にも椅子はおいてある／野球場のスタンド／公園の散歩道な

ど／人のいるところ　いつでもどこにでも／／いそいで歩くための／あの自転車にさえとりつけてある／坐るための　その道具は／／走るための自動車　電車／とぶための飛行機そのものが／すでに椅子で／どなたもご存じ　死にものぐるいの／奪い合いだ／／慌てて二本足になってはみたものの／とても立ってはいられないのか／椅子という／体裁のいい名の義足なしには／

二足歩行はたくさんの人間らしさをくれましたが、どこか不自然、腰痛や難産の他、立ちっ放しは疲れます。椅子はありがたい。でも電車やバスでの席の奪い合いは見苦しいですから気をつけましょう。人間の話になると、まどさんは急に恐縮したり皮肉ったりします。人間として特別な能力を与えられたのはうれしいけれど、そこでいい気になりすぎてはいけない、謙虚にならなければいけないという警告です。しかも見苦しいことをしてはせっかくの能力が台無しになり、誇りも消えてしまうので気をつけましょう。このまどさんの気持ちをみんなで大事にしたいと思います。

大きな脳、道具、火

次に進みましょう。続いて起きた人類の食べものに関する変化は肉食をするようになったことであり、これが脳の大型化を促進したとされています。二五〇万年ほど前のことです。このときから石器の使用も始まります。それまでの人類の脳は五〇〇ccほどで体の大きさに対する脳の大きさはチンパンジーと同じくらいでした。それが二五〇万年ほど前に脳の大型化が始まり、現生人類（ホモ・サピエンス）の一五〇〇ccもの大きさに近づきます。この変化を引き起こしたのが肉食であろうと考えられています。

二足歩行が確立し、食べもの探しも上手になった祖先を想像します。最初は、おそらく肉食動物が食べ残した肉を食べたのでしょう。肉は、木の実や果物に比べて栄養価が高く、エネルギーが得やすい良質の食べものです。脳は体の中でとくに大量のエネルギーを必要とする臓器なので、エネルギーが充分にとれなければ大きくはなれません。肉食が大型化に寄与しました。しかも二足歩行をしているので背骨の支える上に脳がのっており、四足動物に比べて大きな脳を支えやすい構造だったことも、脳の大型化につながりました。

このころから石器を用いたこともわかっていますので、ここで人類は道具を使用する独自の生活へと入っていきます。初期の石器は、肉を切り裂いたり骨髄を食べるために骨を砕いたりするのに用いられていたと思われます。肉の味を知った人類は、石器を工夫して狩猟をし、肉を重要な食べものとして定着させていきました。大きな脳をはたらかせて石器にさらなる工夫を続けました。狩猟ができるようになって食べもの探しの時間が減り、家族の時間ができる……現在の私たちと近い生活ができるようになっていきます。

もうひとつの食べものの革命は調理、つまり火の使用です。これについては、一五〇万年前のアフリカの遺跡から焼けた跡のある鉱物が見つかっているので、このころから火を使っていたという説もあります。でもこれは落雷などで草原が焼けた、いわゆる野火を使ったのではないかと考えられています。人間が意図的にたき火をした住居跡は、八〇万年ほど前のイスラエルの遺跡のものが最も古いとされます。野火で焼死した動物の肉は火が通っていて食べやすかったでしょうから、なんとか火を使いこなそうと努力した様子が想像できます。けれども火を使いこなすまでには数十万年の時間が必要だったのです。調理までくると、ますます私たちの生活に近づきます。

二足歩行、大きな脳の獲得、石器（道具）、火の使用と他の生きものとは違う人類独自の道を食べものの改革の歴史とともに見てきました。もっとも、ここで語った人類は、私たちの直接の祖先ではないことは指摘しておかなければなりません。七〇〇万年前に誕生した最初の人類は猿人とよばれます。その後原人などさまざまな人類が生まれては滅び、生まれては滅びしていったのです。その過程で上述の新しい生活が獲得されてきたというのが実態です。そして、二〇万年前に生まれたのが現生人類（ホモ・サピエンス）、これが私たちの直接の祖先です。

なぜ他の人類はみな滅びてしまったのか。その理由は明らかにされてはいませんが、現存の人類はただ一種という事実は科学が明らかにしていることです。つまり、今地球上に暮らす七億人ほどの人はみなひとつの祖先から生まれた親類なのです。ですから、地球のどこに暮らしている人でも、たとえ国や文化が違ってもお互いわかり合えるはず、これが生命誌で考える「人間」です。これを明らかにしたのがゲノムです。

ゲノムの解析によって、どこの国の人も基本は同じということがわかりました。全体の〇・一％ほどが人によって違うことによって、一人ひとりの独自のゲノムとなり個性になるのです。こうしてみんなつながっていることがはっきり示されました。最近、ネアンデルタール人の化石から採取したDNAが解析され、現生人類との混血があったこと、つまり私たち現生人類の中にネアンデルタール人の一部が入っていることがわかりました。すべて滅びたと話しましたが、そのような形で過去は残っているのです。

現生人類になって生まれたのが言葉、そして芸術です。もっとも、私たちの祖先とある時期共存していたネアンデルタール人は言葉と芸術をもっていたという説もあり、このあたりはこれから明らかにされることです。食べものの歴史に戻りますと、一万年ほど前に農耕が始まります。まさに今の私たちとつながる人間としての生き方の具体的な始まりです。言葉の誕生は、まどさんの詩にも生命誌の研究にもつながる、最も興味深いことがらです。

言葉は化石としては残りません。遺伝性の発話障害のある家系からその原因遺伝子が特定されましたが、この遺伝子そのものは脊椎動物に広く存在することがわかり、言語の獲得との関連はまだはっきりわかっていません。まださまざまな考え方が出されている段階であり、そのすべてを紹介する余裕はありませんので、霊長類研究の中で言葉について考えている研究例をいくつかあげて考えることにします。

コミュニケーションと言葉の獲得

チンパンジー研究を通して人間とは何かを考え続けていらっしゃる松沢哲郎京都大学教授は、チンパンジーの子どもが人間のおとなよりも優れた瞬間的直観像記憶をもっていることを発見しました。コンピューターを用いての実験で、チンパンジーがみごとな判断をする様子を見るとただただ感心します。松沢さんは、人間はそのような記憶能力を失う代わりに、シンボルとか表象とよばれる認知機能を手に入れたのだと考えました。記憶と言語のトレードオフという仮説です。チンパンジーの生活では、森の中での熟《う》れた果物の発見、群れの状態などを瞬間に頭の中に入れることがとても重要です。これが上手にできないと生きていけないと言ってもよいかもしれません。

　しかし、このすばらしい直観像の記憶は他者と共有はできません。一方言葉があれば、赤い実を見たときに「イチジクが熟れていたよ」と仲間に伝え記憶を共有できます。言葉なしでは生まれようのない関係の誕生であり、これが人間にとってはとても重要です。松沢さんは、人間の特徴は言葉をもつことと共同での子育てがあることで、このふたつを結びつけるのが情報の共有だと説明します。言葉がいつどのようにして生まれたかはまだわかりませんが、人間が言葉をもつ意味がこれでよくわかります。それが人間を特徴づけることを明確に示す考え方であり、なるほどと思います。

　一方、ゴリラを研究する同じ京都大学の山極壽一《やまぎわじゅいち》教授（現総長）は、家族あっての言語という考え方を出されています。人間は共同での子育てをしている中で（ここでも共同の子育てが大事です）、子どもをあやすために子守唄を歌ったというのです。ゴリラには気持ちを伝えあう歌があることを見出された山極さんは、このような歌によるコミュニケーションの延長上に子どもをあやす子守唄があり、それが言葉につながったのではないかと考えるのです。ここでも、いつどのようにして言葉が生まれたかの説明はありませんが、家族から社会へと人間関係が広がっていく中での言葉の誕生という指摘にはなるほどと思います。

そのような生活の中で、「大きな木の近くにこんな動物がいた」という記憶を仲間に伝える必要が生まれ、言葉が生まれてきたのだろうというところは松沢さんと同じです。言葉そのものの誕生はむずかしい課題でこれからの研究を待たなければなりませんが、数万年前の祖先の暮しの様子を思い、そこでお互いに協力して生きていく手段として言葉が生まれてくる状況を思い浮かべることはできます。

もうひとつチンパンジー研究の松沢さんの指摘で興味深いのは、人間の赤ちゃんは生まれてすぐ親から離れてあお向けに寝かされるということです。こうして親と離れたところに置かれた赤ちゃんは、眠いとかお腹がすいたとかいう要求があるときは、泣いて知らせる、つまり音によるコミュニケーションが重要になります。これも人間が音を用いた言葉を生みだすひとつの過程かもしれないという考え方もなるほどと思います。

ここで言葉についてのまどさんの詩を見ます。

いくら　なんでも
にんげんには／なく／わらう／うたう／はなす／いのる／ささやく／さけぶ／いう／などと　つかいわけるのに／／ただ／なく／だけでは／いくらなんでも　わるいではないか／／スズメや／セミや／ブタや／ウシや／カエルなんかに…／／いくらなんでも…／

そのとおりです。人間だけが言葉をもったことはすばらしく、「いのる」や「ささやく」などの行為を言葉で表せることがどれだけ私たちの日常を豊かにしてくれていることでしょう。でも、他の生きものにも「笑う」や「歌う」があるかもしれないのに、それを無視しているのは勝手じゃないか。いかにもまどさんらしい見方です。言葉の専門家だけによけい気になったのでしょう。ここで、日本の文化では、他の生きものにも言葉をもたせているのではないかと思わせる文を思い出しました。紀貫之が書いた『古今和歌集』の仮名序の最初の文です。

「やまと歌は／人の心を種として／よろづの言の葉とぞなれりける／世の中にある人／事／業しげきものなれば／心に思ふことを見るもの聞くものにつけて／言ひいだせるなり／花に鳴くうぐひす／水に住むかはづの声を聞けば／生きとし生けるもの／いづれか歌をよまざりける」

人間が心に思うことを歌に詠むのは当然として、ウグイスもカエルも、生きとし生けるもので歌を詠まないものなどいないと言っています。「いづれか歌をよまざりける」です。当時は、人間が死んでウグイスやカエルになるという輪廻の思想があったことの表れであるという解説もありますが、ここはまどさんの気持ちを生かして、ウグイスだってカエルだってわらう、うたう、はなす、いのるという気持ちがあると受け止めたいと思います。実際、これらの声を聞いていると、私たちと同じように語りあっているように聞こえてきますから。

希望を知る

生命誌はゲノムに書き込まれた生きものたちの歴史を読み解きたいと考えていますから、ヒトについてのゲノム解析を通して、いつかヒトの特徴が見えてくることを期待しています。けれどもその前に、現在明らかにされているヒトゲノムとチンパンジーゲノムは、ともに三〇億対ほどの塩基が並んでいること、その並びには共通点が多く、全体で一・二%しか違っていないという事実を受け止めることが重要です。両者で異なっている一・二%だけを調べると、そこにこれぞ人間の特徴を決めているという遺伝子が見つかるわけではありません。ゲノム全体のはたらきを見ていく必要があります。

ゲノム研究は、チンパンジーとヒトがとても近い存在であることを示し、ゴリラもオランウータンも含めて、ヒト科とよばれる仲間はこれまで思っていた以上に近い関係にあることを再認識させてくれました。その中での人間の特徴を考えるときに浮かびあがる言葉や文化の問題は、ゲノムではなく生活の研究から見えてくることになります。ゲノムだけに答えを求めるのでなくさまざまな研究が補いあって、人間とは何かが見えてくることを楽しみたいと思います。

そこで最後に、チンパンジーの生活研究から松沢教授が引き出したみごとな結論を引用させていただきます。「人間とは何か。それは想像するちから。想像するちからを駆使して、希望をもてるのが人間だと思う」(松沢哲郎著『想像するちから』岩波書店、二〇一一年)

これに気づいたのは難病にかかったチンパンジーが絶望しないことを知ったときだそうです。チンパンジーは「今ここ」しかない。だから絶望しないのだと思ったとのことです。私たちは「想像力」があるのでこのままいったらどうなるのだろうと考えて絶望するわけです。ここで松沢さんはこう書いています。絶望するのは未来を想像できるからであり、その同じ能力があるから人間はどんな過酷な状況に置かれても希望がもてるのだと。

生きるということはまさに「今ここ」を生きることです。まどさんも「今ここ」を大切にという気持ちを大事にして詩を書いています。生命誌という長い歴史も「今ここ」の積み重ねであり、私も「今ここ」を大切にする気持ちを強くもっています。けれどもそれは、私たちが想像力をもっているからこその「今ここ」なのです。それは決して今だけよければよい、自分さえよければよいという自己中心の生き方ではありません。

遠い過去に生きてきたたくさんの生きものたちを思い、これから先に生きるであろう人間はもちろん他の生きものたちのことを思えばこそ、「今ここ」が大切なのです。今地球のあちらこちらで戦いが行なわれていること、お母さんと一緒にごはんを食べている子どもたちの上に爆弾が落ちているであろうこと、お腹を空かせた子どもがたくさんいること……さまざまなことを想像し、自分の生き方につなげていかなければなりません。そのうえで今ここを生きていくことです。それが人間らしい生き方であるとわかったのですから。

楽しい想像のひとつとして私の好きなまどさんの詩を。

かいだん・1

この　うつくしい　いすに／いつも　空気が／こしかけて　います／そして　たのしそうに／算数を／かんがえて　います／

1989年11月創立　1990年4月創刊

一九九五年二月二七日第三種郵便物認可　二〇二〇年三月一五日発行（毎月一回一五日発行）

月刊
機
2020
3
No. 336

発行所　株式会社　藤原書店©
〒一六二-〇〇四一　東京都新宿区早稲田鶴巻町五二三
電話　〇三・五二七二・〇三〇一（代）
FAX　〇三・五二七二・〇四五〇

◎本冊子表示の価格は消費税抜きの価格です。

編集兼発行人
藤原良雄
頒価　100円

生涯の友、芳賀徹に捧ぐ

東京大学名誉教授　**平川祐弘**

▲芳賀 徹（1931–2020）

去る二月二十日、比較文学の第一人者、芳賀徹氏が他界された。芳賀氏は、『中央公論』名編集長だった粕谷一希や、平川祐弘、高階秀爾、清水徹、本間長世ら錚々たる人物とともに、独文学者・竹山道雄の弟子筋にあたり、小社の『粕谷一希随想集』（全三巻）や『竹山道雄セレクション』（全四巻）の刊行にも御協力いただいた。芳賀氏と共に東大比較文学文化研究室を創設した、小学校からの心友の平川祐弘氏に、追悼の辞をお寄せいただいた。

編集部

● 三月号 目次 ●

山形から来た小学四年生

夏風や汽笛那須野に響きけり

これが山形から東京へ転校してきた芳賀徹の俳句でした。昭和十六年、その小学校四年以来のつきあいである君と別れるに際し、深い恩恵を受けた者として謹みて追悼の辞を述べさせていただきます。

令和二年二月二十日、私どもの敬愛する芳賀徹君は子や孫に見守られ、草葉の蔭に去られました。まことに哀悼の情に堪えません。知友一同、ここに恭しく敬弔の誠を捧げ、君の高徳を偲ぶものであります。

君の生涯八十八年、見事でありました。学問に豊かに芸術に敏く、君は第一級の人文学者でありました。人柄は優しく、優しいの「優」の字は人偏に憂いと書く。人の憂いに感じる心が優しさだと学生のころから申しました。芳賀徹が詩歌の森を散策しながら語ると心ある読者はその文章に納得し感じ入りました。それは芳賀が作者の気持に共感し上手に解き明かすからです。東京大学の教室でもよく下調べし一旦自己嚢中のものとした上での語りは講演に血が通い、座談は名手の即興演奏の如く、内外の学生も、学会の聴衆も、また美智子陛下も、芳賀教授の話に耳を傾けられました。芳賀さんは召人として詠まれました。

子も孫もきそひのぼりし泰山木
暮れゆく空に静もりて咲く

留学時の絵描きとの交流

芳賀青年の大きな顔を母親たちは「大仏様」といいました。広く明るい薔薇色の肌にはいつも春風が駘蕩していました。大人物たる所以は、留学するやパリのまだ無名の画家、今井俊満やサム・フランシスと親しくなり、デュテュイからは岳父マチスのデッサンをもらい、アンフォルメルの評論家タピエとはフランス語の共著『日本における伝統と前衛』をイタリアの書店から出版したことでもわかります。その豪華本がフィレンツェの目抜き通りの店頭に飾られたのを見たときは羨ましく思いました。そしてそのような若き日の絵描きとの昼夜分かたぬ交流が、芳賀徹の後半生の『絵画の領分』『藝術の国日本』等の著書に豊かに美しく結実し、読者に絵を見る楽しみ、詩を読む喜びを教え、若き才能の発掘育成に通じたのだと思います。

学問の海に堂々と船出

▲左から芳賀徹、竹山道雄、清水徹各氏（鎌倉・瑞泉寺にて）

一九六一年、島田謹二先生は軍人廣瀬武夫を学問の対象とする大胆な方向転換で明治研究に新天地を開きましたが、芳賀徹はその年、島田教授還暦記念論文集に《明治初期一知識人の西洋体験――久米邦武の『米欧回覧実記』》を書くことで、岩倉使節団を見る眼を一変させ、学問の海に堂々と船出しました。

ジャンセン教授に認められ、三十代末の芳賀一家はプリンストンに招かれ、以後は日本側からも英語で発信する二本足の学者として学問の王道を進みました。徳川の知識人が日本の遅れを自覚しつつも米欧で臆するところなく振舞ったように、芳賀は外国でもアット・ホームな日本人として、よく人と交わりました。福沢諭吉以下の西洋体験が処女作『大君の使節』で生き生きと再現されたのは、著者芳賀徹の西洋体験が実り豊かだったからです。

精神の自由を守った人

芳賀君はその人柄がかもしだす好ましい雰囲気で、内外の男女から愛されましたが、日英仏語で司会も挨拶も質問も見事でした。先年『手紙を通して読む竹山道雄の世界』を編集して、竹山と一番深く対話した生徒は芳賀だなと思いました。芳賀は政治色は強く出さないが、時流を恐れるな、時流から隠遁するな、時流を見つめよ、時流をこえて人間と世界を思え、そのために歴史を学べ、古典に触れよ、という精神の自由を守った人と思います。そんな芳賀だから自己の感性に忠実に徳川の文化を生き生きとよみがえらせました。俳人蕪村、蘭学者玄白、画家由一などに温かい光をあて、きめ細かく論じました。自国を卑下せず、強がりもいわず、仏米からも韓国中国からも古今の日本からも良いものをとりいれ己れの宝としました。そんな芳賀教室は内外の学生でいっぱい、本席にもソウルから李應壽様がお見えですが、師友に恵まれ、対話はいつも活発でした。父君芳賀幸四郎教授の同僚小西甚一先生は幸四郎教授の最高傑作は息子の徹と申しました。その徹はさらによき奥様知子さまに恵まれ、良き子も孫も恵まれました。

しかし芳賀君は遅筆で桃源郷の広告は半世紀前に出たが、本は出ない。「桃源郷の本はいつ出ますか」と台湾でも質問が出た。すると桃源郷について書きおえると、それが最後の本になるような予感がするのでと妙な弁解をしたが、昨夏ついに『桃源の水脈』を仕上げました。その結びに父幸四郎が八十八歳で三冊大著を出し、そのあとあまり周囲に迷惑をかけず大往生したと書いてある。さては徹本人もそのつもりだなと思い、私は日本戦略研究フォーラムを煩わし「平川芳賀で最後の揃い踏みをするから」と昨秋二人で講演した。芳賀君は吉田茂夫人雪子の英語文章を読み解きました。この美しい語りは筑摩から出る『外交官の文章』の最終章となるはずです。

最後の日々

今年の賀状は「鞦韆《しゅうせん》は漕ぐべし愛は奪ふべし」と三橋鷹女の激しいスイングの句でしたが、添え書きが弱気で、気になり電話したら「外出は大儀だ、うまい白ワインでチーズが食べたい」と美食家でヘドニスティックな彼がいうから「ではそれを持って行く」と日もきめた。そしたら倒れた。ワインとチーズをそれで病院に持参したが、皆さんにとめられ、残念しました。芳賀君はその時は能弁で往年の女子学生で頭のいいのがクマラスワミ報告に賛同する、と話し、フェミニスト連のその程度の判断力不足を冷やかさないのが芳賀の優しさとも人の良さとも思いました。

見舞いに行くたびに弱り、大きな顔が前に垂れ脇から支えても十歩も歩けなかった。葬儀委員長は平川に頼む、と言いました。「依子さんを大事にしろよ」と私の家内にふれた別れしなの声には、私どもの仲人としてというより、今は亡き知子さんを思う情が言わせた言葉と感じました。

平川祐弘氏

最後の病院へ移ったとき芳賀は「ここは涅槃か。死亡通知は出したか」と息子の満に言ったそうですが、ここは八年前に知子さんが最後にいた病院と私は思い、二人はこれでまた一緒になると思いました。本日は遺影の芳賀君はカ・ドーロの前で元気で大きな顔で笑っているが、その日は若き芳賀君がヴェネチアからフィアンセの知子さんへあてた手紙を読んできかせようと思い持参したが、もはや聴く力はなかった。それでも最後に芳賀が手を伸ばして握手し、今生の別れとなりました。

高雅で香り高き人

手紙に限らず、丁寧に推敲された芳賀の文章は言語芸術として香り高い。絶品です。しかし徹という人間はさらに高雅でした。私どもは君の如き優れた人を友とし得たことを生涯の幸福にかぞえます。公私ともお世話になりました。深くお礼申します。君去るも温容髣髴として目に浮びます。ここにいささか蕪辞を連ね、敬慕哀悼の微衷を捧げます。

春は名のみの風の寒さや、
君去りて淋しきこの日如月二十六日
辱知平川祐弘
(ひらかわ・すけひろ)

水俣病被害は生まれ、生物学的にも社会的にも濃縮し続けている。

生き続ける水俣病

熊本学園大学水俣学研究センター　井上ゆかり

女島に惹かれて

私が生まれ育ったのは熊本県八代《やつしろ》市の南部、干拓による埋め立てが進む前は不知火《しらぬい》海にほぼ面していた。実父の実家は熊本県芦北《あしきた》郡二見《ふたみ》町で、近くの海でとれた生ガキを網で焼いて食べさせてくれたことを今も記憶している。母の祖父が魚好きだったこともあり、芦北町の計石《はかりいし》から馴染みの行商人が毎日不知火海の魚を運んで来てくれる環境で育った。子ども時代には、その海に水俣病が起きたことは学校の授業で習っていたとはいえ、それが自らに関わることだと分かりようもなかった。高校卒業後、神奈川県の看護学校を経て、東京都で看護師として働いた。脊椎疾患の手術件数が当時日本一だった病院で働いていたこともあり、退院後の患者たちの暮らしを支える社会福祉を学びたいと思うようになった。熊本学園大学が二部（夜間）をおいていて、働きながら学ぶことを可能にしてくれた。

その夜間の学びの中で出会ったのが水俣病事件であった。学部三年生の時に一人車で水俣を訪れ、原因企業チッソがまだ存在することに大きな衝撃を受けたほど、私は何も知らなかった。卒業論文のテーマに水俣病を選んだ。この時に出会った患者さんを通して、本書で焦点をあてることになる芦北町女島《めしま》という漁村に導かれた。この患者さんに水俣から船で女島まで連れて行ってもらい、桜を見ながら釣りをするなどの経験もさせていただいた。卒業後も研究を続けることを選び、看護職を継続しながら、水俣病をテーマとして修士、博士課程と研究を続けた。当初から研究というよりは、女島で出会った漁師さんたちの愚直なまでの人柄に惹きつけられ、女島に通っていたというほうがしっくりくる。本書で述べる女島での調査では、昼になると食事を用意していただいたことも多かった。原田先生と一緒の時は、刺身も刺身皿によそ行きの顔をして登場するのだが、私一人の時は「あんたは魚が好きだけん、私どんと同じごつして出さんば物足らんど」とザルに様々な種類の刺身が山盛りで出てきた。

今、水俣病を語る意味

こうした過程で、自分を育んだ街そして海が、患者の発生している海と繋がっていることが分かり、よそ事ではなくなったように感じはじめた。私にとって、水俣そして本書で取り上げている芦北町の漁村とそこに住む人々は、研究や調査の対象ではなく、水俣病事件研究の道行を共にする人々であり、先達であると感じられるようになっていた。

「水俣学」は水俣病学ではないと、口酸っぱく言い続けられた原田正純先生をはじめとする先生方の言葉が実感としてわかるようになって、はじめてこの書を世に問う機会をいただいた。

二〇二〇（令和二）年四月、水俣学研究センターは一五年目が経過した。この年に刊行する本書は、水俣学のひとつの学問的方法の到達点を示し世に問うものであり、原田先生の顰《ひそみ》に倣えば、水俣病被害を生み出し続ける国・熊本県の責任を追及する告発の書である。

本書で述べる現在の水俣の状況、国家権力に迎合する専門家はなにも水俣ばかりのことではない。沖縄辺野古《へのこ》基地建設、福島第一原発事故、相次ぐ災害時の国や県の対応、その時々に出てくる専門家を見るにつけ、今ほど水俣病を語らねばならない時はないように思う。

（構成・編集部／本書「はじめに」より）

七〇年代から"近代"を批判的に検討してきた著者、最後の到達点!

世界像の大転換——リアリティを超える「リアリティ」

北沢方邦

ホピ族との出会い

一九七五年の夏、はじめてのホピ長期滞在のおり、もっとも心奪われたもののひとつは、この乾燥地帯の高原の星空のすばらしさであった。

上空の強い気流にまたたく満天の星、その多彩さ、火星やアンタレスのルビーのような淡い赤から、橙色、黄色、白色、そしてシリウスのエメラルドのような淡い青にいたるまで、ランダムにまき散らされたそれらの燦然としたきらめきは、私を圧倒した。

星空の神ソートゥクナングが整然と幾何学的に配置した諸星座を、いたずらものの(コヨーテ)が後足で蹴散らしたがためにこのようになった、というホピのほほえましい神話を思い浮かべながら仰ぎみた視線をふと地上にもどすと、これも信じられないほどの星明りである。仄明りのなか、私と青木やよひの坐る断崖につらなる岩肌の白、石造りの家々の輪郭、祭りの準備の太鼓のとどろきや歌声が遠くからくぐもって聞こえるキヴァ(半地下式聖堂)の方角の、天文台を兼ねる三階建ての家屋のかぐろい影など、すべてがおぼろに映え、くっきりと見えるのだ。

「われらの内なる道徳律と、われらの上なる星空、カント!」というベートーヴェンが会話帳に書き残したことばを、私たちは同時に思いだし、口にした。カントに傾倒していたベートーヴェンも、夏の夜を過ごしたバーデンやボヘミアの温泉地で、仕事に集中した疲れを癒しながら、こうした星空を仰ぎみたにちがいない。

リアリティを超える「リアリティ」

いずれにせよ、この目にみえる世界がすべてであり、その認識は主観性の枠組みを通じてのみえられるという近代のリアリティ概念は、おのずからその限界を設定することになる。

すなわち、ひとつはこの世界を超えた

世界があるかもしれないことを想定しない、あるいはそのことを認識の枠組みに組み込まないがため、関心や価値のすべてが現世化または世俗化されてしまう。
またそのことと裏腹の関係であるが、この目にみえる世界に隠されているかもしれない《隠されたリアリティ》――カントのモノ自体はその表現のひとつである――を無視するがため、一見この世界を律するかのようにみえる法則しか認識できない。

▲北沢方邦（1929- ）

いまなお近代文明の転換をヒロシマ・ナガサキという象徴が訴えているが、それに加え、二〇一一年の東日本大震災で崩壊した原子力発電所「フクシマ」は、近代文明の体系とその現実が破綻に直面していることを示した象徴といえよう。
この文明の根本的転換のためにはなにが必要か。それはリアリティ概念の、さらにはそれにもとづく世界像そのものの大転換であり、宇宙や大自然の隠されたリアリティへの畏敬の念をとりもどすことである。 人類はそれによってのみ生き残ることができるのであり、それによってのみ文明の転換という大事業をなしとげることができるのだ。
以下に、隠されたリアリティ概念をてがかりに、その道を探ってみよう。

（「序論」より／構成・編集部）

（きたざわ・まさくに／信州大学名誉教授・構造人類学）

親鸞『教行信証』の中国語訳を完成した著者が、現在の『歎異抄』解釈を覆す！

中国人が読み解く『歎異抄』

同朋大学教授 張鑫鳳《チャンシンフォン》

野間宏文学を通して

私と親鸞が出会うきっかけは、**野間宏文学を通して**のことである。一九八四年、野間先生の『暗い絵』を中国語に翻訳。中国での出版をきっかけに、野間先生と出会った。先生は、私に親鸞の著作を送ってくださり、自分の文学の中の〝親鸞〟を明らかにしてほしいという期待を私に託された。亡くなる前に届いた手紙には、**「親鸞を徹底的に学んでください」**と書かれていた。

私は親鸞の著作も、その中に引用された仏典もむさぼるように読んだ。文化大革命を体験し、自分自身も抱えている人間の悪や生きる意味について問い続けてきた私にとって、仏教や親鸞の教えを学ぶことは、奥深い人間存在の真実に出会う喜びが感じられる日々であった。そのうちに、親鸞が伝える仏教が大乗仏教の本質を示すものであることを思い知り、親鸞著作の中国語訳に取り組み始めた。

八年にわたる『教行信証』の中国語訳体験は、私にとって親鸞の教えと深く出会うきっかけになった。それは、漢字の一つ一つに込められる深意を探り、漢字の語源的な意味をさかのぼり、一つ一つの言葉の仏教用語としての意味を明らかにし、言葉に含まれた中国の歴史文化・古典・典故の意味を解釈しながら進められる作業であった。

このような作業の中で、改めて、親鸞が仏教の真実を伝えるために一字一字の漢字に付した心血と工夫に気づかされた。その工夫された漢字の多くは、これまで、誤記とされ、一般的な表記に当てはめられて解釈されてきた。けれども、親鸞が選んだ漢字の意味を探っていくと、より奥深い仏教の教えに出会うことになったのである。

本書の特徴

初期の翻訳を生かしながら、『教行信証』の中国語訳の体験を踏まえて新たに仕上げたのが、この度の『歎異抄』の現代日本語訳・中国語訳である。従来の現代語訳『歎異抄』に比較してみたとき、本翻訳は次のような特徴がある。

（一）『教行信証』を視座（まなざしの出発点）に、『歎異抄』の中国語訳を視点（まなざしの到達点）にする翻訳である。『教行信証』に響きあう書として、『歎異抄』の内容を受け止める。

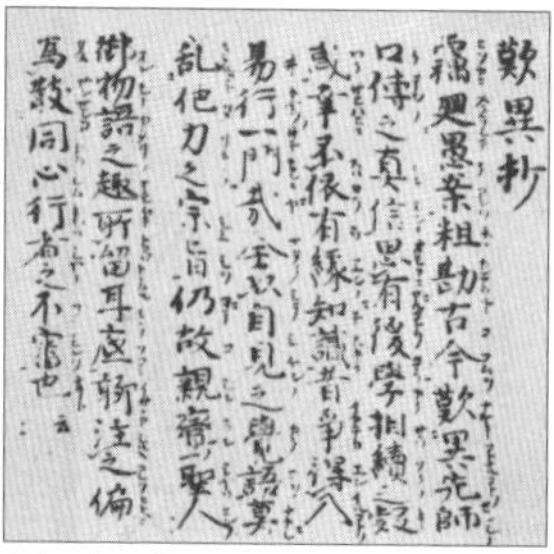

（二）漢字の語源的な意味をさぐり、言葉の仏教用語としての意味を明らかにし、言葉に含まれた中国の歴史文化・古典・典故の意味を解釈するという『教行信証』の中国語訳の体験をふまえて、『歎異抄』の言葉を『教行信証』の翻訳の中で明らかにされた深意に添って解釈する。

（三）『歎異抄』で語られる肝心の言葉が、『教行信証』とどう響きあっているか、言葉が親鸞思想の神髄を表す意味を丁寧に解釈した。

（四）敢えて伝統的な『歎異抄』の現代語訳を覆すところが数多くある。例えば、通常、「異なることを嘆く」と訳されている「歎異」を「不可思議を讃嘆する」と解釈するところである。「慶所聞、嘆所獲（聞く所を慶び、獲る所を嘆ずる）」という『教行信証』が伝えている十八願の大悲の心を根拠にし、漢字語源にも基づき、「歎」を「感歎」と訳し、「歎異」を「不可思議を讃嘆する」と訳した。

『歎異抄』は親鸞思想の核心を如実に伝えていると思う。

（構成・編集部／全文は本書所収）

「怨恨と復讐」に抗する「共苦」の文学を、21世紀の今、読み直す。

高橋和巳論
――宗教と文学の格闘的契り――

清　眞人

高橋和巳の精神的格闘

二〇二〇年の「今」、世界に向き合うわれわれの精神は如何なる相貌を呈しているのか？　既に長らくわれわれの心中を蝕んできた「革命」への絶望が、ヘイト・ポリティックスの世界的蔓延を前にしてわれわれをひたすらにたじろがせ、ペシミズムの罠へと追い込もうとしているのではないか？　いまこそ抵抗の精神的布陣を打ち固め直す時ではないのか！

私はこのたび、藤原書店から『高橋和巳論　宗教と文学の格闘的契り』を出版する。

右に述べた精神衰弱に抗するわれわれの貴重な先達の一人として、高橋を忘却の暗き淵から今一度蘇らせたかったからにほかならない。かつて一九六八年を頂点として日本全国の大学ほとんどすべてで左翼学生運動が激しい高揚を示した時、高橋和巳の作品と発言はこの時代精神に身を焦がした学生や早熟な高校生の関心の一つの焦点であった。だがそれから半世紀経った今、日本の青年にとって彼の存在は無に等しい。

私は思う。彼の文学総体は近現代の日本において稀有な強度に達した「宗教と文学の格闘的契り」によってこそ特徴づけられる、と。だから、私はこの言葉を書名のサブタイトルとした。では、何故にこの「格闘的契り」が生まれるのか？

それは、彼の文学の核心をなすテーマが《廃墟のなかへと独り孤独に捨子されいた人間》が抱え込む次の精神的格闘に据えられているからにほかならない。すなわち、「廃墟を固執し、一切を廃墟に還元する破壊的な運動に身を投ずる」道、さもなくば「廃墟のイメージを内面化し自己自身を無限に荒廃させてのたれ死にする」道、そして今ひとつの道、すなわち「共苦」（他者の苦悩に己の苦悩をもって寄り添い、共に生きる）を己の生き方とする道、この三つのうちのどれを選ぶかという格闘に。そして、この第三の道に関しては次のように形容される。この道は、廃墟の中にあっても営まれる「日常性」

のなかで奇しくも手にする「少数の人々との交情」を「日常性の泥沼の中に咲くただひとつの蓮の花」・「思想の花」とすることによってこそ、廃墟の只中から再び切り開かれるのだ、と（以上『憂鬱なる党派』より）。

革命の再生への世界史的問い

なお付言すれば、作家高橋にとって「廃墟」とは比類なきメタファーとなる。一四歳の彼が直に経験した一九四五年三月の大空襲が生んだ大阪の「廃墟」だけではない。何らかのトラウマ的経験の末に

▲高橋和巳（1931–1971）

自分をもはや誰とも「真の関係」（その中核は共苦）を結び得ない、ただ夢想へのナルシスト的な引き籠りを唯一の「生き方」にするしかなくなった人間の自我の「廃墟」を指す言葉にもなる。否、それだけではない。高橋文学の稀有な点とは、この「廃墟」をめぐる実存の葛藤と、「廃墟」となった革命を如何に再生可能とするかという世界史的な問い、まさに二十世紀がまるまる一世紀かけて生みだし、今や二十一世紀のペシミズムの基底にとぐろを巻く暗き問い、この両者が切り離しがたい一対性をなしてまさに「格闘」のなかに導き入れられる点にあるのだ。

この精神的格闘を一直線に掘り下げれば《宗教と文学の比類なき格闘》になる。彼はこの精神の愚直さを生きて死んだ。私はそれを讃える。

（きよし・まひと／元・近畿大学教授、哲学）

前衛俳句の雄・兜太と、伝統俳句の雄・龍太――二人の対比から戦後俳句を総括

前をゆく二人――龍太と兜太

――『兜太』vol.4 最終号に寄せて――

宇多喜代子

昨年と今年、それぞれ生誕百年を迎えた金子兜太（1919–2018）と飯田龍太（1920–2007）。片や前衛俳句、片や伝統俳句の雄として、現代俳句の歴史を決定づけた二人の対比から、戦後俳句の総括を試みる。宇多喜代子氏の寄稿を抄録する。（編集部）

異質故に認め合う

私にとって、飯田龍太と金子兜太という二人は、前をゆく先人の代表として両人亡き今も意中から消えることはない。俳句だけでなく、人間としての親しみを感じるのだ。

兜太と龍太は生年がほぼ同じということ以外、俳人としての環境、作風などまったく異なるのだが、わが初学のころから今の今まで、龍太と兜太は併記のかたちで脳中にある。龍太に会っても兜太に会っても相互の異なる俳句や俳句観について悪態云々ということがなかったことにおいても二人は並び立つ。異質故に相手の独自性を認め合っていたのだということでもあろう。

露と霧

両人の既刊句集を通読すると歴然とするのだが、この違いを端的にいうなら「龍太の露と兜太の霧」である。かなり前に金子兜太の抒情の象徴として「霧」の句を書き抜いて勉強資料としていたところ、兜太自身が「露と霧」と題した龍太評を書いているのに出会った（「俳句」S41・1）。

飯田龍太の第六句集『山の影』の、**露ふかし山負うて家あることも**を読んでの所感である。

私なら〈霧ふかし〉というところを、龍太は「露」なんだな、とおもったものだった。霧の模糊たる肉体感覚ではなく、露の明確な意思感覚――これを龍太は意識的に選択するに違いない。

はかないものながら金剛にも喩えられる「露」で意思を表現するところは、たしかに龍太の俳句の軸となっている。因みに、飯田龍太生涯の全作品のうち、霧の句はわずか八句だが露の句は六十九句

もある。

露の村墓域とおもふばかりなり　龍太
露の父紺碧に齢いぶかしむ
露深しすでに細身の雀とび
晩年の乳房をりをり露に濡れ
山々のうしろは露の信濃かな

霧にくらべ、露ははっきりしている。なにかを隠すということがない。触ればひんやりとした感触が残る。露に濡れた手や足のひややかさを思い出すことができるが、霧にはそのようなはっきりした触感がない。まさに模糊としていて、閉ざされた世界で触れる湿りがあたりを遮り、見えなくする。句集『蜿蜿』の代表句であり、金子兜太の代表句でもある、

霧の村石を投うらば父母散らん　兜太

につづくのが、『定住漂泊』に書かれた「秩父に住む人たち誰でも、山影からのがれることはできない。その影のなかに、さむざむと立っている自分に気づくことがある。」というくだりである。

飯田龍太も自らの句集に『山の影』と命名し、当時の心境を「ただいまの心懐になんとなく似つかはしいやうにも思はれて即決した。」とある。

それぞれの産土である秩父も甲斐も山国である。「さむざむと立っている自分に気づく」というその山国の山影から抜け出て壮年期を都市生活者として過ごした兜太と、〈露ふかし山負うて家あることも〉と「家」に留まった龍太は、前衛と伝統という二項の代表とみなされてきたが、じつのところ同根として地下脈で強く重なりあっているように思われる。

▲飯田龍太（1920–2007）と金子兜太（1919–2018）

死後を生きつづける

兜太は〈戦さあるな〉を終生のテーマとして俳句を書きつづけたが、対照にある龍太は、など、抑えた表現で不条理な死を句にしている。悲痛な声をあげずに心中の悲しみや怒りを表すこと、これはかなり高次なことだ。

今後、前衛だの伝統だのと区別されることがあったとしても、間違いなく共通していることは、飯田龍太も金子兜太も「死後を生きつづける」俳人であるということだ。

（構成・編集部／全文は本誌に掲載）

（うだ・きよこ／俳人、現代俳句協会特別顧問）

雑誌 兜太 *Tota* Vol.4 最終号

〈特集〉龍太と兜太 戦後俳句の総括

〈カラー口絵〉金子兜太百年祭in皆野町／兜太句碑　撮影＝黒田勝雄

〈特集〉龍太と兜太――俳句の国際性

筑紫磐井　龍太と兜太の晩年／定住と漂泊
――「結社の時代」の乗り越え方――
金子兜太・飯田龍太　対照年譜（1919–2019）

兜太から龍太へ、龍太から兜太へ

兜太・龍太　自選句集（解題＝筑紫磐井）
飯田龍太＋金子兜太　〈対談〉次代への期待
飯田龍太　低音のよろしさ――金子兜太
金子兜太　高潔な句風、突然の俳壇引退の謎

■飯田龍太という存在

飯田秀實　祖父蛇笏、父龍太その傍らで
宮坂静生　飯田龍太・入門
黒田杏子　ご恩
井上康明　「雲母」の系譜と金子兜太

■わたしの龍太、わたしの兜太

宇多喜代子　前をゆく二人
下重暁子　ユーモアとアナーキー
対馬康子　内なる兜太・外なる龍太
仁平勝　天敵ではなくて
三枝昂之　龍太という恩寵

■龍太と兜太

舘野豊　定住の詩情
髙柳克弘　にわとりと蝮
岸本尚毅　手に乗る禽
渡辺誠一郎　合わせ鏡としての存在
高山れおな　兜太日記の中の龍太
中岡毅雄　龍太の調べ　兜太の調べ
髙田正子　会わなかったひとから学んだこと
田中亜美　〈露〉の龍太・〈霧〉の兜太
――山の男の友情をめぐって――

金子兜太・生誕百年記念

金子兜太百年祭in皆野町

〈登壇者〉河邑厚徳　堀之内長一　中村和弘
坂本宮尾　井口時男　対馬康子
筑紫磐井　横澤放川　宇多喜代子
橋本榮治　金子眞土
加古陽治　黒田杏子（司会）
［付］出張「兜太俳壇」in皆野町

金子兜太氏　生インタビュー（4）
――兜太の書／日銀・金庫番・東大出／皇后と皇居の風景／兜太の今後　ほか

寄稿・連載

坂本宮尾　英訳された兜太俳句
――翻訳の課題
井口時男　野生とユーモア
――前衛・兜太(3)
横澤放川　社会性と形而上性と
――金沢紀行(3)

〈兜太俳壇〉第3回

〈本文カット〉中原道夫
A5判　二〇八頁　一八〇〇円

連載　今、日本は　11

国家と家族

鎌田　慧

いまから三年半前、二〇一六年七月。相模原市の知的障害者施設で、入所者一九人を殺害、職員をふくむ二六人に重軽傷を与えた「やまゆり園事件」のU被告にたいして、二月中旬、横浜地裁で論告・求刑があり、死刑が求刑された。

遺族の「極刑でも軽い」との声が、大きな見出しになった。

法廷では、被告と遺族の間には衝立てが設けられていて、たがいの姿はみえない。

一九歳の娘が殺された母親が出廷していて、「あなたが憎くて憎くてたまらない。八つ裂きにしてやりたい、極刑でも軽いと思う」と怒りをぶっつけた、という。

法廷の緊張した、凍りついた空気が想像できる。裁判では被害者の名前は伏せられ、実名をだしているのは、その母親と被害者の娘だけである。それが障がい者であり、被害者でもある入居者たちとその家族の屈折をあらわしている。

被害者が加害者の死刑執行を望むのは、日本ではほぼ当然とされている。報復が「武士道」の誇りとされ、名誉回復、と文化的に刷り込まれてきたからだ。

そう書くと、お前の娘が殺されてもそんなカッコつけるのか、と指弾されそうだ。それでも死刑はいやだ、というしかない。相手を殺したからといって、娘が返ってくるわけではない、と言うのもまた、常套句かもしれない。

しかし、この日、法廷で「極刑」を主張した被害者の母親は、「一生、外に出ることなく人生を終えて下さい」といって、彼女の長いモノローグを終えた。絶対に許さない、と指弾する彼女にとっての「極刑」は、「死刑」ではなかったようだ。新聞はそうとは書いていなかった。

検事による論告・求刑の結論は「極刑以外に選択の余地はない。被告を死刑に処すべきである」だった。邪魔者は殺せ、と国家が判断している。しかし、国家は人の命を奪えるのか。それは被告の障がい者にたいする殺意とおなじものなのだ。障がい者と一緒に生きてきた家族は、悲しみを乗り越えようとしている。

（かまた・さとし／ルポライター）

リレー連載　近代日本を作った100人　72

山県有朋――近代日本の安全保障に果たした役割

伊藤之雄

山県は軍の暴走を導いたのか

山県有朋は、陸軍などに山県閥を作り、徴兵制や軍部大臣現役武官制を日本に導入し、また軍の暴走から太平洋戦争への道を作ったとまでいわれた。これは、戦争への反省から非武装中立、もしくは防衛力（軍事力）は少ない方がいいと言われた時代の「戦後歴史学」の強い影響下の評価である。

現在、日本の安全保障のため防衛力を否定する者はほとんどいないだろう。適切な安全保障の確保は、国民に選ばれた政府が、同盟等も含め国際的な安全保障環境や自国の軍事力の状況を十分に理解し、必要十分な最小限の軍事力をもって行うべきものといえる。

山県の活躍した幕末から第一次世界大戦直後までの時代は帝国主義の真っただ中であり、日本の安全保障環境は、現在よりもはるかに厳しかった。また、軍部大臣現役武官制を導入した一九〇〇年には、政党の政権担当能力は未熟で、日本の安全保障環境を十分に理解するまでには至っていなかった。その一方で、政党が議会で力を増し、近い将来に、混乱で倒れた隈板内閣のような政党内閣が再びできる可能性すら生じてきていた。

山県のヴィジョンと人柄

山県は、幕末の長州藩の下級武士の長男に生まれた。師の吉田松陰は、「気」（大きな目標のために自らを犠牲にすることを恐れない気力）があると評価して、松下村塾の優秀な五人の中に山県を含めた。尊攘運動に参加、高杉晋作にも気に入られて奇兵隊の軍監（隊長の次）となり、下関で四国艦隊の砲撃を迎え撃ち、列強の圧倒的軍事力を骨身に沁みて知る。

山県は、当時の日本の安全保障の根幹である陸軍の育成に向けて全力を尽くし、「一介の武弁」と自称した。徴兵制導入の中心となり、日本陸軍を強化していく。その結果日本は、一八八〇年代前半に列強以外の国としては強国に、一九〇五年に日露戦争に勝利して列強中有数の強国になる。

山県を官僚的な硬直した人物とする見解は根強い。もちろん、憲法など近代日本の形を作った伊藤博文らに比べると、現実に即応する柔軟性や幅広い能力に欠けるが、陸軍創建に限れば、山県には「気」と創造性が見られる。明治初年に、列強が採用していた徴兵制を日本に導入した時には、政府内も含め士族から猛反発を受けた。長州出身の商人山城屋和助の不正事件が大きくなって山県の評判を傷つけたのは、そのせいでもあり、事情を理解した西郷隆盛は、山県を助けている。

もう一つは、日本陸軍が最終的にモデルとしたのはドイツであったが、山県は参謀総長より陸相が実権を持つ形に陸軍を作っていき、予算などで内閣と妥協をできるようにしたことである。先に述べた軍部大臣現役武官制も明治憲法の統帥権の独立規定を具体化して、将来に政権担当能力のない政党内閣が出現してしまった際の予防措置としたのだ。

山県が達成したもの

山県の欠点は、外国語ができず世界の潮流がつかめず、政党に対する不信感が強すぎることと、国際環境の変化を十分に理解できないことだった。日露戦争後に政友会が、原敬などをリーダーとして政権担当能力のある政党に成長したことを理解できず、陸軍の二個師団増設要求を本気になって止めず、第一次護憲運動で批判の的にされた。また、シベリア出兵も最終的に容認してしまった。

ただし、山県は最晩年の一九二一年には、政党内閣を率いる原敬首相を高く評価し、シベリア撤兵などを支援するようになる。原の安全保障政策が信頼できると確信したからである。

山県は、思い違いや心配性から少なからぬ失敗もしたが、日本の安全保障のために愚直に尽力し続け、その目的を一応達成したといえよう。

（いとう・ゆきお／京都大学名誉教授）

▲山県有朋（1838-1922）
軍人政治家、元老。父は長州藩足軽。松下村塾に学び、奇兵隊の幹部となる。戊辰戦争の中で西郷隆盛と信頼関係を築く。維新後軍制改革のため、欧州を約1年視察、帰国後陸軍大輔（次官）として、徴兵制を導入。1873年陸軍卿。74年参議を兼任し、太政官制下の内閣に入閣（〜85年）。77年西南戦争では征討参軍として九州で西郷軍鎮圧を指揮。78年参謀本部長。83年内務卿。85年内務大臣。88-89年欧州出張。89-91年総理大臣兼内務大臣。90年陸軍大将。92-93年司法大臣。93年から1922年まで、断続的に枢密院議長を務めた。94年第一軍司令官（日清戦争出征）。98年元帥。98-1900年総理大臣。1907年公爵。1922年死亡・国葬。

■〈連載〉沖縄からの声［第Ⅷ期］1（初回）

組踊上演三〇〇周年

高良　勉

昨年（二〇一九）は、組踊《くみおどり》が初めて首里城で上演されてから三〇〇周年目の記念すべき年であった。沖縄各地で、公演やシンポジウム等の記念行事が開かれた。

組踊は、一七一九年に玉城朝薫《たまぐすくちょうくん》が初めて創作・上演した国劇である。朝薫は琉球古典音楽、定型の詩章、琉球舞踊の所作を総合化して創作した。そして、尚敬王《しょうけいおう》の冊封《さくほう》の時、正使海宝《かいほう》、副使徐葆光《じょほこう》ら一行を歓迎する重陽宴の舞台で上演したのである。その初演の演目は、「二童敵討《にどうてきうち》」と「執心鐘入《しゅうしんかねいり》」であった。

冊封とは、中国皇帝が琉球国王を封ずる事を目的とした最も重要な行事の一つであった。正副使を先頭に、「冊封使」と呼ばれる五百余名の外交団が中国から派遣され、約半年以上も滞在した。

琉球国側は、冊封儀礼の諸行事と同時に、「諭祭宴」、「冊封宴」をはじめとする七つの大宴を催して歓待した。朝薫は、先述の二作と共に「銘苅子《めかるしぃ》」「女物狂《おんなものぐるい》」「孝行之巻《こうこうのまき》」を創作して上演した。これら五作は「朝薫五番」と呼ばれる。

組踊は、平敷屋朝敏《へしきやちょうびん》や田里朝直《たさとちょうちょく》らに継承、創作され、現在では七〇数演目が確認されている。一九七二年には、国指定の重要無形文化財に認定された。また、二〇一〇年にはユネスコ世界無形文化遺産に登録された。日本の能楽や歌舞伎と同様、人類共有の世界遺産になったのだ。

一方、二〇〇四年、国立組踊劇場が浦添市に建設された。この国立劇場によって、組踊の上演回数が大幅に増えた。また、劇場の事業によって若手組踊役者の養成が盛んになっている。さらに、「新作組踊」も創作・発表されている。

さて、朝薫から三〇〇年目は諸記念実行委員会による多くの公演があった。我が家もそれらの日程に大きく巻き込まれた。実は、私の女房は沖縄県立芸術大学の琉球芸能専攻教授を務めている。また、娘は琉球舞踊の師範である。それ故、沖縄市、うるま市をはじめとする五市町村での「組踊・琉球舞踊公演」に出演した。さらに、小学一年と六年の孫二人も子ども組踊「執心鐘入」に出演した。これは、朝薫作の組踊を小中高校生のみで上演したものである。このように私たちは三世代で上演三〇〇周年を記念した。（たから・べん／詩人）

■連載・花満径　48

高橋虫麻呂の橋（五）

中西　進

虫麻呂が見た「橋の上」の幻影は、その後牛若丸が武蔵坊弁慶と大立ち廻りをした五条の橋の上となる。

これがいちばんよく知られているのは小学校の唱歌。この元には巌谷小波が編集した『日本昔噺』（明治27—29）の牛若丸伝説があり、さらに古典としては室町時代の軍記物語『義経記』がある。

しかしわたしには謡曲の「橋弁慶」が親しい。父がよくこの曲をさらっていたから「これは西塔の傍に住む武蔵坊弁慶にて候」という冒頭の節まわしは、今でも口誦むことができる。

ストーリーは母常盤《ときわ》の戒《いまし》めによって鞍馬に登らなければならない牛若と、千本の太刀を手に入れたいと願う弁慶がいて、「蝶鳥の如くなる」牛若に、弁慶が降服することとなる。

以後主従の契りも固く、幾多の艱難を経て共どもに衣川で死を迎えるが、この一大ストーリーの発端がこれである。

さらに観世流の笛の巻には前シテとしての母の常盤御前が登場するから、活劇はいっそう入念となる。

また金剛流の「替装束《かえしょうぞく》」となると「長霊癋見《べしみ》」の異相の能面を弁慶がつける。

癋見の悪相は、橋の上に現われるべきものだったらしい。虫麻呂の愛欲をそそった橋上の女とは、それらの眷族に属する者だったことになる。

いや癋見は『古今集』の橋姫にも、あえていえば宇治の八の宮の周辺にいた浮舟どもにも、運命として所有されたものだった。

この時牛若も女のように薄衣をかずいており、これまた人間離れが強調される。

さて、このふしぎな活劇は、五条の橋の上のできごとだという。

それでいて、みなが気づいているように、五条の橋はこの頃の京都にはまだなかった。

まさに母の慈愛も怪奇な異形の者まで雑《まじ》えたドラマが、架空の橋の上で演じられるのである。

虫麻呂の橋上の白昼夢は、こんな遠景も、もっている。

（なかにし・すすむ／国際日本文化研究センター名誉教授）

連載　歴史から中国を観る　3

中国史の時代区分

宮脇淳子

私の師であり夫である故岡田英弘の中国学（今回は「中国」を、現在使われている通り「シナ」の意味で用いる）は、定説とはまったく異なる独自のものであったことはよく知られている。その一つに、中国文明は五つに時代区分できる、という学説がある。

紀元前二二一年の秦の始皇帝の統一以前は「中国以前」、五八九年の隋の再統一までを第一期、一二七六年の元の世祖フビライの南北統一までを第二期、一八九五年の日清戦争の敗戦までを第三期とする。そのあとは、伝統のシステムを放棄した「中国以後」の時代である。

「中国」という観念の内容は、時代を経るごとに拡大したが、一八九五年以後は、日本を中心とする東アジア文化圏の一部に組み込まれる。

日清戦争の翌年の一八九六年に清国留学生がはじめて日本に到着してから、一九一九年の五・四運動が起こるまで、四半世紀で十万人を超える中国人が日本に留学した。かれらは、日本が明治維新以来、欧米の新しい事物を表現するために開発していた文体と語彙を持ち帰り、それが現代漢語の起源になったからである。

岡田が「魯迅のなかの日本人」（『中央公論』）でこう述べたのは一九七九年で、私もこの説を何度も紹介してきたが、根拠は何かと問われるだけだった。

ところが昨年、援護射撃が現れた。エズラ・ヴォーゲル著『日中関係史』第五章「日本に学ぶ中国の近代化」である。

「二十世紀になると、何百人もの中国人官僚が日本を訪れ、何百人もの日本人教師や顧問が中国で働き、何千人もの中国人学生が日本の教育機関に留学した。控えめな推定でも、その数は一九三七年までに五万人に達したとされる」「一九〇二年にはすでに四百人から五百人の中国人留学生が日本で学んでいた。その数は一九〇三年には千人、一九〇六年には約一万人に膨れ上がっていた」

この章の実際の著者は、弟子のポーラ・ハレル女史である。アメリカ人に同様のことを表明してもらえて安堵している。

（みやわき・じゅんこ／東洋史学者）

■連載・アメリカから見た日本

トランプのアメリカ社会と日本　3

米谷ふみ子

　トランプが米大統領になってすぐ、南部の州で白人至上主義に対する反対のデモがあった時、デモに出ていた女性が一人殺された。その時トランプは「白人至上主義者の中にも良い人はいる」とそのグループを責めず、いい加減に誤魔化した。

　また彼は、アメリカ市民であるモズレムの女政治家三人に「自分の国に帰れ」とか、黒人の女政治家に「知的程度が低い」と聴衆の前で、いかにも黒人だから程度が低いような観念的なことを言って、大統領として国民に道徳的な模範を示すという役目を果たしていない。それ故か、最近人種差別的な殺人が増えた。

　トランプの振舞いを見て判断したのか、最近、報道機関、映画やテレビの広告制作者が多くの少数民族を使い出した。報道機関でのコメントをする人々の過半数は女性と有色人種がテーブルに並んで意見を吐いている。CNNのTV局では、「トランプは一万五千回も嘘をついた」という番組で例を示し、何回も嘘をつくと皆信用するようになるから危ない、とコメントしていた。又、夜、面白く政治的意見を吐くコメディアン達もトランプの批判を競ってしている。

　日本は上の命令には絶対服従という戦中の思考法が未だに詞《ことば》遣いとして残っている社会であるからか、最近戦中を思い出させる経験があった。

　日本のリベラルだと思っていた雑誌で最近私が書いたことを二、三回、私に言わずにカットされたので驚いた。書いた本人に断りもせずにカットするやりかたは戦中の新聞なんかと同じですね、これをセンサーというのですよ、と言っても、若い編集者には通じない。社会全体がそうなっているから、この年寄り何を文句いっているのだ、と思っているのかもしれない。

　報道機関は率先して国民に真実を知らせ、啓蒙して行くのがその役割であるが、その義務を果たしていないのではないかと思う。

　言論の自由を守る日本の平和憲法を世界中に振り回して宣伝するのが、日本の役目であると思うのだが。

（こめたに・ふみこ／作家、カリフォルニア在住）

Le Monde

■連載・『ル・モンド』から世界を読む［第Ⅱ期］43

自宅で母を看取る

加藤晴久

『ル・モンド』の記者カトリーヌ・ヴァンサン〔以下、CVと記す〕は、昨夏、自宅で静かに最後を迎えたいと望む母を介護した。この最後の願いに応えるために嘗めた辛酸を語った。人生の最後は社会・政治の問題でもある」というリードのついた、二ページにわたる長大な体験記が一月一一日付に載った。

母親は気丈な人で、尊厳死協会の会員だった。場合によっては自死を選ぶこともできる。そのことを娘と語り合うこともあった。「救急車で病院に搬送される。家族は廊下で何時間も待たされる。ゴメンだね。苦しまずに静かに逝かせてもらいたい」と常々言っていた。

昨年春以来、急速に体力が衰えた。歳は取っても政治・文学・音楽を語る教養人だったのが、食欲がなくなり、周囲への関心も薄れてきた。老衰と心不全。CVは七月一二日から母のアパルトマンに住み込んだ。そこから苦難の毎日が続く。

気丈と言っても、不安や動揺、痛みや呼吸困難など心身の苦しみは避けがたい。医師や看護師が対症的な緩和措置《パリアティフ》を施す必要がある。ところが時期が悪かった。七月一四日の国祭日以降、かかりつけの医師も含めてヴァカンスで、パリにいなくなる！　母への愛から思い立ったのだが、CVには何の医療的素養もない。いろいろな機関に電話をかけまくり、ネットで調べたりして、手探りで何とかしのいだ。ようやく、二一日になって、緩和措置の専門家である看護師の訪問を受けた。行き届いた手当にすっかり心身を委ねた母は安らかに寝入った。翌二二日午前三時、CVが覗くと、母は事切れていた。九二歳。寝入ったときとまったく同じ姿勢、まったく同じ安らかな表情だった。

「かつて人は自宅で、自分のベッドの上で、家族に見守られて死んだ。いまも、フランス人の八〇％が自宅で死ぬことを願っている、しかし、六〇％が病院で死んでいる」。現代医学は「病人の精神的・肉体的苦痛を自宅で軽減する諸手段をもっている。欠けているのは十分な財政的裏付けを備えたシステムを構築する政治的意志である」。

（かとう・はるひさ／東京大学名誉教授）

二月新刊

ブルデュー社会学の集大成！

〈ブルデュー・ライブラリー〉

世界の悲惨 III （全3分冊）

ピエール・ブルデュー編

監訳＝荒井文雄・櫻本陽一

世界の悲惨とは、哲学の悲惨に他ならない——ブルデュー最後の闘いの序曲。第三分冊では、国民戦線の活動家、失業中の女優、物理学研究者などの語りに加え、社会学者としての「聞きとり」を成立させるための方法論を明かす。

〈附〉監訳者解説／用語解説／人名・事項索引

完結

A5判　四六四頁　四八〇〇円

アイヌの精神性を追い求めた女の一生

大地よ！

アイヌの母神、宇梶静江自伝

宇梶静江

63歳にして、"古布絵《こふえ》"によるアイヌの伝統的刺繍法から、表現手法を見出し、遅咲きながら大輪の花を咲かせた著者が、苦節多き生涯を振り返り、追い求め続けてきた"大地に生きる人間《アイヌ》の精神性"を問うた、本格的自伝。

カラー口絵8頁「宇梶静江の古布絵の世界」

四六上製　四四八頁　二七〇〇円

昭和の名優、最後の文人の集大成！

全著作

〈森繁久彌コレクション〉

全5巻　内容見本呈

3 情——世相 ［第3回配本］

森繁久彌　〈解説〉小川榮太郎

めまぐるしい戦後の変化の中で、古き良き日本を知る者として、あたたかく、時にはちくりと現代の世相を見抜く名言を残した。

口絵2頁

〈月報〉大村崑／宝田明／塩澤実信／河内厚郎

四六上製　四八〇頁　二八〇〇円

いまなぜ「公共」を論ずるか！

公共論の再構築

時間／空間／主体

中谷真憲・東郷和彦編

「公共」は「私」の対立概念なのか。空間軸・時間軸・主体軸の三つの観点から「公共」という問題を分析し、企業、日常生活、政治等において、未来を意識した真の「公共性」を問う。

A5上製　三四四頁　三八〇〇円

第10回「河上肇賞」受賞作品

近代家族の誕生

女性の慈善事業の先駆、「二葉幼稚園」

大石 茜

二人の女性によって設立された「二葉幼稚園」。救貧事業が展開された明治・大正期において、二葉幼稚園は、貧困層における「家族」の成立と生存戦略にいかに寄与したか？

四六上製　二七二頁　二九〇〇円

読者の声

いのちを刻む■

▼鉛筆の絵に驚いた。〝生老病死〟を強く感じる。ゴゼの胸にあるものを聞き出した名文には感激した。

『毎日新聞』の「学校とわたし」（二〇二〇年一月二〇日付）で初めて画家を知り、興味をもち、本屋に走り読んだ一冊だが、読んでよかったと感じている作品だ。

（奈良　**馬木治美**　74歳）

全著作〈森繁久彌コレクション〉① 人――自伝■

▼とぼけたユーモアとあったかさ、辞典のような教養、「だいたい良ければいい」という思想、僕はこの分けへだてしないお人柄がどこまでも大好きです。

（北海道　施設指導員　**中島啓幸**　50歳）

詩情のスケッチ■

▼読書量豊富な先輩からすすめられて買い求めました。自分の読書歴に比し、格調高い文章と内容で、もっと自分の読書の質を上げねばならないと感じた次第です。著者の遠慮のない大胆な批判は、圧倒的な学びと研鑽から、自信を持って発せられていると感じました。感銘を受けた一冊です。（千葉　**武政義迪**　72歳）

セレモニー■

▼すごい近未来小説。

（福岡　医師　**多田功**　83歳）

▼読み始めたら、中国・武漢のパンデミック、たちまち何倍、何百倍もの誘引力で作品に魅き込まれ、一気に読み切りました。デジタル問題、ビッグデータ……共産党崩壊の極面など、創作の域を超えた〝現実感〟に、作者の力量と意図を見せつけられた思いです。

衝動的に手にした一冊が、これほど読み応えがあったのは初めてです。広く読まれるといいですね。

（埼玉　フリー　**齋藤柳光**　75歳）

ひとりヴァイオリンをめぐるフーガ■

▼何年か前から気になっていて、ビバオケのサイトで知りました。「あの藤原書店から……」と書いてあり、パパヴラミも藤原書店さんも同時に知りました。子供が中学生二人バイオリンを弾きます。この本を素晴らしい小説として、又、弾く人にしかわからない至極のアドバイス集として大切に読みたいと思います。

（東京　看護助手　**明野万里野**　46歳）

桑原史成写真集 水俣事件■

▼正月に水俣市に行きました。相思社でこの本が展示してあり、購入しました。相思社、及び水俣病資料館には水俣病患者の写真を含む映像、水俣病の実験に使われた猫小屋がありました。本書には上記施設にはない生の写真が多数有り、長く水俣の惨事を伝える資料の一つとなると考えます。

（神奈川　**新井一郎**　96歳）

携帯電話亡国論■

▼このような著書を出版して下さり大変有難いです。知らない人が多く、近年５Ｇの危険性についての伝播にも大きな功労をしている著書です。感謝に堪えません。

（東京　教員（中学校）　**伊藤千寿子**　73歳）

ハルビンの詩がきこえる■

▼私の家族は一九二七年に満洲移住の計画でした。途中で軍の親戚に満洲の状況が悪いので行かないように勧められて、家族が分かれて、一部満洲、残りはブラジルへ……私はブ

ラジルを選んだ一部の子孫です。仕事の関係で大陸に住み、満洲を選んだ親戚の開拓団地と亡くなられた撫順の収容所を見る機会がありました。当時の生活はどうだったか聞く方がいなく、この本に出会えて少し知ることが出来てとてもうれしく思ってます。スンガリ川（松花江）も見てきましたので、加藤さん（著者）が再度おとずれた時の気持ちもよくわかりました。

（埼玉　会社員　**福田ジョージ**　60歳）

※みなさまのご感想・お便りをお待ちしています。お気軽に小社「読者の声」係まで、お送り下さい。掲載の方には粗品を進呈いたします。

書評日誌（一・一〜二・一一）

(書)書評　(紹)紹介　(記)関連記事
(イ)インタビュー　(TV)テレビ　(ラ)ラジオ

一・一　(書)伊勢新聞「「雪風」に乗った少年」（「三重の本」／「年始に読書、豊かな1年に」／『大和』護衛、生き残る」／奥山隆也）

一・四　(記)沖縄タイムス「琉球文明の発見」（「論壇」／「海勢頭さんの著書の魅力」／『琉球文明』展開に迫力」／當眞嗣伎）

一・六　(記)神戸新聞「いのちを刻む」（「文化」／「見聞録」／「木下晋作品展」／「写実を極めた先の〝真実〟」／堀井正純）

一・七　(記)毎日新聞（夕刊）「苦海浄土」（「憂楽帳」／「苦海浄土」／米本浩二）

一・八　(書)富山新聞「いのちを刻む」（『生きる鬼才』の物語」／小倉正人）

一・一九〜　(紹)共同配信「書くこと　生きること」

一・二三　(記)毎日新聞（夕刊）「移動する民」（「読書日記」／「著者のことば」／『歓待』する社会に向けて」／棚部秀行）

一・二三　(記)朝日新聞「遺言のつもりで」（「折々のことば」／鷲田清一）

一・二五　(書)朝日新聞「ベルク「風土学」とは何か」（「二元論超え仏教哲学の視点持つ」／長谷川逸子）

一・二六　(紹)産経新聞「全著作〈森繁久彌コレクション〉」（「産経書房」／『森繁久彌コレクション』刊行開始」）

(紹)東京新聞・中日新聞「〝フランスかぶれ〟ニッポン」

(書)毎日新聞「〝フランスかぶれ〟ニッポン」（「経済力、軍事力よりも強い文化の力」／伊東光晴）

(書)しんぶん赤旗「全著作〈森繁久彌コレクション〉」（「悲しくも熱い日本近代史」／加藤登紀子）

一・二七　(記)毎日新聞（富山版）「いのちを刻む」（「鉛筆画家の木下さん」／「遺族に新著の自伝『いのちを刻む』寄贈」／「小4の時、亡き師がくれた名著　貧困に耐え、道開く」／『ああ無情』の恩忘れず」／青木郁子）

一・二八　(書)週刊エコノミスト「いのちの森づくり」（「土地本来の植生研究から現代文明に警鐘鳴らす」／新藤宗幸）

(記)産経新聞「国難来」（「オピニオン」／「正論」／「今こそ『政治の倫理化運動』を」／新保祐司）

二・六　(記)産経新聞「植物たちの私生活」（「文学五輪」／「人間の存在　根幹問う正統派」／海老沢類）

二・七　(書)週刊金曜日「崩壊した「中国システム」とEUシステム」（「きんようぶんか」／「主権と民主主義奪うEUの独裁体制からの離脱運動と日本の未来」／中村富美子）

二・一一　(記)産経新聞「国難来」（「東京特派員」／「公衆衛生を優先した『大風呂敷』」／湯浅博）

石牟礼道子さん 三回忌の集い

石牟礼道子さんが亡くなられて、早や二年。今年は三回忌を迎える。去る二月十日十二時半より、小社催合庵《もあいあん》にて「石牟礼道子さんを偲び語る会」が行われた。

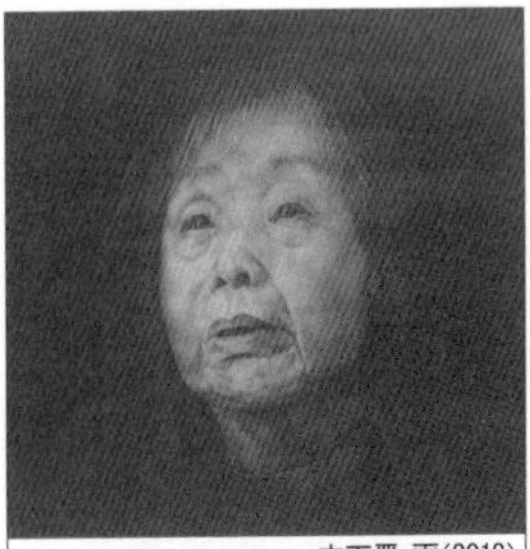

木下晋・画（2018）

藤原書店は、二〇〇四年から一五年にかけて、『石牟礼道子全集・不知火』（全十七巻・別巻一）を刊行している。また、池澤夏樹氏の個人編集版『世界文学全集』には、『全集』で完結した『苦海浄土』（全三部）が、日本人作家で唯一の作品として収められた。しかし、注目が集まってきたとはいえ、まだまだ石牟礼文学が広く知られ、読まれているとは言い難いと思われる。

野村四郎氏

『苦海浄土』（一九六九年、完結二〇〇四年）から『完本 春の城』（二〇一七年）までの作品群で、石牟礼道子は、いわゆる日本の近代文学ではなく、独特の文体と世界を創出した。また、新作能として空前絶後の「不知火」を書き、詩劇、芸能の世界にも大きな衝撃を与えた。

集いの冒頭では、小社社主の藤原良雄より、明年より石牟礼さんの御命日に「不知火忌」を

池澤夏樹氏

催し、石牟礼文学を一人でも多くの人に読んでもらえる〝場〟を作りたい、との挨拶。

続いて、観世流人間国宝の野村四郎師より、鉛筆画家の木下晋氏が描かれた石牟礼道子さんの肖像に向かい、お手向けの謡「卒都婆小町」より。

出席は、相原琢人、赤坂真理、池澤夏樹、梅原晶子、岡田孝子、尾形明子、笠井賢一、鎌田慧、河﨑充代、木下晋、金大偉、栗原彬、鈴木一策、能澤壽彦、野村四郎、ブルース・アレン、三砂ちづる、山本桃子、の各氏（五十音順。その他出演者）。朝日新聞、日本経済新聞、産経新聞、東京新聞等の取材も。義憤にかられ『苦海浄土』収録を決断したという『世界文学全集』編者の池澤夏樹氏、晩年の石牟礼さんと親しく過ごした赤坂真理氏ら出席者全員が一言ずつ、石牟礼さんとの思い出、石牟礼作品への思いを語った。

鎌田 慧氏

会の終盤には、晩年の石牟礼道子さんが渾身の力で朗読された『梁塵秘抄』の謡の録音が初めて公開された。

また会の結びには、笠井賢一氏の演出により、石牟礼道子の作品が舞台として上演された。「六道御前《ろくどうごぜ》」を金子あい氏、「緑亜紀の蝶」を坪井美香、戸室加寿子、なかええみ、渡部美保の各氏が群読。演奏はいずれも佐藤岳晶（三味線、キーボード、歌）、設楽瞬山（尺八ほか吹き物）の各氏。

小説、詩、句、歌、随筆、新作能、新作狂言……あまりにも多様な形で表現される巨大な「石牟礼文学」の全体を、未来に向けてどのように継承していけるのか。重く深い問いを突きつけられたひとときだった。

（記・編集部）

四月新刊予定

＊タイトルは仮題

アナール派心性史の到達点

感情の歴史 全3巻

A・コルバン／J-J・クルティーヌ／G・ヴィガレロ監修

I 古代から啓蒙時代まで

G・ヴィガレロ編

片木智年監訳

発刊

歴史の長期持続を考慮した『身体の歴史』『男らしさの歴史』に続き、シリーズの掉尾をかざる『感情の歴史』。感情生活に関する物質的、感覚的な系譜学という観点から、かつて心性史によって拓かれた道を継承する、アナール派の歴史学による鮮やかな達成。遂に刊行開始。

「原風景」から解き明かす日本の心性

新・風景論

原 剛 写真＝佐藤充男

海、山、川、里山……「風景」は自然そのものではありえず、必ず人間の文化が織り込まれている。生活全体の科学技術化が高度に進展する一方、多くの自然災害の到来により生の基盤が揺さぶられている今、「環境日本学」の提唱者が、アイデンティティの礎としての「風景」を求めて東・北日本を訪ね歩いた軌跡。志賀重昂、小島烏水、上原敬二に連なりつつ、ナショナリズムを超えた第四の「風景」論への挑戦。

「在日」を問い、「日本」を問う詩人の言葉

金時鐘コレクション 全12巻

10 真の連帯への問いかけ 講演集I

「朝鮮人の人間としての復元」ほか ［第6回配本］

在日朝鮮人と日本人の関係を問い直し、差異をふまえた〝連帯〟と〝詩〟を追求する、七〇年代〜九〇年代半ばの講演を集成。日本全国で膨大な講演を行った時期から現在まで一貫している在日論、文学論など。

〈解説〉中村一成

口絵2頁

まどみちおの詩から「生命誌」を語る

中村桂子コレクション いのち愛づる生命誌 全8巻

6 いきる 17歳の生命誌

［第5回配本］

機械論的世界観の生命科学ではなしえなかった、「生きること」を中心にする社会をつくるために、17歳とともに考える。

〈解説〉伊東豊雄

名優であり、最後の文人の集大成！

全著作〈森繁久彌コレクション〉全5巻

内容見本呈

4 愛——人生訓

森繁久彌

〈解説〉佐々木 愛

「ことさら、うまいともまずいとも気づく必要のないところに、人間の生活があるべきだろう」。人生のさまざまな場面で、だれの心にもしみる一言を遺された。［第4回配本］

3月の新刊

タイトルは仮題、定価は予価。

世界像の大転換 ＊
リアリティを超える「リアリティ」
北沢方邦
四六上製 三〇四頁 三〇〇〇円

生き続ける水俣病 ＊
漁村の社会学・医学的実証研究
井上ゆかり
A5上製 三五二頁 三六〇〇円

中国人が読み解く
歎異抄〈中国語訳付〉＊
張鑫鳳 編
四六上製 二〇〇頁 二八〇〇円

高橋和巳論 ＊
宗教と文学の格闘的契り
清 眞人
A5上製 五七六頁 六二〇〇円

雑誌 **兜太** *Tota Vol. 4* 最終号
〈特集〉**龍太と兜太**――戦後俳句の総括 ＊
編集主幹＝黒田杏子 編集長＝筑紫磐井
A5判 二〇八頁 一八〇〇円 カラー口絵8頁

4月以降新刊予定

感情の歴史（全3巻）
A・コルバン／J-J・クルティーヌ／G・ヴィガレロ監修
Ⅰ 古代から啓蒙時代まで ＊
G・ヴィガレロ編 片木智年監訳

新・風景論 ＊
原 剛 写真＝佐藤充男

金時鐘コレクション（全12巻）
10 **真の連帯への問いかけ** ＊
「朝鮮人の人間としての復元」ほか 講演集Ⅰ
〈解説〉中村一成 口絵2頁
月報＝金正郁／丁海玉／吉田有香子／川瀬俊治

中村桂子コレクション
いのち愛づる生命誌（全8巻）
6 **いきる** ＊
17歳の生命誌 〈解説〉伊東豊雄
月報＝関野吉晴／黒川創／塚谷裕一／津田一郎
内容見本呈 口絵2頁

全著作〈森繁久彌コレクション〉（全5巻）
4 **愛――人生訓** ＊
〈解説〉佐々木愛
内容見本呈 口絵2頁

好評既刊書

世界の悲惨 Ⅲ（全三分冊）＊
P・ブルデュー編
監訳＝荒井文雄・櫻本陽一
A5判 四六四頁 四八〇〇円 完結

大地よ！ ＊
アイヌの母神、宇梶静江自伝
宇梶静江
四六上製 四四八頁 二七〇〇円 カラー口絵8頁

いのちを刻む
鉛筆画の鬼才、木下晋自伝
木下晋 城島徹・編著
A5上製 三〇四頁 二七〇〇円 口絵16頁

脱デフレの歴史分析
「政策レジーム」転換でたどる近代日本
安達誠司
四六上製 三二〇頁 三六〇〇円

消えゆくアラル海
再生に向けて
石田紀郎
四六上製 三四四頁 二九〇〇円 カラー口絵8頁

国難来
後藤新平 鈴木一策編・解説
B5変上製 一九二頁 一八〇〇円

＊の商品は今号に紹介記事を掲載しております。併せてご覧戴ければ幸いです。

書店様へ

▼昨年のNHK ETV特集での放送以来、『**いのちを刻む 鉛筆画の鬼才、木下晋自伝**』が話題に。2／19(水)『東京』夕刊「大波小波」で紹介のほか、『サンデー毎日』3／8特大号では岡崎武志さんが絶賛紹介。2／29(土)『朝日』「好書好日」では著者インタビュー。また、3／14(土)にはETV特集でアンコール放送。引き続き大きくご展開を。▼2／11(火)『産経』「東京特派員」欄(湯浅博さん)をはじめ、**後藤新平**が取り上げられる機会が増えています。入門書として、『**国難来**』『**後藤新平の「仕事」**』『**時代の先覚者・後藤新平**』がおすすめです。▼基本中の基本図書『**声の文化と文字の文化**』(19刷)の重版出来。「書く技術」は、人間の思考と社会構造をどのように変えるのかを魅力的に示す名著。在庫のご確認を！▼**P・ブルデュー**社会学の集大成『**世界の悲惨**』(全3分冊)が遂に完結。大きくご展開を！▼3／1(日)『毎日』「今週の本棚」にて中村桂子さんが『**消えゆくアラル海**』を絶賛書評。 （営業部）

三島由紀夫　没五十周年

『三島由紀夫 vs 東大全共闘 *1969-2000*』の映画化!!

3／20（金）よりＴＯＨＯシネマズシャンテ他 全国公開!!

当時激論を交わした前衛演劇のカリスマ芥正彦、小阪修平ら６人が再会し、三島と共有した問題を今こそ賦活すべきと、12時間かけ徹底討論!!

＊本書は、三島没三十周年記念出版

二八〇〇円

話題沸騰！　大増刷！

◇新型コロナウィルスという感染症が問題化する現在、参照すべき最重要文献！

速水 融

日本を襲ったスペイン・インフルエンザ

【人類とウイルスの第一次世界戦争】

歴史人口学の泰斗による、パンデミック研究の圧倒的金字塔。　◎３刷

四二〇〇円

P・ダルモン

人と細菌 17―20世紀

近代医学の最重要事件「細菌の発見」から公衆衛生の確立までを俯瞰。

九五〇〇円

出版随想

▼新型コロナウイルスの影響が世界に静かに拡大してきている。まだまだ感染者や死者は、百年前の「スペイン・インフルエンザ」に遠く及ばないが、パンデミックになる恐れもある、とＷＨＯは、警告を発している。この生物でもなく無生物でもないウイルスという存在は、細胞に吸着すると増殖を遂げていくという厄介な代物である。

▼人間が〝産業革命〟以降、なしてきたことは、自分たちが生息している地球の破滅につながるかもしれない。「快適さ」「便利さ」を追求し、〝開発〟という美名で環境破壊を繰り返してきた。その三百年足らずの歴史の中で、人間は何を生み、何を育ててきたのだろうか。侵略、略奪、破壊……の連続が、今日なお続いている。感染症と人間の壮絶なる闘いの歴史の中で、ウイルスもまちがいなく成長・発展してきたのだろう。

▼「細菌の発見」もたかだか二百年前に顕微鏡が発明されてからのことだ。この細菌学に貢献したのは、〝近代細菌学の祖〟〝感染症研究の祖〟といわれるロベルト・コッホだ。まだこの細菌学が誕生して一五〇年。コレラ菌やペスト菌が発見されてまだ一四〇年にもならない。このコッホの下に、日本から一八九〇年前後に、北里柴三郎や後藤新平が留学した。北里は、帰国後、後藤や福沢諭吉の助力で伝染病研究所を作り、世界に名を残す仕事をした。後藤は、日清戦争後の帰還兵二三万人の検疫という大事業をなした。コレラの上陸を阻止するために、友人、北里の力も借り、約三ヶ月間、四五日不眠不休の大事業。このことが、世界を驚かせ、中でもドイツ皇帝ヴィルヘルム二世から「日清戦争後の検疫の手際には感服した」との大讃辞が送られた。

▼世界中の近代化。特に人口の四〇％以上を占めるアジア地域の近代化の凄まじさの中で、地球の生態系はすっかり狂ってしまったようだ。化石燃料の使用過剰による温暖化は、いまだ止まることを知らず、異常気象や大洪水などが年々頻繁に起きて来ている。こういう中、今回のウイルスの〝変異〟が心配である。専門家がいうように、この四月あたりがピークで、この新型コロナ騒ぎも収まってくれればいいのだが。　（亮）

前にあげた「椅子」と違って空気は疲れたからではなく、それがとても美しいからこしかけているのです。そして、段の数を数えているのでしょうか、とても楽しそうです。

第9章　老いと死を見つめて――細胞の寿命と「れんしゅう」

一九〇九年生まれのまどさんの初めての詩集『てんぷらぴりぴり』が出版されたのが一九六八年ですからそのときすでに五九歳、決して若くはありません。それから二〇一四年に一〇五歳のお誕生日の直前に亡くなるまでに、たくさんの言葉で、老いと死への上手な向き合い方を教えてくださいました。

現代社会は、老いと死をあってはならないことのように見ているところがあります。もちろん年を重ねると、今までできていたことができなくなりますし、体のあちこちに故障が出るので、それはあまりうれしくありません。とくに死は恐いものです。確かにそうなのですが、一方で私たちはだれもが老い、だれもが死ぬことを知っています。それが避けられないものなら、マイナスとしてだけとらえずに、生きることとつなげて考えられないだろうかと思うのです。まどさんは、老いも死もとても穏やかに見つめているように見えます。誤解を恐れず言うならほんの少し楽しそうに見ているような気さえして、そこに学びたいと思います。きっとそれは、いつも小さな生きものの生き死にを正面から見つめながら毎日を大切に暮らしているからではないでしょうか。その一方で、宇宙、自然という大きなものとつながっている感覚をもっていることも、そのような生き方につながっているのだろうと思うのです。六六歳のときの作品を見ます。

どうして　いつも
太陽／月／星／／そして／雨／風／虹／やまびこ／／ああ　一ばん　ふるいものばかりが／どうして　いつも　こんなに／一ばん　あたらしいのだろう／

現代社会が老いや死を避けようとするのは、機械論的世界観をもっているからではないでしょうか。機械は新しいほうがよいとされます。自動車はピカピカに磨いていつも新品のようにしておきます。部品がうまくはたらかなくなったらすぐに取りかえます。そこで人間も機械のように見て、新品がよい――つまり若いほうがよいととらえ、なんとか若く保てるように、ときには若く見えるように努める生き方が一般的になりました。アンチエイジングと言われ、なんとか若くいたい、ときには見かけだけでも若くしようとする努力がさかんに行なわれています。

人間は生きものであって機械とは違いますので、三歳の子どもは三歳として魅力的であり、一〇歳には一〇歳の生き方があるわけで、それを大事にしなければよく生きることにはなりません。二〇歳、三〇歳、四〇歳、五〇歳と年齢を重ねることで、人間としての魅力が生みだされていきます。機械とは違い、時間を経ることがとても大切なのが生きものなのです。

最近は、宇宙も生まれ育っていくもの、地球（星）にも一生があるというように、生きものだけでなく自然界はすべて時間とともに変化していることがわかってきました。そこで、自然をそのまま受け入れていく世界観を、生命論的世界観とよぶことができます。生命ある自然のありようをよく見つめることで生まれてくる世界観であり、まさにまどさんはそれをもって生きていらした方です。ですから、老いや死も素直に見ることができたのです。生命誌は、科学の目をもちながら、まさにまどさんと同じ生命論的世界観をもっているのが特徴です。そこで、生命誌の切り口で老いと死を見ていきます。ここでもまず、細胞とＤＮＡの話をしておかなければなりません。

生命の歴史をさかのぼる

私たちの体は細胞でできており、その始まりは受精卵です。これは母親の卵と父親の精子との間で受精が起きてできあがったひとつの細胞です。細胞には必ずＤＮＡという物質が入っており、人間の体をつくる細胞ではそれが二三対《つい》四六本の染色体という形になっています。卵と精子は生殖細胞とよばれ、染色体がそれぞれ二三本ずつあり、これが合体して受精卵になると二三対四六本になるのです。

染色体をつくっているＤＮＡには「遺伝子」としてはたらく役割があり、染色体の入った細胞の性質、ひいては、その細胞がつくりあげる個体の性質を決めます。一つひとつの個体の始まりである受精卵のＤＮＡは半分が父親から、半分が母親から来るわけで、子どもが両親に似るのは当然と言えましょう。ゾウさんのお鼻が長いのは、母さんのお鼻が長いからというわけです（父さんもです）。

「生きものは、生きものからしか生まれない」（地球上の最初の生命体を除いてですが）という原則があり、お父さんもお母さんもその両親つまり、おじいさん、おばあさんあっての存在です。

そしておじいさん、おばあさんも……ずっとさかのぼっていくと、地球上に最初の生命が誕生した三八億年前まで戻ります。だれを出発点にしても三八億年前に戻ります。生命誌はあなたも私も、この三八億年の歴史があっての存在であるということを基本にしています。

その歴史は細胞を通して受け継がれてきた「あなたの中のDNA（ゲノム）」に書き込まれているのですから、そのDNAを調べて「あなたはどこから来たのだろう、他の生きものたちとどういう関係にあるのだろう、あなたはどのような存在なのだろう」という問いへの答えを探そうと考えています。これはまさに最初に紹介した、まどさんとの出会いのきっかけとなったゴーギャンの絵の問いです。

実は生きものの世界をつくっている細胞には大きく分けて二種類あります。ひとつが大腸菌に代表される原核細胞とよばれる仲間で、これは単細胞生物として存在しています。分裂して倍々ゲームで増えるものすごい繁殖力をもつ細胞だということは第3章で話しました。そして、この細胞には、原則として老化や死がありません。老化をする前に分裂をして新しい細胞になってしまうので、いつもいつも若い。でも一方で分裂までの時間を一生とすると、一時間にもなりません（大腸菌の例ではとてもよい条件の場合二〇分で分裂します）。

もうひとつの細胞が真核細胞です。二五億年ほど前に、大きな原核細胞が、エネルギーをつくるのが得意の小さな原核細胞を取り込んで、少し複雑な姿になった細胞です。DNAは核というところに入れて大切にし、取り込んだ小さな細胞はミトコンドリアというエネルギーづくり専門の役割をする小器官にしました。真核細胞の多くは原核細胞と違い、分裂した細胞が集まる性質をもっています。そこで、多細胞生物が生まれました。「生命誌絵巻」に描いたようなさまざまな生きものが生まれたわけです。

DNAのほとんどはガラクタ？

私たち人間は、多細胞生物のひとつです。細胞の中に入っているDNAの全体であるゲノムについて、ヒトゲノムをはじめさまざまな生きもののゲノムを解読したところ、原核生物と真核生物で大きな違いがあることがわかりました。

DNAがATGCという四つの塩基が並んでいる長いひもであり、ヒトゲノムは塩基が三二億対並んでいることは前に説明しました。この場合、DNAの長さは約一メートル、その中にどういうタンパク質をつくるかを指令する遺伝子が二万個ほどあることがわかりました。生物学者は、長い間タンパク質の構造を決めることが重要なのだから、ゲノムのほとんどがその遺伝子のはたらきをしているに違いないと思っていたのですが、実際に分析してみたら、ヒトの場合、この部分は全ＤＮＡの中のたった一・五％しかありませんでした。機械ではこんなことはあり得ないでしょう。これをどう考えるかという課題こそ生きものの本質を知ることにつながるはずであり、今もその探究は続いています。

宇宙でも暗黒物質、暗黒エネルギーの存在がわかり、既知の物質（バリオン）は四％とわかったことを述べました。私たちの体の中でもこれまでの考え方では説明できないところがほとんどということなのですから、新しい考え方で研究を進めなければなりません。最初、研究者は、九八・五％の方をジャンクとよびました。ガラクタです。けれどもそこには歴史が記されており、その解明から新機能も見えてくるはずです。

実は原核細胞では、ゲノムのほとんどが直接タンパク質の構造を指令しています。大腸菌のゲノムは塩基の数は四七〇万ほど、ヒトの三二億と比べるとなんとも少ない数です。しかもヒトは染色体を対の形でもっているのに、大腸菌はひとつしかありません。ところが遺伝子の数はヒトで約二万四〇〇〇個、大腸菌で四三〇〇個ほどと五倍しか違いません。たったの五倍なのです。小さな大腸菌はムダなところはなしで、ひたすら生きていることがゲノムの様子からも見えてきました。しかも老いと死はないわけです。

ヒトと大腸菌のどちらがよいかなどと比較してもしかたがありませんが、ヒトだけがすばらしいというものでもないとは言えるでしょう。

真核生物でガラクタとよんでいた部分には、いつ、どこで、どの遺伝子をはたらかせてどのタンパク質をつくるか、それをどのようにはたらかせるかという調節の役割をしているところがあることがわかってきました。複雑な系を動かすのには少々のムダは必要だということでしょう。

実はこの複雑な調節にはRNAが重要な役割をしていることもわかってきました。これまで細胞の中ではたらく物質としてDNAとタンパク質を取りあげてきました。実際にはDNAの指令によってタンパク質がつくられるとき、DNAの塩基配列が、いったんRNAに写され、それにもとづいてタンパク質が合成されるのですが、このRNAはDNAとタンパク質をつなぐお手伝い役として、ちょっと軽んじられてきたところがあります。

けれどもタンパク質をつくるお手伝い役のRNA以外にも、さまざま種類のRNAがあり、その中には調節という生きものにとってはとても重要な役割を果たしているものもあることがわかってきたので、近年RNAの株は上がりっ放しです。こういう思いがけない発見があるので、生きものの研究はおもしろいのです。

人間社会も陰で静かに大切なはたらきをしている人が大勢いることで成り立っており、よく似ていると思います。社会も生きものといえるのでしょう。

細胞の寿命

今回のテーマの老いと死に戻ります。このようなゲノムをもつ真核細胞には、原核細胞にはなかった老いと死があります。真核細胞がつくる多細胞生物の始まりである受精卵が分裂して増えながら、それぞれが心筋細胞になったり、脳細胞になったりして私たちの体をつくっていきます。最近の研究では、おとなの体は約三七兆個の細胞でできているとされていますので、倍々ゲームでいくと少なくとも四五回ほど分裂する必要があります。

体ができた後も血液細胞や腸の細胞などは日々新しく生みだされています。このように細胞にとって重要な分裂ですが、真核細胞の場合、いつまでも分裂を続けることはできません。細胞そのものに寿命があり、ヒトの場合、体をつくる細胞になってから二〇〜三〇回の分裂をし、それ以上は分裂できずに死ぬとされています。これが直接人間の寿命になるわけではありませんが、まず細胞自体に老化と死があることは知っておかなければなりません。

では、なぜ分裂できなくなるのか。ゲノムの中で当初ジャンクとよばれたDNAの部分にこれに関わるものがあることがわかりました。細胞が分裂する前に、二三対の染色体の中の

DNAが複製をして倍になり、ふたつに分かれた細胞に元と同じだけの染色体（DNA）を渡します。ところで、染色体の中のDNAのひもの端の部分はテロメアとよばれる特別な塩基配列になっています。具体的にはTTAGGという六塩基がくり返されています。細かいメカニズムは省きますが、複製をすると、この端の部分が少し短くなってしまうのです。

私はここで、編物をするときに細心の注意を払わないと端が短くなってしまうことがよくあることを思い出します。ヒトの場合テロメアのTTAGGG配列は約二五〇〇回くり返しているのですが、一回の複製で五〇〜二〇〇配列を失うので二〇〜三〇回分裂すると、これがなくなってしまうことになります。テロメアがなくなるとそれ以上の分裂はできません。

もちろん、細胞は手をこまねいてはいません。血液をつくる骨髄幹細胞、生殖細胞など分裂を続けなければならない細胞では、テロメラーゼという酵素がはたらいて失われたテロメアを補充します。

これはありがたい、それならこの酵素を活発にはたらかせるようにすればよい、そうすれば細胞の寿命、ひいてはヒトの寿命も延びるのではないか、とだれもが考えるでしょう。

ところが、そこで調べてみると、この酵素が最も活躍しているのはがん細胞であることがわかりました。がん細胞は、分裂してほしくないのに分裂を続けて腫瘍を大きくしてしまうわけですから、テロメラーゼがあってよかったと喜んではいられません。つまり、何事にもけじめが必要であり、その結果寿命ができたのだということです。生きものの世界は微妙な調節の世界だとつくづく思います。

いずれにしても、私たちの体をつくる細胞には寿命がある。つまり、真核多細胞生物になって個体が生まれたときに、そこには老化と死が生まれ、自分自身は消えて生を次の世代に譲るというしくみができたのです。ちなみに、このとき同時にオスとメス、つまり性が生まれています。私たちは、分裂して自分とまったく同じ娘細胞（なぜか細胞の場合、分裂前を母《ぼ》細胞、分裂後は娘《むすめ》細胞とよびます）をつくって続いていくという生き方でなく、受精をして唯一無二の新しい個体を生むという生き方を選んだ生きものとして、老いと死を引き受けたわけです。

生が誕生したときには本来死は存在せず、性とともに死が生まれたという事実は生きものを考えるときの大事な事実です。このようにして与えられた寿命をまっとうすることが生きることである。生命誌はこう教えてくれます。

もちろん老いることはうれしくありません。年齢を重ねると、耳も目も手も足も頭も、少しずつ言うことを聞いてくれなくなりますし、病気も多くなります。でもこの間、かかりつけのお医者様に言われてなるほどと思いました。新品の自動車のつもりでいると、エンジンがちょっと具合悪い、ハンドルもガタガタしてきてダメだとなってしまう。でもこれまで仲良くしてきた車なんだ。ちょっとポンコツでも上手につきあっていこうと思うと、思い出のつまった大事な車です。それと同じです。時々の油もれくらい大丈夫。これから何十年も使おうっていうんじゃないのですから、というわけです。

私たちも、健康診断をすると新品との比較で数値が悪いと言われて落ち込むけれど、ずっとお世話になってきた体なのだから、少し具合が悪くてあたりまえ、事故のないように先生に支えてもらいながら運転すればいいのだとやけに納得しました。

そして、まどさんが一〇四歳で亡くなる少し前の言葉を思い出しました。

「人間は、赤ん坊に生まれて年取って、もうろくして死ぬが、一生のうち、どの部分をとっても、全部が貴重なんですよ。「いま」がその、いちばん最後の時期。最後には最後のね、それまでになかった魅力がありましてね。いま、私は、お年寄りらしい最後の仕事をしているんですよ。」

(『100歳の言葉』より)

みんながこのようにして生きていけたらよいと思います。

喜んでいるのだろう

犬は喜んでいるのだろう／自分がちょうど犬くらいに／犬にして貰えていることだけは／／雀も喜んでいるのだろう／自分がちょうど雀くらいに／雀にして貰えていることだけは／／へビもアリもタンポポもスミレも／みんなめいめいに喜んでいるのだろう／自分がちょうど自分くらいに／自分にして貰えていることだけは／／で　人間よ／もちろん　きみも／喜んでいるのであってくれますように！／自分がちょうど人間くらいに／人間にして貰えていることを／／そして　そのうえに／犬も雀もへビもアリもタンポポもスミレも／そのほかのどんな生き物でもが／みんな　ちょうどその生き物くらいに／その生き物にして貰えていることをまでも／

生きるのはプロセス

生命誌は、「生きものは長い歴史の中で、唯一無二の個体を生みだすと同時にその個体に老いと死を組み込みました」とサラリと教えてくれます。この事実を知っても、もちろん老いと死をサラリと受け入れられるわけではありませんが、まどさんという先輩の生き方に学び、自分なりに受け止めていこうと思っています。

生きるということはプロセスである。生命誌は、こう教えてくれているのです。先に引用したまどさんの言葉そのままです。まどさんは、私は科学などとんと存じませんとおっしゃいますが、ふしぎなことに生きることについての考えはいつも生命誌と同じところに行きつきます。死は事前に体験できないものであるだけに、恐さを克服するのはむずかしいですが、生と死という形でくっきりと対立しているものではなく、生きていくという大きな流れの中に死もプロセスとして組み込まれているものと受け止めることはできます。できるというより、生命誌は生と死をそういうものとしてとらえるようにと教えてくれるのです。ここで考えたいのは、私たちが日常生きていることを支えている死がたくさんあるということです。

母親の子宮の中で受精卵から私たちの体ができていくときにも、そこには死があります。手と足ができるとき、最初は指が結合組織でつながっており小さなしゃもじのような形になっています。一本一本の指に分かれていません。発生が始まってから四一日目から五六日目の間に、指の間の組織で遺伝子がはたらき始め、そこの細胞が死に、独立した五本の指をもつ手足ができあがります。あらかじめ決められたこのような細胞死を、アポトーシスとよびます。

アポトーシスは、線虫という小さな生きものでよく調べられています。この生物は、受精卵から体ができあがっていく途中で一〇九〇個の細胞ができますが、その中の一三一個は死に、最終的には九五九個の細胞をもつ成虫になるのです。たとえば、神経細胞については、まず四〇五個の前駆細胞が生まれ、そのうち一〇三個が死に三〇二個が神経細胞としてはたらくことがわかりました。人間の脳でも線虫ではたらくのとよく似た構造をもつ酵素がはたらいていますから、神経細胞がきちんとはたらくようになるためには同じようなアポトーシスが必要に違いありません。

細胞でなく個体の死に向きあうこともあります。細胞は二三対の染色体をもち、それを倍に増やして分裂する細胞に半分ずつ渡していきます。

ところが、生殖細胞ができるときは、普通の細胞分裂と違い、染色体を二倍に増やしてから分裂するのではなく、二三対がそのままふたつに分かれ、卵または精子になります。卵と精子には二三本ずつの染色体が入っていることになります。卵と精子は後で合体して（受精）二倍になるので、生殖細胞の段階では半分でなくてはならないのです。これを減数分裂といいます。この分裂のときにエラーが起こることがあります。

たとえば、二一番染色体の対を分けるときにひとつの卵にふたつの染色体が入り、精子からのものと合わせて三本の二一番染色体のある細胞をもつことがあるのです（トリソミー）。これがダウン症の原因になります。その他一八番と一三番の染色体でもトリソミーが見られますが、この場合は生後一年間を生きるのがむずかしい状況です。これ以外の染色体でのトリソミーの場合は、胚の段階で死んでしまって生まれることができません。

新しい生命が生まれるまでのプロセスの複雑さを見ると、生まれることがどれほど大変なことかと思います。ダンスの大好きなダウン症の女の子とお友だちになりました。一緒に体を動かすととても楽しく、だれもがたくさんの死がある中で生まれてきた大事な存在なのだから、一緒に思いきり楽しく生きようと思います。

このように、さまざまな形で生きることと死ぬこととは密に関わりあっているのであり、生と死を単純な対立概念ととらえることはできません。そこでまどさんは言います。

れんしゅう

今日も死を見送っている／**生まれては立去っていく今日の死を**／**自転公転をつづけるこの地球上の**／すべての**生き物**が　生まれたばかりの／今日の死を毎日見送りつづけている／／なぜなのだろう／「**今日**」の「**死**」という／とりかえしのつかない**大事**がまるで／なんでもない「**当り前事**」のように**毎日**／毎日くりかえされるのは　つまりそれは／／ボクらがボクらじしんの**死**をむかえる日に／あわてふためかないようにとあの／やさしい天がそのれんしゅうをつづけて／くださっているのだと**気**づかぬバカは／まあこのよにはいな

いだろうということか／

自分の死も、身近な人の死も平静に受け入れるのはとてもむずかしいことですが、三八億年という長い生きものの歴史の中での死のありようを知り、生きることの中に死が入り込んでいることを知る意味は大きいと思います。死は一人ひとりがその人らしく生きることを支えるものとして存在し、しかも一人ひとりの誕生の陰にはたくさんの死があるということを噛みしめたいと思います。

次の世代へ譲る営み

ＮＨＫラジオの「子ども科学電話相談」で幼稚園に通っている小さなお子さんに「人はなぜ死んじゃうの」と聞かれたときも、この話をしました（本コレクション第五巻参照）。科学は〝なぜ〟（自然の動機や目的）に直接答えることはできません。まどさんの〝？〟と〝！〟で生きる姿に共感しますが、科学は〝なぜ〟と思ったら、それを何がどうなっているのだろうという問いに変えます。Why? という問いを What と How にするのです。ですから「なぜ死ぬの」という問い（私も同じ問いをもっています）が生まれたら、細胞やＤＮＡを通して生きるってどういうことだろう、と考えることで死の意味を問うていくのです。

すると、生きもの全体として生きることを続けていく中で、個体は死に、次の世代へとつなげるという生き方が出てきたのだということがわかりました。「科学相談」でしたから、小さな子どもにもこれを伝えることにしました。一人ひとりは死んでしまうけれど、お父さんやお母さんのいのちは子どものいのちとなって続いていくので、子どもたちが思いきり生きることが大切なのだ、と。むずかしい内容ですが、話をしているときの言葉のやりとりで幼稚園児にも気持ちは通じたと感じました。

ここで、すべてを取りあげることにきめた「蚊」の詩から、死に関係しているものを見てみましょう。

カ

ある　ひとが／ふと　あるひ／手にした　ほんの／とある　ページを　ひらくと／あるぎょうの／とある　かつじを　ひとつ／うえきばちに　して／カよ／おまえは　そこで／花に　なって／さいている／／そんなに　かすかな　ところで／しんだ　じぶんを／じぶんで　とむらって…／

蚊

蚊は死にました／自分を　死なせたものの／てのひらのうえに…／／一りんの／まっ赤な花を残しておいて…／／―お返しいたします／あなたの中を流れていたものを／たしかにあなたへ…と／／それが　死んでいくものの／生きているものへの／礼儀でもあるかのように…／

蚊が飛んできたらパシッとやります。最近はマラリアやデング熱などこれまで日本にはなかった病気の病原体を運ぶ蚊もいるようですから、ここはたたかないわけにはいきません。でもその後、その蚊のいのちのことを考える人はあまりいないのではないでしょうか。そこがまどさんのまどさんたるところです。この詩を読むと、小さないのちを通して死を考えてみることがとても大切であることにだれもが気づくのではないでしょうか。

生命誌を研究している私の場合、なるべく小さな生きものも殺さないようにはしています。たとえばアリが入ってきたときにはしばらくアリに向けてお話をしているとたいていい自分たちでどこからともなく出て行ってくれます。でも蚊はそうはいきません。でもあなたも三八億年かけて生まれてきたのねと思いながらたたく。言い訳のようですが、死は避けられないという事実に向きあいながら、生きるむずかしさを自分なりになんとか納得し、生きていくことに、詩も科学も生かせるのはすばらしいことです。

第10章　いることのすばらしさ——生きものの進化と「ぼくがここに」

まどさんが、自分が書いてきた詩の中でどうしても書かずにおられずに書いたもので、一番心にかかっていると語っている詩があります。

ぼくが　ここに

ぼくが　ここに　いるとき／ほかの　どんなものも／ぼくに　かさなって／ここに　いることは　できない／／もしも　ゾウが　ここに　いるならば／そのゾウだけ／マメが　いるならば／その一つぶの　マメだけ／しか　ここに　いることは　できない／／ああ　このちきゅうの　うえでは／こんなに　だいじに／まもられているのだ／どんなものが

どんなところに／いるときにも／／その「いること」こそが／なににも　まして／すばらしいこと　として／

どんなものも、みんなそれが「いること」に意味があると言っていただけるのはありがたいことです。最後の「その「いること」こそが／なににも　まして／すばらしいこと　として」という三行は、ちょっと失敗をして落ち込んでいるときに思い出すと励みになります。「いること」でいいのだ、とても大事に守られて私という存在があるのだと思うと落ち着きます。

何ができますとか、背が高いですとか、お金を持っていますとか……どれも関係ありません。「いる」ことに意味があるのです。それですべてよしかと言えばなかなかそうはいきません。生きていると、次々と悩みが生まれ、さまざまななぜが生まれてきます。でもそれでもよい、いや、それがよいのです。

まどさんも『百歳日記』で「いのちがあるというのは、何かを考えていることなんじゃないかと思っております」と書いていらっしゃいます。まどさんの場合、それを書かずにおれない気持ちになって詩が生まれるわけですが、私たちも同じように考えているので、自分では上手に表せない気持ちを優しい言葉で書いてくださるまどさんの詩に共感するのでしょう。そんな詩人がいてくださるのは幸せなことです。

存在することへの畏れ

そこで「いることに意味がある」ということをもう少していねいに考えてみます。と言ってもむずかしいことは苦手なので、日常の中で考えます。このようなことを考える学問として哲学があります。でもこの言葉を聞くと、とにかくむずかしそうだという気持ちが先に立って逃げていました。でもあるとき、哲学者の今道友信先生がていねいに教えてくださったことは私の基本として大切にしています。

今道先生は、「生きものを研究し、生きていることを知りたいと思ったら哲学が大事だよ」と何度もおっしゃって、基本をひとつ教えてくださったのです。「科学者はよく好奇心というけれどそれはダメ」と厳しくおっしゃいました。子どものころ、よく学校の先生から好奇心をもちなさいと言われましたから、それがダメと言われると困ります。そこで辞書を引くと「珍しい物事、未知のことがらに対する興味」とあります。

珍しいものに興味をもつのはあたりまえ。珍しくなくても普通にいることとそのこと、あるものそのものに意味があるのだから、そこに目を向けて本質を問うのが大事だと今道先生はおっしゃっているわけです。確かにそのとおりです。毎日の暮しを大切にし、そこで考えることこそ大事だというのが哲学であるのなら、詩と科学だけでなく哲学も日常のものにしていかなければいけないと少し心を入れ替えました。

今道先生から、目を向けなければならないのはギリシャの哲学者アリストテレスが言った「驚きから学問が始まる」という言葉であることを教えていただきました。日常語として「驚く」というとびっくりすることになりますが、この驚きはそうではありません。ギリシャ語ではタウマゼインと言い、タウマは「偉大なもの」ということです。偉大なことに心を動かされるのが驚きです。しかも、この偉大は普段思っている、「偉い」や「大きい」とは違います。ここでまどさんの詩「木」を見てみましょう。

木

木が　そこに立っているのは／それは木が／空にかきつづけている／きょうの日記です／／あの太陽にむかって／なん十年／なん百年／一日一《じつ》ときの休みなく／生きつづけている生命《いのち》のきょうの…／／雨や／小鳥や／風たちがきて／一心に読むのを　きくたびに／人は　気がつきます／／この一つしかない　母の星／みどりの地球が／どんなに心のかぎり

／そこで　ほめたたえられているかに／／人の心にも／しみじみ　しみとおってくる／地球ことばなのに／宇宙ことばかもしれない／はるかな　しらべで…／

ここでの木は偉大です。何十年、何百年と立っている木ですからきっと大きいでしょう。でもここで大事なのはただ大きいということではなく、宇宙、地球とつながった存在として、そこに立ち続けてきたことなのです。今道先生は、このような偉大さを知ると「賛美」の気持ちがわくでしょう、とおっしゃいました。「憧れ」の気持ちもわき、それは「畏れ」にもつながるでしょうとも語ってくださいました。

タウマゼインを「存在驚愕」と訳している本もあります。まさに存在することそのことが驚きだという意味です。今ここにいることとそのことがすごいことなのです。存在することそのことへの賛美、憧れ、畏れをもって生きよう。哲学はそう教え、まどさんは詩でそれを示しています。

生命科学は好奇心で進められており、そこには、ちょっと上から目線の、生きものを理解してやろうという気持ちが見えます。生命誌はそうではなく、生きていることそのこと、生きものそのものへの賛美、畏れを基本にする知にしたいと思います。偉大なものとは、大きなもの、覆い被さるようなものではないことはすでに述べました。むしろ小さなものがいっしょうけんめい生きている姿を見たときにすばらしいと思うことがよくあります。ときに畏れを感じることもあります。

マウスとハエとクモ、共通点は何？

まどさんの詩の中には「蚊」がたくさん登場するので、『まど・みちお全詩集』にあるものは、みな取りあげたいと言いました。「蚊」が主題でないところにもそれは登場します。

とおい　ところ
ゆうがたの／ひさしの　そらを　みあげると／くものすに／カと　ならんで／ほしが
かかっている／／ああ／ほしが／カと　まぎれるほどの／こんなに　とおい　ところで／
わたしたちは　いきている／／カや／クモや／その　ほかの／かぞえきれないほどの／い
きものたちと　いっしょに／

カとともにクモが登場したのでちょっと寄り道をします。生命誌研究館ではクモの研究をしています。クモも、あまり好きでないとおっしゃる方の多い生きものです。でもクモの赤ちゃんの生まれるところを見たら、とてもかわいくて好きになると思います。研究館へ一度見にいらしてください。お母さんのクモが産む卵嚢《らんのう》とよばれる袋の中には二〇〇個もの透きとおったきれいな卵が入っていてそこから小ちゃなクモが一斉に生まれます。「クモの子を散らす」という言葉がありますけれど、まさに一斉です。これはとても研究に向いています。透きとおった中で一斉に体ができていく様子を観察できるのですから。

多くの生きものの体は節に分かれています。私たちの背骨も節に分かれているので、体を曲げてお辞儀ができます。もし上から下まで一本の骨だったら体が固まってしまい何もできません。クモは節足動物といって昆虫と同じ仲間であり、体の中の骨ではなく外骨格をもっています。節足動物の外骨格にも節があります。卵の中で分裂が起き、増えていく細胞が体をつくっていく動きを見ていると、まず背腹《はいふく》の違いができ、次いで頭とお尻、つまり前後の違いができていく様子が見えます。

そして節が縞のようにできていくところを見ると、クモの場合、体の部分によってでき方が違うことがわかりました。クモの頭の部分は一本できた縞が分裂して二本に増えるというでき方で節が増えていきます。胴体は複数の縞が一度にできます。そして尾のほうでは揺れ動きながら縞ができあがっていきます。小さな体の中で見られるこのような区別が、実は、頭はクモ特有、胴はショウジョウバエ（昆虫）と同じ、尾はマウス（脊椎動物）と同じという興味深い様子を示しているのです。縞づくりに用いられる遺伝子はどの動物でも同じです。

動物は大きく脊椎動物と節足動物に分かれました。クモは節足動物の中では昆虫よりも祖先型に近いので、脊椎動物ともつながる性質を示しているのではないかと考えられます。

小さなクモの赤ちゃんの中にさまざまな生きものたちの関係が示されているわけで、お互いの同じところ、違うところを比べていけば、これらの生きものの共通の祖先が見えてくるだろうと期待しています。クモの赤ちゃんは生きものの歴史のことなど考えてはいないでしょう。ただただ生きているだけです。でも自分の中に長い長い歴史を入れている。だからこそクモとしてそこにいることができるわけです。どの生きものも、いることそのものがすごいことなのだとは、研究を進めるたびに思います。そして、私もその生きもののひとつなんだぞ、と思うのです。

ついでにもうひとつ。脊椎動物は体の中に骨があるのでどんどん大きくなり、ゾウさんも生まれました。一方、外骨格の節足動物は大きくなれません。でも小さいという特徴を生かして、さまざまな場所に入りこみ、ものすごく多様化しました。その多様な生きものたちの一つひとつが、私たちのいることとつながっているのです。

極小な細胞の偉大な一歩

まどさんの詩は小さなものの偉大さについて語ってくれます。それをありがたいと思いながら科学の目でさらに小さな世界をのぞいてみます。ときには、科学だからこそこんな小さなものの偉大さがわかるのですよと、こちらからまどさんに語りかけたいので。

登場するのは「ミトコンドリア」です。生命誌では、すべての生きものは三八億年前に誕生した細胞を祖先とする仲間であることを基本に置いています。三八億年の歴史はいずれも興味深いのですが、中でもエポック・メイキングともよべる画期的なできごとがいくつかありました。すぐに気づくものとして人間の誕生があることは確かですが、実は二五億年ほど前に、これがなければ人間（生物学ではヒトとよびます）も生まれてこなかった、というとても大きなことが起きました。前回もお話しした「真核細胞の誕生」です。二五億年前というとんでもない昔に、肉眼では見えない小さな細胞で起きたことですから、専門外の方は、なかなか大変なことだとは思われないかもしれませんが、生命誌の中では一番大きなできごとと言ってもよいかもしれません。

細胞についてはこれまでもあれこれ話してきましたが、おさらいを兼ねて最初から始めます。

地球上に最初に登場した細胞はひとつの細胞が独立に暮らす単細胞生物でした。原核細胞です。しばらくするとそれは二種類の細胞になりました。ひとつが真正細菌（バクテリア）、もうひとつが古細菌です。真正細菌は、大腸菌、ビフィズス菌など、私たちの体内や身近なところで暮らしている仲間です。一方、古細菌は、海底や地中など圧力や温度が高いところにいることの多いちょっと変わった仲間です。そこで古細菌と名づけられましたが、決して古臭いわけではなく、真正細菌とともに歴史を重ねてきました。

そして二五億年ほど前に少し大きめの古細菌がのみこんだ小さな真正細菌が、古細菌細胞の中で暮らしはじめたのです。通常、のみこまれたものは消化されますが、たまたま消化されずに生き続けました。内部共生と言います。こうして生まれた細胞が真核細胞で、この細胞の誕生がエポック・メイキングとよびたいことがらなのです。その理由は、真核細胞は分裂しても別々に分かれず、つながりあってひとつの塊になる性質をもったからです。こうして、今私たちの肉眼に見えるさまざまな生きものたちが生まれ、その中で人間も生まれてきたのです。多細胞生物です。

ここからは少々めんどうな話ですがもう少しつきあってください。ここでのみこまれたのは

γ《ガンマ》プロテオバクテリアという真正細菌で、これが真核細胞の中のミトコンドリアになります。ミトコンドリアという名前は第9章でも出てきました。私たちの体をつくっている細胞の中でエネルギーをつくる役割をしています。発電所です。私たちの食べたものはミトコンドリアでエネルギーに変えられ、それが私たちが生きることを支えているのです。朝食をとって、さあ今日も元気にはたらくぞとか、久しぶりにテニスをしようと張りきるとき、細胞一つひとつの中にあるミトコンドリアがエネルギーをつくってくれていることを思ってください。

ついでに加えるなら植物細胞の場合、さらにシアノバクテリアという真正細菌をのみこんで葉緑体にしました。これは光と水と二酸化炭素からでんぷんをつくり、地球上の生きものたちの栄養源を供給してくれる、いのちの素づくりのような能力をもっています。私たち動物はそれを食べて暮らすわけで、植物さまさま、実は葉緑体さまさま、さらに戻ればシアノバクテリアさまさまです。私たちが「いること」の陰にはこんな小さなものたちの「いること」があるのです。

変異はみんながもっている

まどさんが「ぼくがここに」を書かれたのはかなり年をとられてからです。ぼくがここにいるのは、それほど大事にぼくが守られているということなのに、人間はその恩を忘れて他の存在を脅かすことばかりやっている。そのような現在の社会を見て、どうしても書かずにいられなかったのだそうです。そこで、本当は以前に書いた「リンゴ」の詩と同じことなので書く必要はなかったのですが、とも言っておられます。

リンゴ

リンゴを　ひとつ／ここに　おくと／／リンゴの／この　大きさは／この　リンゴだけで／いっぱいだ／／リンゴが　ひとつ／ここに　ある／ほかには／なんにも　ない／／あ　ここで／あることと／ないことが／まぶしいように／ぴったりだ／

リンゴの「あることと／ないことが／まぶしいように／ぴったりだ」と「「いること」こそが、なににもまして／すばらしいこととして」という言葉をもう一度噛みしめたいと思います。

最近、障害者はいないほうがよいという発想で施設で暮らす人を殺すという事件がありショックを受けました。これはあまりにも極端な例であり、これ以上言及しませんが、「いることのすばらしさ」とまったく反対の発想です。まどさんの詩を読んでいたらそんな考えはもたなかったろうにと残念です。すべての人が蚊の死にも心を向けるような気持ちをもって生きてほしいと強く願います。

だれもがその人独自のゲノムをもっており、それがすべての人が唯一無二であることを支えていることは、すでに述べました。ヒトのゲノムDNAにはATGCという四種の塩基が三二億対も並んでいるので、細胞が分裂するたびに三二億対の並びを間違えずに、そのまま複製しなければなりません。三二億個の文字を写すことを考えたら、一文字も間違えないなんてできないとはじめから諦めてしまう数です。毎日それをくり返しているDNAは間違えることがとても少なく、しかも細胞内には間違いをチェックする校正係もいますので、幸い最後まで残る間違いは少ないのですが、それでも間違いをすべてなくすわけにはいきません。

そのうえ、環境には紫外線をはじめとし、さまざまな化学物質や放射線などDNAに間違い（変異）を起こす要因がたくさんあります。私たちがDNA（ゲノム）を基本にして生きている限り変異は避けられません。しかもそれがあるからこそ進化が起き、新しい生きものが生まれるのです。もしDNAがまったく変わらないものだったら、今も最初に生まれた小さな単細胞生物しかいなかったでしょう。私たち人間が存在するのは、DNAに変異があったからこそです。こう考えるとこれを間違いと言ってはいけない、これは生きていくこと、そのことなのだと思えてきます。

ところで、このような変異はある確率でだれの中でも起きますので、生きるのに大事な役割を果たす遺伝子でそれが起きてしまうことがあります。その社会でその不都合をカバーできないようなとき、それを障害とよびます。私の場合小学生のころに視力〇・〇一という強度の近視になり、裸眼での生活は無理になりました。強い眼鏡をかけるのはとてもいやでしたが、でも眼鏡をかければ通常の生活ができるのですから、ありがたいことでもありました。もし眼鏡がない時代に生まれていたら大変な障害を抱えて生きたのだろう、もしかしたらちゃんと生きられなかったかもしれないと考えることがよくあります。

つまり、DNAに支えられて生きているということは、障害を抱えて生きていくということなのです。障害を否定することは生きものとして生きていくことを否定することと同じになります。つまり大事なのは、障害が障害としてマイナスにならない社会をつくっていくことなのです。現在の社会では、健常者と障害者を区別する状況がありますが、私たちすべてが障害を抱えているというのは、生物学が明らかにしていることなのですから、本来この区別はないということは第4章で述べたとおりです。

「「いること」こそが／なににもまして／すばらしいこととして」。この言葉の意味をよく考え、近年急速に進歩している技術を、だれもが普通に暮らせる社会づくりに活用しながら、生物学が明らかにしたことを生かす社会にしたいと思います。

第11章　こころを考える──技術の進歩と「ものたちと」

おもしろいことに気づきました。まどさんの書いた詩には、「こころ」という言葉がないということです。もちろん隅から隅まで調べてひとつもないと言いきるのではありませんが、少なくとも『まど・みちお全詩集』の索引に「こころ」はありません。

実は、これまで何度も引用してきた『どんな小さなものでもみつめていると宇宙につながっている──詩人まど・みちお１００歳の言葉』というまどさんの言葉を集めた本に、一か所だけ見つけました。

「小さければ小さいほど、それは大きなモノになる。そして、その小さなモノを見た時に、胸をつかれたように驚いて。……なんでもないものの中に、こんなにすばらしい内容があったのかと、そんな驚きを感じることが、詩を書く心、絵を描く心です。私たちがアートと言い慣らしているものの全ては、そうした感情につき動かされて生みだされたものだと思うのです」。

詩を書く心、絵を描く心と具体的な形で出てきており、抽象的な「こころ」はこの本の中にも出てきません。手元に『まど・みちおのこころ』（佼成出版社、二〇〇二年）という本があり、そこではまどさんの世界が大好きな六人が自分の好きな詩を取りあげながら、まどさんへの思いを語っています。実は私もその六人の中のひとりです。編集者が「こころ」とよびたいものがまどさんにはたっぷりあることはだれもがわかっています。でもこの本の中にも「こころ」という言葉は出てきません。これってとても大事なことなのではないでしょうか。

ここでまた蚊に登場してもらいます。

蚊

蚊も亦《また》さびしいのだ。螫《さ》しもなんにもせんで、眉毛などのある面《かお》を、しずかに触りに来るのがある。

蚊が自分の体のどこかに止まっているのを知ったら間髪を入れずパシッとやるのが普通で

しょう。なんにもせんでいる蚊に気づき、さびしいのだろうと思うまどさん。これこそ「こころ」です。この光景を思い浮かべると、なんにもせんでいる蚊のほうにもこころがあるように思えてきます。どこにもその言葉はありませんけれど。

心の理論

このように、どこにもこころとは書いてないけれど読んでいると自分のこころが動いていると感じるのがまどさんの詩なのです。こころってそういうものではないでしょうか。こころを大切にと大きな声で言ったり、こころはどこにあるのかと探したりするのではなく、気づかないうちにはたらいていることが大切なのです。

さくら

さくらの　つぼみが／ふくらんできた／／と　おもっているうちに／もう　まんかいになっている／／きれいだなあ／きれいだなあ／／と　おもっているうちに／もう　ちりつくしてしまう／／まいねんの　ことだけれど／また　おもう／／いちどでも　いい／ほめてあげられたらなあ…と／／さくらの　ことばで／さくらに　そのまんかいを…／

さくらは日本人が大好きな花ですから、毎年三月の半ばころから開花はいつごろですとか、ここが満開になりました、という情報がたくさん流れてきます。見ごろの週末など、お花見で大賑わいです。でもなんだか私たちがワイワイ騒いでいるだけで、「さくらのことばでさくらをほめてあげ」てはいません。さくらの言葉でなくてはさくらにはわかりません。

みんなでお花見を楽しむので、花の中でもさくらは大事にされる人気者だ、さくらが喜んでいると思い込んでいるだけで、どれもこれも人間の勝手な行為だと気づきました。本当にさくらの気持ちになってはいないことにも。さくらは大騒ぎされればされるほど、寂しいかもしれません。まどさんの詩は、こころは相手の気持ちや相手の立場になったときにはたらくものなのだ、と語っています。今年は、まどさんにさえできていない、さくらの気持ちになってさくらをほめるということをやってみたいと思います。

このように、相手の気持ちを思いながら行動することを、科学では「心の理論」とよびます。それを実証するための実験があります。

ふたのついたふたつのかごのひとつにお人形が入っています。Aちゃんはそれを見てから外へ遊びにいってしまいます。その間にBちゃんが来てお人形を別のかごに移します。それを見ていたCちゃんに、Aちゃんが帰ってきてお人形を出そうと思ったら、どちらのかごを開けるでしょうと聞きます。Cちゃんはお人形の入っているかごを知っています。でもAちゃんはお人形が移されたことを知らないのですから、元のかごを開けるはずです。Cちゃんが三歳を超えていればAちゃんの気持ちになって、最初にお人形の入ったかごを開けると答えます。相手はこう考えるはずだと相手の気持ちになれるわけです。

目には見えない相手の気持ちを仮定してこうではないかと推論することは人間に特有の能力です。三歳くらいになると、人間として行動できるようになるわけです（最近、目の動きで言葉の話せない二歳児がすでにこの能力をもっていることを示した実験もあります）。でもこれが心だとすると、「こころ」は人間にしかないことになります。しかも、科学研究はそのはたらきをするのは人間の脳であり、したがって心は脳にあると考えます。確かに、仮定や推論をするのは人間の脳のはたらきでしょう。そしてそれを「こころ」とよぶのはよいと思います。

でもそれだけが「こころ」かどうか。さくらをほめてあげないとさくらが寂しがっているだろうと思っているまどさんは、さくらにもこころがあると思っているに違いありません。

さらにこんな詩もあります。

つぼ・1
つぼを　見ていると／しらぬまに／つぼの　ぶんまで／いきを　している／

さくらやつぼにこころがあるだろうかと、その中を探してもこれがこころですというものを取りだせはしないでしょう。でもさくらにもつぼにも「こころ」を感じます。こう考えてくると、「こころ」はどこかにあるものではないということに気づきます。さくらやつぼに対して私たちが優しくなれば、そこではたらくものが「こころ」だとわかります。私たちとさくらの間、私たちとつぼの間でこころがはたらいているのです。

まどさんの詩は、私たちのだれもが優しさをもっていることに気づかせ、私たちのこころをはたらかせてくれます。蚊もさくらもつぼも私たちの優しさを引きだし、自分に優しさがあることを気づかせてくれます。こころはそれらと私たちの間にあるのです。そういえば、まどさんの詩に「こころ」という言葉は出てこないけれど、「優しい」という言葉はあります。

びわ
びわは／やさしい　きのみだから／だっこ　しあって　うれている／うすい　虹ある／

ろばさんの／お耳みたいな　葉のかげに／／びわは／しずかな　きのみだから／お日《ひ》に
ぬるんで　うれている／ママと　いただく／やぎさんの／おちちよりかも　まだ　あまく／

これにはメロディがついていますので、歌うと本当に優しい気持ちになります。こころが豊かになります。

生命誌が考えるこころ

まどさんに教えられながら、生命誌の中で「こころ」を考えます。生命誌でいのちについて考えているうちに、現代社会がいのちを大切にするという気持ちを失っているとしか思えないのはなぜだろうと考えるようになりました。

何度もくり返すことになりますが、生きるということは時間を紡ぐことです。生まれてから死ぬまで、日々を生きていくことが時間を紡いでいるとはだれもが実感していることでしょう。その過程を一人ひとりが充分楽しみながら今、大事なことは何かを考え、その実現に努めるとき、生きていると実感できるのだと思います。

ところが、今の社会は、効率を重要な価値としています。何でも早くと求めます。機械は効率化のために開発されるもので、そのおかげで暮しが便利になりました。食事の支度、掃除、洗濯という毎日の仕事が楽になりました。でも、そのために人間まで急《せ》かされることになってしまいました。

ミヒャエル・エンデの『モモ』（岩波書店、一九七三年）はそれを考えさせるお話です。モモは町の人気者です。何を持っているのでもない、何かをするのでもない。ただただみんなの話をじっくり聞くだけです。するど、「ばかな人にもきゅうにまともな考えがうかんできます」とエンデは書いています。だれでもそうなるというエンデの思いでしょう。そこへある日、灰色の男たちが現れます。彼らは時間銀行をつくり、みんなに時間を預けさせます。

その結果、余分な時間がなくなり、忙しくなった人たちは、モモのところへ来なくなりました。そして、町は荒れていきます。忙しいという字は心を亡《な》くすと書きます。みなの心がなくなったのです。「こころ」とは何かと問われても答えられませんが、この文字「忙」が示すように「こころ」には時間が必要ということは明らかです。生きることが時間を紡ぐことなのですから、生きることと「こころ」とは重なっています。

ここで失われているもうひとつは「関係」です。モモとの時間を大切にしていた床屋さんは、忙しくなって、もうモモとお話をしません。ふたりの関係は切れてしまったのです。ひとりでは生きられないのは当然ですし、人間だけでなく他の生きものたちとの関係あっての私たちです。宇宙の中にたったひとりぼっちの自分を考えるとちょっと恐くなります。もっとも、関係はときにめんどうなものです。一番近い関係にある家族を考えても、うるさいなあ、うっとうしいなあと思うことはだれにもあるでしょう。でも、子どものころうるさいなあと思った母親の言葉をありがたく思い起こすおとなはたくさんいるはずです。

こうして、こころとは何か、こころはどこにあるのかという問い方をやめて、私たちが時間と関係とを大切にして生きることがこころをはたらかせることであり、みなでそのような生き方をしていくのがこころを考えることだというのが生命誌から引きだされる答えです。

忘れ去られたものは何か

このような見方を具体的なことがらで考えてみます。私は太平洋戦争の敗戦のときに小学校四年生でしたから、貧しい社会を体験しています。戦争末期からお米のご飯は消えていました。今、お米のご飯と書くとふしぎな感じがしますが、こうしか書きようがありません。お米が足りないので、さつま芋を入れたお芋ご飯をいただくようになりました。ところでこのご飯、日を追ってお芋の部分が増え、最後はお芋のまわりにお米粒がついているという状態になりました。それは、今日の夕飯はお芋ではありません、ご飯なんですよという、母から子どもたちへの苦しいメッセージです。このような体験は書けばいくつもありますが、とにかく、みながお米のご飯が食べられるようになりますように、というところから始まって豊かさを求めてきたのが、その後の私が生きた社会でした。本当にみんな頑張りました。

日本は豊かになった……だれもが認めるところですが、今、多くの人が、私たちが求めたのはこれだった、すばらしい社会ができたと思っているかというと、そうではないのではないでしょうか。どこかおかしい。その原因は、グローバル化と称して、世界中を金融経済が支配し、科学技術の開発競争が激しくなっているところにあるように思います。貧しさの反対は、豊かさと便利さだと信じて社会を動かしてきた結果がこのようになり、気がついてみたらお金と科学技術が大事で人間が忘れられるという状況になってしまったのです。

そこで、「こころ」が浮かびあがります。こころを取り戻さなければいけないという声が出てきます。当然です。まさに時間と関係が消えた、追いたてられるような社会では上手に生きていけませんから。ただここで、このような社会をつくっている経済と科学技術を悪者にして、それに対比してこころを取り戻そうとするのは違うと思うのです。お金ではなくこころだ、物ではなくこころだと言っても、本当にこころを生かすことにはなりません。

ものたちと
いつだってひとは　ものたちといる／あたりまえのかおで／／おなじあたりまえのかおで　ものたちも／そうしているのだと　しんじて／／はだかでひとり　ふろにいるときでさえ／タオル　クシ　カガミ　セッケンといる／／どころか　そのふろばそのものが　もので／そのふろばをもつ　すまいもむろん　もの／／ものたちから　みはなされることだけは／ありえないのだ　このよでひとは／／たとえすべてのひとから　みはなされた／ひとがいても　そのひとに／／こころやさしい　ぬのきれが一まい／よりそっていないとはしんじにくい／

なんともにくいですね。「そのひとに／こころやさしいぬのきれが一まい／よりそっていないとはしんじにくい」。そうなのです。ものやお金にこころをつけておかなければいけないのです。こころのついていないものやお金をはびこらせておいて、ものやお金ではなくこころが大事だと叫んでも、上手に生きてはいけません。ものは、まどさんの詩でみごとに復権していますので、お金について考えます。

お金を「こころ」の道連れに

狩猟採集から農耕社会へと移っていった昔の社会では、物々交換が行なわれていたでしょう。物々交換と言えば思い出すのは、「サルカニ合戦」です。柿の種を拾ったサルが、カニの拾ったおにぎりが欲しくなり、種をまくとたくさんの実がなるよとだまして、おにぎりと交換します。ここはどうもサルが悪賢いのですが、交換するときのカニは、柿の種におにぎりと同じかまたはそれより高い価値があると思っていたはずです。実際には違うものに等価を認めて交換するわけです。お伽話ですからサルとカニが交換をしましたが、現実に動物はそのように価値を比較することはできません。

でも人間ならできる。私の獲った魚と、あなたが山から採ってきた果物を交換しましょうということがあったでしょう。もちろん価値の評価が大事なのですが、このとき、相手が欲しがっているものを渡すことで喜んでもらえるのがうれしいという「こころ」がはたらいていたに違いありません。時が経つにつれて、物々交換ではめんどうなので、みんなが共通に使える貨幣（貝などから金・銀へと変わり、今では紙幣）を用いることになって、今にいたるわけです。

物の交換にはこころが伴っていたのに、紙幣という便利なものになるにつれて、交換の本来の意味はだんだん失われてしまったように思います。残念ながら、お金はこころとともに動くものという状況は減ってしまいました。サルカニ合戦のサルのように、ちょっとだましてやろうという悪い「こころ」のほうは、今のお金にもついているようで、それが人間の「こころ」の困ったところです。

とにかく、物ではなく「こころ」とか、お金ではなく「こころ」とは言わずに、経済活動においても、物やお金を渡すときにあなたのために役立てていただきたいという、本来交換という行為に伴っていた「こころ」を失わない社会をつくることが大事なのではないでしょうか。紙幣は、メモ帳にもチリ紙にもなりません。ましてや最近は、コンピューターのキーひとつで大きなお金を動かしており、お金は見えない空間を飛びまわっているだけのものになってしまいました。そこで、自分の動かしているお金が、今晩食べるものがあるかしらと心配しながら暮らしている人のいのちともつながっていることなど、考えにくくなっています。

でも、心豊かな社会をつくる最も具体的な道は、経済を動かす中心にいる人たちが、お金は「こころ」を伴って動くのだということに気づくことではないかと思うのです。社会を動かす経済活動からは「こころ」をはずしておいて、道徳や宗教の話の中だけに「こころ」を閉じこめてしまったのでは、グローバル社会の中に「こころ」は広がっていきません。灰色の男たちの世界になってしまいます。

やぎさん　ゆうびん

しろやぎさんから　おてがみ　ついた／くろやぎさんたら　よまずに　たべた／しかたがないので　おてがみ　かいた／──さっきの　おてがみ／ごようじ　なあに／／くろやぎさんから　おてがみ　ついた／しろやぎさんたら　よまずに　たべた／しかたがないので　おてがみ　かいた／──さっきの　おてがみ／ごようじ　なあに／

「さっきのおてがみ、ごようじなあに」と書いた手紙を、くろやぎさんもしろやぎさんも食べてしまうので、いつまで経っても終わらないやりとりです。バカバカしいといえばバカバカしい話ですが、お互いに相手の気持ちを思ってお手紙を出しているわけですから、くろやぎさんとしろやぎさんとの間は「こころ」で結ばれています。そこがとても大事なところです。

現在の経済優先社会は、こういうユーモラスな思いやりを、バカバカしさとして切り捨てます。そのとき「こころ」も一緒に切り捨ててしまうのです。そうしないで、いつまでもいつまでも相手を思い続けることの楽しさや大切さを忘れたくありません。

第12章　子どもに託す未来——環境問題と「人間の目」

まどさんのことを思うと、自然に子どもたちの顔が浮かんできます。声が聞こえてきます。生命誌が求めているのは、今ここにいる子どもたちが「人間は生きものであり、自然の一部である」というあたりまえのことを、あたりまえとして育っていくことです。そしてだれもがいきいきと暮らせる社会になっていくことです。

残念ながら、今の社会はそのようになってはいませんので、社会を変えるために私たちおとなが考えなければならないこと、やらなければならないこと、子どもに向けて語ることを考えたいと思います。

人間の目

よちよち歩きの小さい子たちを見ると／人間の子でも／イヌの子でも／ヤギの子でも／
どうしてこんなに　かわいいのか／／ひよこでも／カマキリの子でも／おたまじゃくしで
も／ほほずり　させてもらいたくなる／／ほんとに　どうしてなのか／生まれたての
生命《いのち》が／こんなに　なんでも／かわいくてならなく思えるのは／／いや　こんなに／かわ
いくてならなく思える目を／私たち人間がもたされているのは／／ああ　むげんにはるか
な宇宙が／こんなに近く　ここで／私たちに　ほほずりしていてくれる／／お手本のよう
に！／

そのとおりです。まどさんは、私の神様は「むげんにはるかな宇宙」だと語っています。その神様が私たちに子どもたちをかわいいと思う目をくださったのですから、この目を生かして子どもを大切にしていくのが、私たちの役割です。子どももそれを見る人間の目も、ともに昔から少しも変わっていないはずです。ただ、子どもたちが生まれてくる社会は、少しずつ――というより最近は急速に変わっています。

変化を支えているのは、科学技術文明、金融資本主義経済であり、人間が主体ではありません。みんなが新しい技術やお金に振り回されてしまい、おとなが自分の目を信じてよりよい社会をつくれるという自信がもてなくなっています。人間が主体の生き方ができなくなっているのです。ここで、生きものとして生まれてきた子どもに接し、彼らをよく見ることで、おとなが人間の目を取り戻そう。まどさんの詩はそう語っています。

子ども時代の意味

イヌの子もヤギの子もヒヨコも、子どもはみんなかわいいというのはそのとおりです。動物たちのお母さんも子どもたちを大事にしています。でも、イヌやヤギは誕生後すぐに歩きだしますし、お母さんのお乳を飲む時期を過ぎれば独立します。他の生きものたちは、おとなになるまでの時間が短く、生きものとして大事なのはおとなであり、それになるために必要な時間を過ごしているのが子どもと考えられます。

人間の場合、子どもはおとなの小型ではありません。早く一人前になって労働をすることが大事で、子どもでいることはマイナスと考えられていた時代が長く続きました。子どもといえどもある年齢になったら労働にかり出されていたのです。その中で、フィリップ・アリエスが一九六〇年に出版した『〈子供〉の誕生』で、人間には「子ども時代」という特別な時期があり、そのときを子どもとして生きることが重要であることを示したのでした。つまり、ついこの間まで、私たちは子どもの意味を理解していなかったのです。近年になりやっと、子どもを子どもとして見るという考えが社会に根づくようになりました（なったはずです）。

ここで浮かびあがるのが「教育」です。これは、人間独自の行為のようです。チンパンジーのアイやその息子のアユムで学習の過程を研究している京都大学の松沢哲郎さんが、「彼らは学ぶのが大好きで進んで新しい知識を身につけるけれど、教えることは決してしない」と報告しています。多くを学んだアイも、息子のアユムに教えようとはしないのです。教育は、人間の人間らしさであり、その結果知の積み重ねが起き、文化・文明ができていくわけです。人間のすばらしさを感じると同時に、だからこそどのような教育をどのように行なうかが大きな問題なのだと、おとなの責任を感じます。

そして、現代社会は、だれもが教育の大切さを語りながら、そこで行なわれている教育は歪んでいるのではないかという思いがわいてきます。問題のひとつは、本来子どもは知りたがりであり、さまざまな、しかも大きな可能性をもっているのに、それを抑えているのではないかということです。効率性を求めて進歩をよしとする現代社会がもつ価値観に合う情報だけを与え、生きものという存在としての体と心を一体化した学びができていないのではないか。現実の教育の場で感じることです。知識をつめこむ効率第一の教育は、仲間と思いきり遊ぶことで得られる大事なものを失わせているとしか思えません。早く早くと追いたてられてゆっくり考える時間さえもてないのでは創造など生まれようもありません。

子どもがもっている生きものとしての本性を思いきり伸ばす体験をしておとなになることで、人間だけがもつ子ども時代の意味を生かせるはずなのに、それをしていないことも気になります。おとなは、その中に子ども性を残してこそ人間らしくあることができるのだと思います。それを失って、政治家、経営者、学者などの職業人に徹すると、とんでもない格差をつくったり、武力を振るってでも権力を手にしたりすることになってしまうのだろうと思います。

しかもその結果、子どもの子ども性まで消してしまいかねないのが気になります。アリエスが、せっかく子ども時代を発見したのに、またまた子どもをおとなのミニチュアとして見ているのではないでしょうか。子どもを労働力として見ることはなくなったとしても、子どもをおとなへの準備期間として位置づけはじめています。おとなになったときに社会的によい地位についたり、お金を手に入れたりするための準備です。

子どもの本性を生かす

私たちが、まどさんの詩、まどさんという人、まどさんの生き方に惹かれるのは、まどさんの中に子どもの本性が残っているために、とても人間らしいと感じるからではないでしょうか。社会が別の方向へ進むのはそのままにし、まどさんの魅力を語ることで満足しているのではなく、みながまどさんのような気持ちをもつ社会にすることこそ、今求められている答えでしょう。それを行なって初めて、子どもの生きる力を守り、子どもがいきいきと暮らす明るい未来が見えてくるのだと思います。

まどさんが、出身校の子どもたちに宛てて書いた手紙があります（『まどさんからの手紙　こどもたちへ』講談社、二〇一四年）。そこには「……いませかいじゅうにたべものがなくてしにそうな人はかぞえきれないほどいます。あっちにこっちにせんそうもたえません。ほかのいきものたちはまいにちのようにどんどんそのかずがへっていきつつあります。……いまのおとなのちからではそれらをなおしきれないのです。こまっているのです。」（一部のみ引用）と子どもたちに訴えています。そして「みなさんがおとなになってちきゅうをすくってください。」とお願いしています。

子どもたちにはその力があるとまどさんは信じています。人間を生きものとして見ている私も、本来子どもの中には生きものの暮らす星としての地球を大切にする本性があり、それを生かせば、今起きている「いのちを大切にしない」という課題は解消すると思っています。まどさんは「ちきゅうをすくってください」と書いていますが、これは少し間違っています。「私たち人間をすくってください」です。

まどさんの手紙にあるように、飢えている人がたくさんいます。しかも七〇億という人口はまだ増え続けています。地球規模での環境問題が起きています。それなのにあちこちで戦争をして、幼い子どもを含む人々の命を奪い、環境を激しく壊しています。地球全体の人々にとって大事な場所である熱帯雨林は壊され、生物の多様性は失われています。このような状況が続く中で、生きていけなくなるのは人間です。

皮肉なことに、もしここで人間が滅びれば森は繁茂し、生きものたちはそこでのびのびと暮らすでしょう。どんな地球になるかはわかりません。でも四六億年の地球の歴史を振り返って考えるなら、そのとき一番繁栄していた種（たとえば恐竜）が滅びると、常時よりも急速な進化が起きて新しい生きものたちが生まれるのです。子どもたちへのお手紙は、「人間が滅びないようにしたいのですが、今のおとなにはその力がありません（というよりやる気がありませんなのだと思いますが）。あなたたちがよい知恵を出して人間がいきいき暮らす社会をつくってください」という意味をもっていると受けとめる必要があります。

問題は、人間の滅びを救う気のないおとなが、目の前の権力や武力や金力を手にすることが上手な人間を育てる教育を考えていることです。子どもたちには未来を創る潜在能力があるのに、それを潰す教育をしたら、まどさんの願いは現実にはなりません。今のおとながしなければならないのは子どもを壊さないことです。

「?」と「!」

まどさんの『百歳日記』に「世の中の「?」と「!」と両方あれば、ほかにはもう、何もいらんのじゃないでしょうかね?」という文があります。これです。「ほかにはもう何もいらん」は一〇〇歳の境地かもしれません。他にも少し欲しいものはあるにしても、「考えながら生きる」という人間特有の生き方の基本はここにあるでしょう。

その証拠に小さな子どもは「?」と「!」のかたまりです。三歳くらいになると毎日うるさいほど、「なぜ?」と聞き、庭からセミの殻を拾ってきては興奮しています! ここで大切なのは、「?」と「!」の源泉は自然にあるということです。もちろん人間も自然の一部です。

ですからおとなが生きものであることを意識していきいき暮らす社会をつくり、子どもを自然の中にあるようにすることがまどさんの願いを具体化するための答えであり、方法です。

ミカン

つややかな／つぎめひとつない　きんのかわを／ひきむきながら　おもう／―こんなにぞんざいに／ミカンを　ひきむいてしまって…と／／うつくしく／キクのはなびらたちのように／身をよせあった　ふくろの　わを／ひきわりながら　おもう／―こんなに　らんぼうに／ミカンを　ひきわってしまって…と／／ひとふくろ／口に　ふくんで／そのはるかな　あまずっぱさを／のみくだしながら　おもう／―こんなにかんたんに／ミカンをたべてしまって…と／

コタツで食べるのが楽しみのミカンも生きもののひとつです。おいしく食べられるようになるまでには、ミカンの木が育ってそこに実がなり、熟すまでの時間が必要です。まさに生きものとしての時間です。ミカンの場合、それを育てる人の時間もかかっています。ていねいに、ていねいに育て、ひとつずつもいで箱に入れてくれた人がいます。八百屋のおじさんもていねいに袋に入れてくれました。それらすべてがあってコタツの上に置かれているのだと思うと、ミカンにはたくさんの時間やお日様や水の力や人の思いがこめられていることに気づきます。

でもいつもはそんなことは考えません。皮をむくときも、わるときも、食べるときもこれまでにかかった手間のことなど考えてはいません。「ミカン」の詩を読みながら確かにそうだなと思いました。ここで「まどさんって優しいな」で終わらずに、ここからミカンは生きものなんだという思いを引きだし、子どもと一緒に小さな袋を口に入れる。こんなことが子どもの気持ちを育てることにつながるはずです。

生命誌としては、できたら袋の中に入っている粒々を眺めてほしいと思います。家庭用の顕微鏡があれば、そこに細胞が見えます。ミカンの細胞ですから植物細胞、私たち動物の細胞と違って液胞《えきほう》という大きな空間があります。というより細胞のほとんどが液胞と言ってもよいくらいたくさんあります。その中に甘さや酸っぱさの成分や細胞にとって大事なはたらきをする物質が入っています。

口に入れたミカンが甘酸っぱくて水分たっぷりなのは、これなんだと思うとここからさらに「?」が生まれてくるのではないでしょうか。「?」の続きとして、教科書に書いてあることをもう少し紹介するなら、ミカンのオレンジ色はβ《ベータ》クリプトキサンチンという物質があるためで、これはニンジンに多く含まれるβカロチンの仲間とあります。まだまだ「?」は続けられます(実は二〇一六年のノーベル生理学・医学賞を受賞した大隅良典さんは酵母細胞の液胞の観察を大きな発見につなげました)。

自然を五感で感じる

高層マンションの部屋の中にも植木鉢は置かれているでしょう。食卓に並べられた食べものはほとんどが生きものであり、もちろん私たち自身も生きものです。つまり、どこにいても自然・生きものからまったく離れた生活はありません。ですから、どこで暮らしていてもミカンを食べながら生きものについて考えることはできます。

でも、望むらくは子どもは地面に近いところで暮らし、ダンゴムシやタンポポと出会うことで体の中から自然に「?」が生まれてきて自然に「!」を感じてほしいと思います。今は都会暮しが増えましたから、毎日、山の中を走りまわったり、川で泳いだりという生活は無理です。でも小さな自然はどこにでもありますので、それを意識することが大切です。あまりにも地面と離れた日常を送っていると小さな自然に気づくことができなくなるのではないか。ミカンを生きものと受け止められなくなるのではないか。今、心配なことです。

そのような気持ちで私が応援しているのが、学校での「農」です。現代社会での子どもたちの日常の中心はやはり学校にありますから。このようになったきっかけは、農業高校の農業クラブの発表会に参加したことでした。「巨峰」は立派でおいしい人気のブドウですが、育てにくく剪定《せんてい》も大変なのだそうです。福岡県の高校生が、畑でおじいさんが苦労しているのを見て「なんとかしたい」と接ぎ木を試みたという話をしてくれました。先生が、専門家も手こずっているとてもむずかしい作業を、おじいさんへの気持ちを胸に熱心に続けた高校生には頭が下がったと解説してくださいました。おじいさん、高校生、それを見守る先生、ブドウの木がすべて重なってそのまわりを温かい思いがめぐっているのを感じました。

そのようにして知り合いが増えていく中で、東京の農業高校の先生から伺った、ウシの世話をするために三六五日学校へ通う高校生の話も忘れられません。お正月など、先生が見ておくから大丈夫と言っても、やはり自分が世話をしたいと言って学校へ来るんですと話してくださる先生は、苦笑いしながら、誇らしげでした。数学の勉強のために三六五日学校に通おうという気持ちにはならないのではないでしょうか。生きものだからこその話です。そしてそこでは、先生と生徒も生きものそのものを感じさせるいきいきした、豊かな心をもつ存在として関わりあっています。単なる知識の伝達ではない本当の意味の育ちがあります。このような体験をいくつもいくつも重ねるうちに農業を通しての教育を真剣に考えてほしいと願う気持ちがとても強くなりました。

その後、小さなきっかけから、福島県喜多方市での小学校農業科の開始に関わることができました。ここでは教育委員会の指導のもと市内の小学校全校が農業科の授業をしています。「総合的な学習の時間」の中で年一三時間農業の時間をとり、子どもたちが一年間、農業を行ないます。そこでは「種から始めてできるだけ手をかける」「ゴールを見据えての作付けをする」という基本が子どもたちの思いやりの心、協力する姿勢、忍耐心などを育てています。一年を終えて書いた作文で「農業には力があることがわかった。それは苦労を感じる力、勇気をもつ力、思いの力、感謝の力だ」と書いた五年生がいます。

自分で作物を育てているうちに、これだけの力を感じとったのですから、まさに自然のもつ力は大きいと言えます。地域のお年寄りたちが農作業の指導をしてくださる様子、子どもたちが苦労の連続だと言いながらいつも笑顔で作業をしている姿を見ると、このようなつながりこそ生きることを支え、人間を育てる真の教育だと実感します。なぜ、教育に関わるお偉い方たちは、こんなあたりまえのことに気づかずに、ひとつの価値観で子どもたちの能力を測り、○か×かで採点する行為を教育とよぶのだろうとふしぎです。

子どもの生きる力を信じる

まどさんもいろいろなところで「子どもは天才」とおっしゃっています。私もそう思います。生命誌の基本は「人間は生きもの」ということですが、それはそのまま「子どもは生きもの」ということです。子どもたちはいつの時代も「生きものとして生きる力」をもって生まれてきます。地球上に生まれたすべての生きものがもっている力であり、人間以外の生きものは、これをフルに生かして生きています。

縄文時代に生まれたクモも、現代のクモも、だれにも教えられずともきれいに巣を張ります。私の家の庭にはジョロウグモがたくさんいて、このクモ独特の複雑で立体的な大きな巣をつくります。出会うたびに、図面を引かず、ましてやコンピューターでの計算もせずにあの小さな体でこの構造をつくりあげる能力に頭が下がりますが、これがクモに与えられた生きる力と言えましょう。

人間の子どもも生きる力をもって生まれてきているはずです。これをフルに使えるようにすることが子どもを信じる第一歩でしょう。それには生きものとして生きる場が必要です。高層マンションなど生きものとしての力を使いにくい場ではなく、自然の中で育つのがよいという答えが出てくることはすでに述べました。

クモは、生まれたときに受け継いだ能力だけで暮らしますが、哺乳類になるとそれに学びが加わります。チンパンジーがみごとな学びをする研究は前にも紹介しました。しかしここで大事なのは、教育はしないということでした。教育をするのは人間だけ。チンパンジーの研究をした松沢哲郎さんは、教育とともに見られる人間特有の行為は「認める」ことだと報告されています。「よくできたね」と言われて、ますますやる気が出てくるという回路は人間だけであり、これが新しいことを生みだしていくのです。

現在行なわれている教育はこの基本にかなっているでしょうか。子どもの力を信じているでしょうか。人間だけに与えられた教えるという能力を子どもの力を伸ばすために使っているでしょうか。おとながつくった物差しに合わないと×にしてしまうのは本当の教育ではないと、生きもの研究は教えてくれています。

宇宙の子どもとして

最後に、生命誌から見えてくる子ども観をひとつお話しします。少し前のことになりますが、年配の女性からお手紙をいただきました。「私たち夫婦は子どもに恵まれませんでしたが、仲良く充実した生活を送ってきました。けれども、夫が他界し、私ひとりが残されてから、私は何のために生きたのかと思うようになりました。子どもへと自分のいのちをつなぐことなく過ごしてしまったのですから」という内容のものでした。

私にできる返事はひとつしかありません。

「近くに子どもたちの声が聞こえませんか。庭にスズメがやってくると書いていらっしゃいましたが、実は最近の研究ですべての生きものがDNAの入った細胞でできており、ひとつの祖先からつながっていることがわかっています。いのちをつなぐということは、自分の子どもを産むというだけのことではありません。近くで遊んでいる子どもたちもスズメもみんなあなたとつながっており、あなたはそのつながりのひとつとして生きていらしたわけです。子どもやスズメにそのつながりの気持ちを向けて優しくしてあげてください」。

幸いこのような考え方ができるようになって「心が穏やかになりました」と言ってくださいました。私の子どもという強いつながりを感じて大切に育てる気持ちはもちろん大事ですが、一方ですべての生きものとのつながりも事実なのです。生きものとして子どもを見るというときにはこの視点も必要です。私の子どもというとらえ方しかできずにいると子どもは所有物であり、自分の思い通りになるものだという見方が強くなりすぎます。それは機械のような見方であり、生きものとしての子どもは生きにくくなります。

まどさんは子どもたちに向けて言います。「みなさんは、日本の子どもである前に、地球の、さらに、宇宙の子どもです」（『１００歳の言葉』）

第13章　生きものに学ぶ社会——機械論的世界観と「ゆうしてっせん」

まどさんは「私の詩は、「今日はこのように生きました」っちゅう自然や宇宙にあてた報告なんだと思います」（『100歳の言葉』）と言っています。なぜ報告を書くか。まどさんは「私を私として生かしてくれている何か」へのお礼だと説明します。自然の一部として生きることを、このようにいたしましたと報告しながら生きるのが、人間として生きるということではないか。私の生命誌の研究もまったく同じ気持ちで進めています。

現代社会はそのような気持ちで進められているかとなると、そうではないと言わざるを得ません。そこで、最後にこんな社会であってほしいという願いを話します。

どうしてだろうと
どうしてだろうと／おもうことがある／／なんまん　なんおくねん／こんなに　すきと
おる／ひのひかりの　なかに　いきてきて／こんなに　すきとおる／くうきを　すいつづ
けてきて／こんなに　すきとおる／みずを　のみつづけてきて／／わたしたちは／そして
わたしたちの　することは／どうして／すきとおっては　こないのだろうと…／

どうしてなのでしょう。本当にふしぎです。しかも最近は、本来透きとおっているはずの空気や水を人間が汚すことまでしています。このふしぎを解いて、私たちが透きとおる存在になるのはなかなかむずかしいとしても、せめて水や空気は本来の姿であるようにしなければなりません。

機械論的世界観

生きものという視点から見たときの現代社会の問題点は、その底にある価値観にあるというところにまで思いを致す必要があります。それは一七世紀に近代科学を生みだしたヨーロッパで生まれた「機械論的世界観」です。

これまでの話では、自然と私たちとを一体のものと見てきました。そこでは私たちは生きている、自然も生きていると考え、自分の感覚で自然をとらえます。まどさんの詩にあるように、光、空気、水が体の中に入ってきて自分になる感じです。まどさんの詩には、ネコ、ヤギ、ゾウはもちろん、ナマコ、ミズスマシ、蚊、さらにはスミレ、ドクダミ、タンポポなど生きものがたくさん登場します。空、一番星、やまびこなど身の回りの自然が具体的な形で出てきます。それが全部仲間として生きています。

まどさんは御自身がナマコになり、ドクダミになった気持ちをそのまま言葉にしているとしか思えません。ナマコの気持ちが全部わかっているのです。ナマコとは何かと問いを立てて研究を始めると、わからないことだらけです。ナマコと一体化してその気持ちになってしまえばわかることも、違うものとして向こう側に置き、それを客観的にわかろうとするからわからなくなるのです。科学はこうして問いを探し研究することに意味を見出します。

西欧の人たちは、論理的につきつめて考えることが得意ですし、それをしないと気がすまない性質をもっているようです。まどさんも、生きることとは考えることであると言っているように、これはとても大事なことです。ただ、まどさんはいつも自然の中にいて考えているのに対し、自然を自分とは違うものと位置づけて、それに向きあい、わからないことを理解しようとするのが科学です。このような考え方を明確に出した人がデカルトであり、世界を機械と見て、それを分析して理解する方法を示しました。

デカルトは私たち自身を心と身体に分け、心は脇に置いて身体は機械として分析し、理解する対象にしました。自然と人間、心と身体というようにふたつに分けて考える二元論を基盤に、因果論で原因を追求して物事を理解しようとする態度は、私たちの脳が納得しやすい方法です。このような方法を考えだしたデカルトはとても優れた人です。そしてガリレオは、望遠鏡をのぞいたり、振り子の動きを観察するなどして数値で自然を表すことの大切さを見出しました。「自然は数学で書かれている」という言葉には新しいことを知る方法を見出した自信が見られます。

デカルトやガリレオの考え方に基づいて進められた科学は、自然界の法則や自然界を構成する物質のあり方を教えてくれました。生命誌も、生きものを細胞やDNAなどのはたらきから考えます。DNAに書き込まれた歴史を読んで三八億年という長い時間を自分に引きつけることができるのは、科学という方法があったからです。この成果は高く評価しますし、これからもまだ解明できることがたくさんあります。

しかし、ここで、「しかし」と言いたいのです。このような科学によって生きものを研究した結果、人間は他の生きものと祖先を共有する仲間であり、自然の一部であることが明確になったことはこれまでに何度も述べてきました。自然と人間とを分けてしまうことはできません。自然を客観的対象として外から解明する科学という学問は必要です。でも、その成果を技術を通して日常とつなげるときには、人間は自然の中にいるという気持ちでなければなりません。機械論的世界観の底にある「自然は操作し支配できる」(F・ベーコン)という考え方を見直さなければならないのです。

もちろん人間は他の生きものと違い、自然を操作する能力を与えられています。文明の始まりと言える農業は、生きものたちを飼育し、その中で育種も行ないながら進められてきました。だからこそ、おいしいものをたくさん食べることができるようになったのです(もっともそれができるのは世界の人のほんの一部でしかないところに、大きな問題があります)。けれども、農業をはじめとする人間の自然へのはたらきかけは自然の活用であって、それを「支配」と考えるのとは違います。

地球環境に異変が起きているのは、自然と相談しながら少しずつ自然を変えたり、活用したりするという範囲を越えたからです。「支配」はどう見てもおごりとしか言いようがありません。

驕りには必ずそのしっぺ返しがある。最近の荒々しい気象の変化を見るとそんなことが気になります。事実、私たちができることは自然の中で、自然を生かすことであり、その外へ出て勝手に動かすことではないことを再確認しなければ、人間の未来は見えてきません。

完璧さとはほど遠い生きもの

機械論に問題があることを示すために「つくる」という言葉を取りあげて考えます。

「自動車をつくる」と言います。工場で、設計図に従って部品を組みたてれば、自動車はできあがります。完璧な製品は自信をもって市場に出します。途中で問題が起きたものは不良品です。うっかり走らせたら事故につながる危険があるのでつくり直しです。

ところで、「お米をつくる」とも言います。農業です。工場での自動車製造とは違って、自然の中でイネを育てます。もちろんイネの育種をして収量が高くておいしい品種にするなど手を加えてはいますが、イネという植物を育てて実ったお米の粒をいただくという基本は古来変わりません。日本でのお米づくりは、基本的に春に田植えをして秋に収穫するというところも変わらず続いてきました。工業製品であれば、日々生産効率の向上に努力して競争するのでしょうが、ここではそのような激しい競争は成り立ちません。そこで、効率至上の社会では、農業は工業より生産性の低い劣る産業と位置づけられてしまいます。

ここではイネがもつ生きものとしての時間を認めていません。生きものなのですから時間がかかるのはあたりまえ、時間がおいしさをつくりだしてくれているのだと思わなければいけないのに、その意味が理解されていません。私たちがつくっているのではなく、私たちはイネが育つことに手を貸しているのだという気持ちが必要です。ある操作はしているけれど支配ではないのです。自然を機械と見る「機械論的世界観」から生きものとして見る「生命論的世界観」への転換が必要ではないか。農業を進めながら考え直していかなければなりません。

さらに最近は「子どもをつくる」とも言います。「自動車をつくる」と並べるとおかしな気持ちになりますが、でも、若い人たちの間での話を聞いていると、ごく自然にこう言っています。お米がつくれないのと同じように、いやそれ以上に人間の子どもをつくれるはずはありません。子どもは生まれてくるものとしてここまでの話を進めてきました。日常語としては「子どもに恵まれる」とも言ったものです。「恵まれる」という言葉には、まどさん風に言うなら、自然なのか宇宙なのか、何か大きな力がはたらいて生まれてくるという気持ちが入っています。以前とは違い、今では体外受精、人工授精などが日常の医療になりましたから、「つくる」という言葉が使われるようになったのかもしれません。どこか自分の思いどおりにできる——もちろんそうはなりませんが――というおごりがあるような気がします。

自動車の場合はまさに思いどおりのものをつくり、完璧でないものは不良品です。しかし、それを人間にあてはめることができないのは当然です。それなのに「つくる」という言葉を使うと、人間にも完璧と不良品があるという錯覚が生じます。人間は生きものであり、生きることを支えるゲノム（DNA）は必ずどこかに欠陥をもつ構造になっていることは前に述べました。完璧はありませんし、何をもって完璧と言うかもわからないのが生きものなのです。

「いること」そのものに意味があると第10章で考えたことを思い出しましょう。ここに機械と生きものの違いが見えます。「機械論的世界観」をもつ社会では人間も機械のように完璧を求め、ひとつの物差しで測って優劣を決めようとします。それが生きものとして生きにくい社会をつくっています。ここは、人間は生きものであるという事実に向きあい、社会の価値観を「生命論的世界観」に切りかえるのが答えだと思います。

ひこうき

にんげんが／にんげんだけのために　つくった／おおきな　おおきな／ひこうき／／こんなに　おおきくて／だれかに／しかられや　しないかしら／

「機械論」や「生命論」と言うとむずかしくなりますが、「人間は生きものであり自然の一部である」ということを踏まえて、身の回りの生きもののありようを見つめ、そこから見えてきたことを大事にするという選択をすると、おのずと生き方が変わります。大きければ大きいほど、速ければ速いほどよいと考えての成長路線は、機械論の世界です。「こんなにおおきくて／だれかに／しかられやしないかしら」という感覚は、生きものとしてのものです。大きさにも限度があるでしょう。この気持ちで政治や経済を進めるときが来ているのです。

ゆうしてっせん

子どもの遊び場もない　この町の／まん中に　ねそべって／値上りを待っている／このだだっぴろいあき地のまわりに／はりめぐらしてあるのは　何か／／はりめぐらした人は／いまここに　いないが／いまここで　こんなにぎろぎろと／四方八方を　にらみまわしているのは／その　いない人の／にくにくしげな目だまの行列だ／／はいるな！／ちかよるな！／つきさすぞ！／ひきさくぞ！　と／／年がら年中にらみつづけているうちに／いつか　からだ中が／目だまだらけに　なってしまった／その人の…／／風と遊んで　すき

とおり／トゲトゲはりがねなどは／とうのむかしに　どこへやらで…／

まどさんの詩に、これほど直接的な批判の言葉が出てくることは珍しいです。でも最後の三行で、まどさんは有刺鉄線の気持ちになっています。人間の勝手な思惑で張られてしまい、その思惑に従ってにくにくしげに「はいるな！／ちかよるな！／つきさすぞ！／ひきさくぞ！」と頑張ります。でも、「風と遊んですきとおり／トゲトゲはりがねなどは／とうのむかしにどこへやらで…」となります。まどさんとしては、有刺鉄線が最後までにくにくしげにしていてはかわいそう、いやにくにくしげにしているはずはないと思うのです。「きれいな風が吹けばすきとおる」はずです。

この章の最初の詩で、人間は「すきとおる／くうきをすいつづけてき」たのに透きとおらないのはどうしてだろう、という疑問が呈されました。有刺鉄線は透きとおれるのに、人間はダメですね。人間のダメさ加減は重々わかっていますが、でも私はやはり人間を信じたいのです。傲慢を捨てて自分をわきまえることができるはずだと思っています。それには「生きものであること」を自覚する必要があります。

ここで確認しておきたいのは、生きものは決してすばらしかったり、立派だったり、正しかったりするわけではないということです。ゾウもアリもミミズも……一千万種に近い生きものたちがいろいろな生き方をしています。もしこれぞ生きものという正解があるのだったら、それだけが生き残ったことでしょう。これほど多様な形を試しているのは、これはここがよいけれどこっちがダメというものばかりだからに違いありません。でもそういう生きものたちがみんなで生態系をつくり三八億年間も続いてきたのですから、その続き方には学ぶところがあるはずです。

まどさんが子どもたちに未来を託したのは、今のような機械論で成長路線を歩み、競争社会の結果戦争までして他の生きものたちに迷惑をかけているおとなを見限ったからですが、もう一度生きものに学ぶ姿勢をとれば、みんながそれぞれの生き方を楽しみながら続いていけるはずです。私も子どもに期待しますが、おとなもなんとかしたいとしつこく考えています。

生きものに学ぶこと

すでにこれまでの章で述べてきたことですが、最後に、まどさんの詩を通して生きものに学ぶこととして、とても大切なことをもう一度まとめます。

まず、多様性です。ＤＮＡの入った細胞でできているという共通性をもちながら、とにかく多様化していること、しかも他の生きものを自分の価値観で非難したり、ダメを出したりせずにそれぞれが上手に生きていることです。ヘイトスピーチなどありません。身近な生きものたちを見て、クモもアリもなかなかすばらしいと思い、調べてみると、また新しいおもしろさが加わります。クモのおもしろさは第10章で紹介したとおりです。

まどさんの詩でわかるように、このようなおもしろさの発見は科学の専売ではありません。しかし、現代生物学は日常の目で見ても興味深いことを明らかにしていますので、めんどうな知識としてでなく、生きものへの親しみを深めるひとつの道として関心をもってくださるとよいと思います。とにかく生きものは多様性には事欠きませんので、素材は尽きません。

こうして多様性を楽しむ気持ちを人間社会にももち込み、他国の文化や自然について調べれば、実はそこにも多くの共通性を見出す発見があるに違いありません。

もうひとつ、矛盾のかたまりという特徴もあげました。矛盾したことを言ったり、やったりしてはいけないというのが現在の社会の通例です。でも生きものに関してはそこがむずかしいのです。「いのちは何にも増して大切です。いのちを奪うようなことをしてはいけません」と話した後で、ああ、お腹が空いたと言って食事をとれば、そこにあるのはいのちを奪われた生きものばかりです。豚肉、鶏肉、魚、トマト、キュウリ……ひとつとして生命をもっていなかったものはありません。でもいのちを奪ってはいけないと言ったのだから食事はしない、というわけにはいきません。ここで大切なのは自分が口にしているのはいのちがあるものだという自覚をもち続けることです。

今、賞味期限切れやパーティでの食べ残しで大量に廃棄される食べものが問題になっていますが、ゴミ、経済、マナーの視点からの疑問だけでなく、いのちを粗末にしてはいけないという意識の欠如も指摘しなければなりません。生命をめぐってはつねに矛盾の中で考えることになり、その複雑さに対応することが機械的な考え方とは違うところです。自然、生きものと向きあうときはとにかく複雑さに耐える必要があります。ここでの「耐える」は、単なる我慢ではなく複雑さを認めてその中での生き方を探ることを意味します。そこからは「寛容」が生まれるはずです。

次に「生きものは時間を紡ぐもの」という基本を忘れないということを再確認します。機械は便利さを求め時間を切ります。これが生きものには辛いところです。時間、つまり過程が生きるということなのですから、過程を否定され、できるだけ早く結果を出しなさいとばかり言われたのでは、生きていることを楽しめなくなります。毎日が息が詰まるようで辛いという声が聞こえるのは、早く早くとせかされるからでしょう。時間は生きる基本であることを忘れては、何のために生まれてきたのかわからなくなります。このように、機械でなく生きもの（生命あるもの）がもつ特性に目を向け、そこに価値を置くことで、生きものである人間がのびのび暮らせるようになる。まどさんの思いはそこにあると思いますし、生命誌も同じです。

ところで、生命誌には背景に科学があり、これの機械論的性格を全否定するのは生産的とは言えないという問題があります。ここで私は、物理学者で哲学者の大森荘蔵先生が教えてくださった「重ね描き」という方法を実践しています。科学は小さな世界へ入り込み詳細を明らかにします。自然について、生きものについての「密画」を描いているのです。

一方日常では、そしてまどさんの詩の世界では、「活きた自然との一体感」（大森先生の言葉）をもちながら「略画」を描いていると言えます。密画を描くときにはつい、「活きた自然」を忘れがちになりますが、科学を進めても日常の中での自分が自然との一体感を失わずにいることはできるはずです。

これを大森先生は密画と略画の「重ね描き」とおっしゃいました。科学で得た知識を利用するからと言って、生きものとしての自然の中にいる日常の自分を見失わない暮らし方です。すばらしい見方で、私はこれに救われました。まどさんは科学は苦手とおっしゃり略画に徹していますが、その鋭い観察眼は「密画」に通じるものを見通しています。「重ね描き」をしているはずです。

ことり

そらの／しずく？／／うたの／つぼみ？／／目でなら／さわってもいい？／

もちろん科学は科学、詩は詩としてそれぞれの意味をもつものであり、同じではありません。けれどもかけ離れたものでも、ましてや対立するものでもありません。ともに「活きた自然との一体感」をもって自然、生きもの、人間を見つめ、考え、そこから自分の生き方を探っているところは同じだと、まどさんの詩を読むたびに思います。

空

この青くすんだ　空は／きのうの空のように　見える／百年まえの　千年まえの／もっともっと　まえの…／サルに　にていたころの人間や／キョウリュウたちが／毎日見上げていた　その空のように…／／けれども　地球は／太陽のまわりを　まわり／その太陽も銀河宇宙の中をまわり／その銀河宇宙も／むげんの　大宇宙の中を／むげんに　まわって

いるのだとすれば／／いま　見上げている／この頭の上の　ひろがりは／いま　初めて
ここにきたばかりの／ま新しい　ひろがりだ／どんなものに　とっても　初めての…／そ
してもう　二どと　くることのない…／／ああ　それが　ぼくらの目には／なぜ　一枚の
空なのだろう／永遠に　変ることのないかのような／こんなに　青くすんだ…／

なぜでしょう。青い空を見ると自分の心も青く澄んでくるような気がします。縄文時代の人もこの同じ空を眺めながら、家族みんなで食事を楽しんだのでしょう。スマホの画面ばかり見ていないで、空を見上げ、思いきり深呼吸をし、宇宙とのつながりを感じる時をもつと、これからの私たちの生き方を長い時間、大きな空間の中で考えようという気持ちになるでしょう。まどさんの詩を読んで「人間は生きものであり自然の一部である」というあたりまえのことを大事にする社会をつくりたいという気持ちがいっそう強くなりました。

Ⅲ　ゲノムから脳へ、そして環境

第1章　ゲノムを語る

君の歴史は三八億年

ゲノムとは？

ゲノム（genome）。英語で遺伝子を gene とよぶので、それが集まって一つの生物をつくれるようになっている塊を genome と名づけたのです。日本語の場合そういう関係がわからないので「ゲノムって何だろう？」と思ってしまいますよね。しかも困ったことに、英語ではジノムですがドイツ語のゲノムという読みを使っているので、ますますわかりにくい。この言葉ができた一九二〇年には、ドイツが生物学の中心で、日本もドイツから多くを学んでいたのでその名残なのです。新しい言葉に出会ったときには、このようにして言葉そのものを調べてみると、そこからいろいろなことがわかっておもしろいことがよくあります。

さてそこで、ゲノムとは何か、今どんな研究が行なわれているかを見ていきましょう。地球上には、数千万種ともいわれる多種多様な生きものがいます。もちろん人間はその一つです。これほど多様なものの共通点は何か。長い間それを探し続けた結果、あらゆる生物は細胞でできていることがわかったのが、今から二〇〇年ほど前です。「生きている」最小単位は細胞です。バクテリアはたった一つの細胞、私たち人間は四〇兆個に近い細胞でできているというように、生きものによって数は違いますが、体が細胞でできているのは共通です。

ただ、同じくらいの大きさでも、イヌとネコは違いますね。同じ細胞でできているのになぜイヌはイヌで、ネコはネコなのか。それぞれの毛の細胞、血液細胞を採りだして比べるとよく似ています。ただし、細胞に入っているDNA、つまりゲノムは違います。イヌの細胞にはイヌゲノム、ネコの細胞にはネコゲノム、そして人間の場合にはヒトゲノムが入っています。

DNAがA（アデニン）、T（チミン）、G（グアニン）、C（シトシン）という四種の単位（塩基）がつながった、二重らせん構造をしていることは知っていますね。どの細胞に入っているゲノムもDNAであることには変わりがないけれど、塩基の数と並び方がどうなっているかは生物によって違います。ヒトの場合、三二億個ほどの塩基が並んでいます。ショウジョウバエは二億個です。ヒトもハエも全部の塩基配列が解析され、その中に何個の遺伝子が入っているかもわかりました。ハエの遺伝子は二万個、ヒトは三万一千個ほどです。この数字を見てなにか感じませんか？　ヒトはハエのたった一・五倍の遺伝子しかもっていないのです。ハエとヒトって意外に近い存在だといえます。

生命のおもしろさと大切さ

これまでの話から、ゲノムっておもしろいものだということに気がつきましたか。地球上の

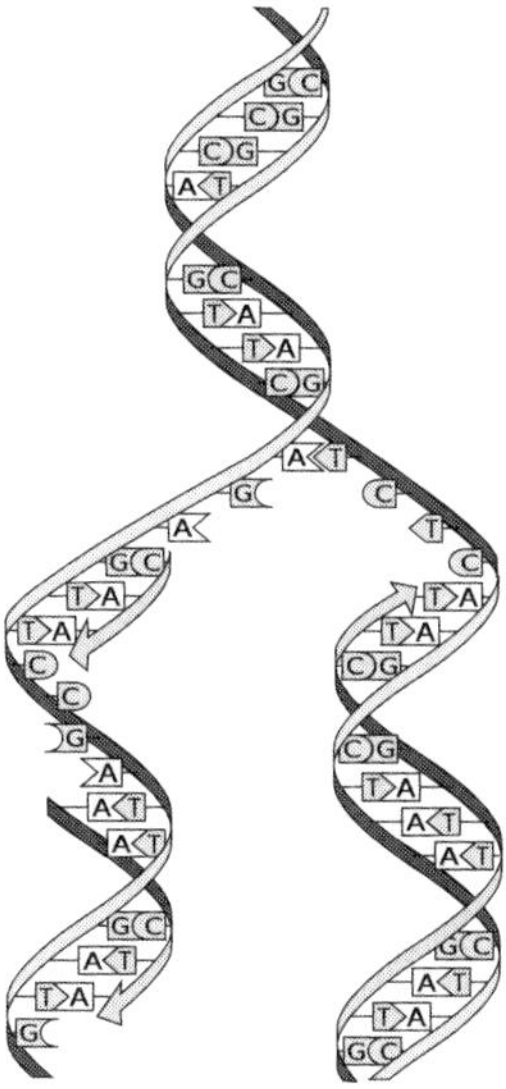

図 3-1　DNA 塩基配列

向かいあった塩基どうしは必ずAとT、GとCという組み合わせで結びついている

全生物がもっていて、しかもＤＮＡであるという点ではすべてに共通なのに、ハエ、イヌ、ヒトの違い、つまり多様性もゲノムで決まるのです。ゲノムは共通性と多様性という反対のことをみごとにつないでいます。同じだけれど違う、違うけれど同じ。これが生きものの基本です。人間について考えても、人間という点ではみな同じだけれど、一人ひとり違う。この両方を大事にすることが人間らしく生きることになるのであり、その根っこにはゲノムがあるのです（ヒトゲノムのＤＮＡはすべての人に共通だけれど、一人ひとりのゲノムは違います）。

ところであなたのゲノムは両親から受け継いだものです。両親はそのまた両親から……。こうしてたどると生命の起源に戻るので、あなたのゲノムの中には三八億年ほど前に地球上に最初に生まれた細胞からの歴史が入っています。「なぜ人を殺してはいけないのか」と聞いた高校生がいましたが、こんなに長い歴史をもっているということだけを考えても、生命は簡単に奪えるものではないはずです。

もちろん人間だけでなく、あらゆる生命は同じように長い歴史をもっているのですから、どの生物の生命も簡単に奪えるものではありません。でも生きものは、他の生きものの生命を奪って食べなければ生きていけないようになっています。生きものっておかしな存在ですね。私たちはことがらを二つに分けて○か×かで考える癖がついていますが、生命の大切さを考えるときはそう簡単にはいきません。この複雑さが生きものの特徴です。

あなたはアナタしかいない

ゲノムはそれぞれの人に特有のものです。ところが最近、クローン生物がつくれるようになりました。クローンとはまったく同じゲノムをもつ個体のことです。実は自然界にもすでにクローンは存在します。バクテリアのように分裂して増えるもの、さし木で増えた植物などがそうです。人間でも一卵性双生児は基本的には同じゲノムをもっています。ただ、ここで取りあげるクローン技術は、成体の体細胞のゲノムを卵に移し、そこから新しい個体をつくろうというもので、最近ヒツジで成功しました。その後、ウシ、マウスなどでもクローンが生まれたので、ヒトでも可能だといえます。

子どもを失くした親がその子の代わりを求めてクローンをつくるという話があります。かわいい子どもがいなくなってしまった悲しみはよくわかります。でもたとえば五歳で亡くなったタロー君のクローンを誕生させてタロー君として育てたら、まったく同じ人間になるでしょうか。また、これでは亡くなったタロー君はいなかったことになってしまいます。しかも、クローンとして生まれてきたタロー君は一生をいわば別の人間の代理人として生きることになります。

それでは二人ともがその存在を否定されることになってしまいます。こう考えると、人間のクローンづくりはまったく意味がないといえます。「あなたはアナタしかいない」。その大切さを改めて考えてください。

ゲノムはDNAという物質にすぎず、これでアナタを説明できるわけではありません。でもゲノムを通して自分を見つめると、いろいろと新しいことが見えてきます。この本で少しでも興味や疑問を抱いたなら、ぜひゲノムの勉強をしてみてください。それはあなた自身を知ることにもなるのですから。

遺伝子の世紀からゲノムの世紀へ

それはメンデルから始まった

今年は二一世紀の始まりの年です。いま高校生のあなた方は、まさに二一世紀を生きるわけで、その間に生命についてどんなことがわかるようになるでしょう。楽しみですね。

ところで、私が生きてきた二〇世紀は、生命研究から見ると、とても興味深い世紀でした。

一九〇一年、まさに二〇世紀が始まる年に、「メンデルの遺伝の法則」がみんなに認められました。メンデル自身は一九世紀の人で、エンドウのかけ合わせの実験（八年もかけて三万本ものエンドウを観察しました）から、親から子どもに性質が伝わるのは、ある性質をもった因子（エレメントとメンデルはよびました）が渡されるからだということを見つけて発表したのは一八六五年のことでした。

でもそのときは、植物学の偉い人たちから無視されてしまいました。メンデルはキリスト教の僧でしたので、その後は僧院長の役などをして研究からは離れてしまったこともあり、メンデルの発見は三五年間も放置されていました。ですからメンデル自身は、自分がこれほど有名になるとは知らずに亡くなったのです。ちょっと知らせてあげたい気持ちになりますね。

それはともかく、メンデルがエレメントとよんだものはのちに遺伝子と命名され、二〇世紀前半には、遺伝子の実体探しが行なわれました。当時細胞の中で大事な役割をしていることがわかっていたのはタンパク質でしたから、多くの人はタンパク質が遺伝子に違いないと思っていました。ところが、意外なことにそれはDNAであることがわかりました。

この研究はとても簡単な方法で行なわれたので、ちょっと説明しましょう（図3－2）。細胞にウィルスが感染すると、中でウィルスが増えます。天然痘やハシカなどウィルスによる病気

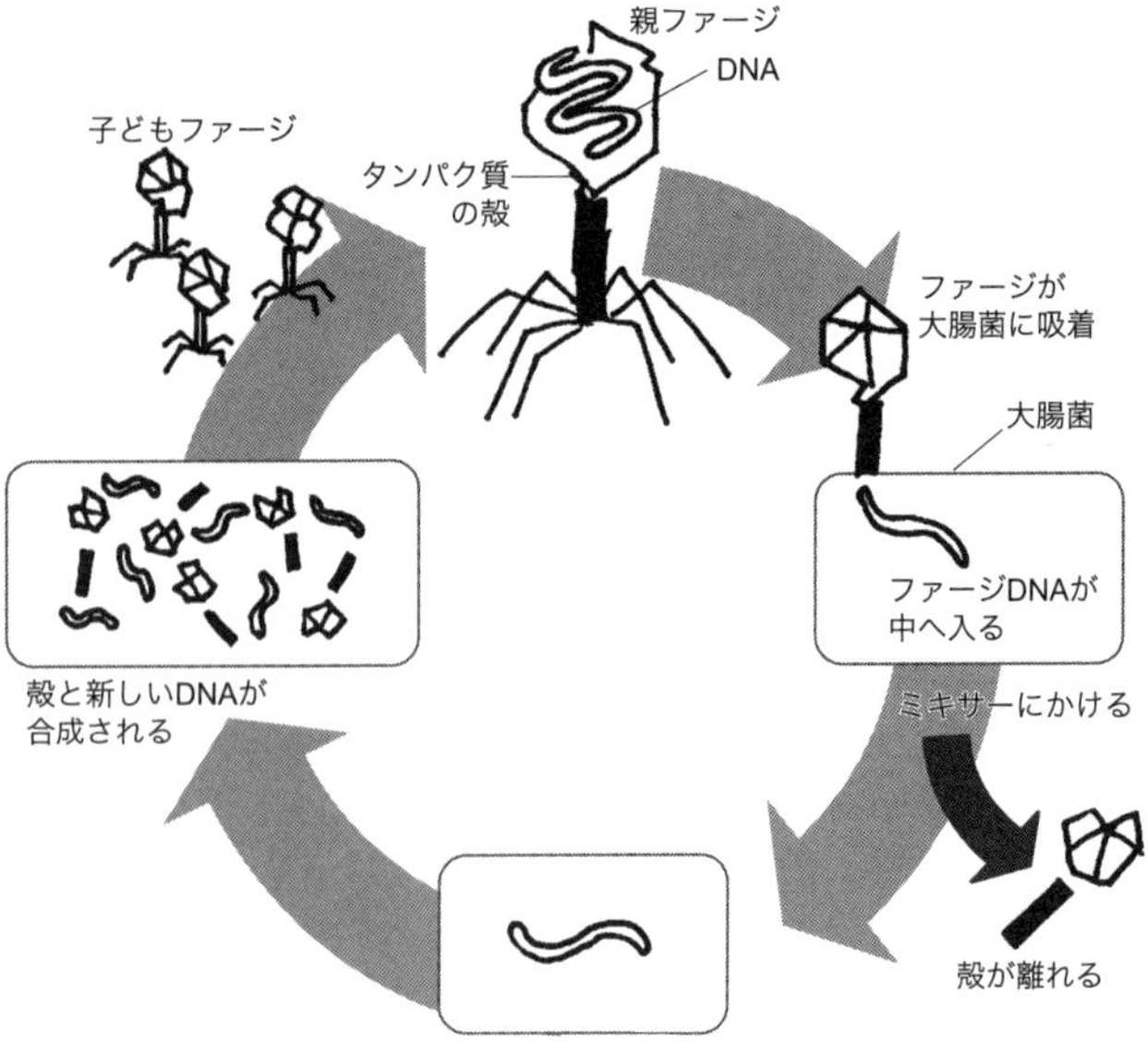

図 3-2　DNA が遺伝子であることの証明

はこうして起きます。実際に使ったのは大腸菌細胞に感染するウィルス（バクテリオファージとよぶ）です。ファージは図のように大腸菌につきます。ファージの外側の殻はタンパク質、中に入っているのはＤＮＡとわかっています。大腸菌にファージがついた後、ミキサー（ジュースを作るときに使うのと同じものです）にかけて、外側の殻を取り除いてしまっても、大腸菌の中でファージが増えました。中のＤＮＡだけが入って、そのはたらきで子どものファージができたことになります。これで遺伝子はＤＮＡであることがはっきりしました。

二重らせんとの出会い

そして一九五三年、遺伝子という大事な役割をするＤＮＡの構造を知りたいと思った若い研究者Ｊ・Ｄ・ワトソンとＦ・クリックの二人が、二重らせんという興味深い構造を見つけました。今では生物学の教科書に必ずのっているあの二重らせん。地球上にはたくさんの物質があるけれど、こんな形をした物質はＤＮＡだけです。しかも、この形をしているからこそ親の性質を子どもに伝えることができるわけで、よくぞこんな物質ができたものだと、ちょっとふしぎな気持ちになります。この物質がなければおそらく人間はこの世に登場しなかったのでしょうから。

私がＤＮＡという物質の存在とその二重らせん構造を知ったのは一九五七年、大学三年生のときでした。ワトソンたちの発見から四年後です。二重らせん構造の説明を受けたとき、本当にそんな形の物質が私の体の中に入っているなんて信じられませんでした。そこで、竹ヒゴと色粘土を買い、クラスメートと一緒にモデルを作ってみました。みごとにできたのです（今考えると、日本で初めてのモデルだったと思うのですが、そのころはそんなことは考えなかったので、特に大切に保管していませんでした。惜しいことをしたと思っています）。

そのような体験もあってＤＮＡの研究をしたくなり、以来四〇年以上その世界で暮らすことになったのです。横道にそれてしまいましたが、ＤＮＡの二重らせん構造が発見されたのが二〇世紀のちょうど真ん中、その後の研究は急速に進みました。ところで、この発見をしたときのワトソンは二五歳、もちろんこれでノーベル賞を受賞しました。すばらしいですね。

ＤＮＡの三つの仕事

こうして遺伝子はＤＮＡであることがわかり、ＤＮＡの研究が生物研究の中心になりました。ではＤＮＡは何をするのか。生きるということの基本になるのですから、さぞたくさんのことをしなければいけないだろうと思うでしょう。そう考えてあたりまえです。ところが、ＤＮＡのしていることは基本的には三つ、この三つですべてをまかなっているのです。

第一は〝複製〟です。二重らせんのＡとＴ、ＧとＣの組み合わせが決まっているために、図３－１のように親のらせんが二つに分かれて、元とまったく同じＤＮＡを二つ作ることができます。こうして同じ性質を伝えていくわけです。二つめは、〝はたらく〟です。細かく説明する余裕はありませんが、Ａ、Ｔ、Ｇ、Ｃの並び方できまる情報に従ってタンパク質を作り、体を成長させたり、はたらかせたりする役割です。遺伝子というと、遺伝、つまり親から性質を伝えることだけをやっているように思いがちですが、そうではありません。あなたの体の中で細胞が増えるときにはDNAが複製しなければ困りますし、あなたが食べたものを消化したり、運動するためのエネルギーを作ったりするタンパク質はDNAがつくります。

実は〝はたらき〟の中には、タンパク質をつくるだけでなく、つくり方を調整する役割もあります。この調整が生きものらしさを生みだす大切なはたらきなのです。このように、毎日あなたのためにせっせとはたらいているのが遺伝子です。DNAのできることの三番目は〝変わる〟ことです。DNAをつくっているA、T、G、Cの並び方は、基本的にはいつも変わらずにいますが、ときどき変わります。AがTになってしまったりGのあったところが欠けてしまったり。この変化は変異と言って困ったことも起こしますが、一方で進化の原因になって新しい生物を産みだす力になります。このような小さな変化だけでなくDNAの一部がごっそりと抜けたり増えたり、よそへ動いたりという変化もあり、それが進化につながります。

このようにしてDNAの研究を進めていくうちに、遺伝子全部を調べたいということになり、二〇〇三年にはヒトゲノム、つまりヒトのもつDNAすべての解析というところまできたのです。二〇世紀は遺伝子の発見に始まり、ゲノムの解析で終わり二一世紀につながった。ちょっとカッコよく言うとこうなります。次の項でここをもう少しくわしく説明しましょう。

オトコとオンナはどこから始まる?

これまでのところで、DNA(ゲノム)の研究から、私たち人間も地球上にいる多様な生きものの一つであり、三八億年という長い歴史の中でできあがってきた存在であること、DNAのはたらきを調べると生きものだからこそ「こうなのだ」、という性質がわかってくることを話しました。

具体的にどんなことがわかるのか。たくさんありますが、ヒトゲノム解析の結果を活用して一番熱心に行なわれているのは、病気に関する研究です。いま日本で進められているプロジェクトでは高血圧、糖尿病、アルツハイマー、がん、アレルギーの五つの病気を重点的に研究しています。高校生にはあまり関係のないものが多いかもしれませんが、これらはいずれも多くの人が悩んでおり、原因となる遺伝子を調べて予防や治療に生かすことが大事です。

このように病気の研究は重要ですが、ここでは若者向きに少し別の話をしましょう。性です。男性、女性の性。とは言っても、残念ながら恋愛やセックスの話にはなりませんけれど、生命の歴史の中での性の誕生は大きなできごとです。

その昔、生きものに〝死〟はなかった？

地球上に生きものが登場したときには性はありませんでした。性がないとどうなるのか。最初に現れた生物に最も近い姿をしていると思われるバクテリアは、いまも無性で、分裂によって増えます。一つの細胞が二つに分かれるのですから、親の細胞の一部からそのまま娘細胞（これはなぜか娘と言います）になっていくわけで、ここには〝死〟がありません。本来、生きものには死はなかったのです。

ところが、だんだんにバクテリアの中にも仲間の細胞に出会うと、自分のもっているDNAを相手の細胞の中に入れる能力をもつものが出てきました。そういうことのできるバクテリアは特別の小さなDNAをもっていることがわかり、このDNAをF（ferility）因子と名づけ、これをもっているバクテリアをオスとよぶようになったのです。もちろん通常バクテリアは分裂で増えますが、F因子があると、外から新しいDNAが入り、新しい性質が獲得できます。

こうして、いつでも新しいDNAが入ってきて混ざり合う方法をとる生きものが生まれてきました。有性生殖とよぶこの方法は、私たちが日常目にする生きものつまり、多細胞生物ではふつうに見られます。この場合には、体を構成する細胞が大きく二つの役割を分担します。一つが体細胞、もう一つが生殖細胞です。オスのもつ生殖細胞が精子、メスのものが卵。これが合体してできる受精卵が一つの個体の始まりです。あなたは、両親の精子と卵がもっているDNA（ゲノム）を通して、それぞれの性質を受け継いだ受精卵を出発点として誕生し、ここまで成長してきたわけです。

前の項で「あなたはアナタしかいない」と言いましたが、その秘密はここにあります。分裂して増えるのだったら原則としては二つの娘細胞のゲノムは親細胞とまったく同じです（もっともときどき変異が起き、変わりものが生まれ、そこから新しい性質が生まれますが、これはめったに起こることではありません）。けれども、精子と卵が出会えば、必ず新しい組み合わせで新しいゲノムが生まれ、両親と似ているけれど、決して同じではない個体が誕生するのです。生殖細胞ができるときにはDNA組み換えが起きて、遺伝子を混ぜ合わせるしくみもあり、有性生殖ではどんどん多様化していきます。

生きものは多様化していったほうが暮らす場所を広げられますし、激しい環境の変化などで多くの生きものが滅びるような場合にも、生きのびるものが出やすくなります。有性生殖では、相手をみつけなければなりませんし、出会っても相性が悪かったりして（体験ありませんか）、子孫は残しにくいわけです。それでも有性生殖をする生物が多いのは、やはり生きものには多様性が大事だからです。

最初はみんなが女の子?

ところで、オスとメスはどこが違うのか。人間の場合、ゲノムは四六本の染色体に分かれているのですが、そのうち四四本は二二対、つまり同じ染色体が二本ずつあり(一方の二二本が父親から、もう一方が母親からのもの)、残りの二本が性染色体です。性染色体にはXとYがあり、XXは女性、XYは男性になります。X染色体はかなり大きく(二四種類ある中で、大きいほうから八番目)、Y染色体はとてもとても小さいのです。とはいえ、Y染色体には、SRY遺伝子と名づけられた大切な遺伝子があり、これには生殖器官や体の構造・はたらきを男性化させ、男性ホルモンがはたらくようにする大事な役目があります。

受精卵からつくられてきた体は、最初は全部女性になっているのですが、SRY遺伝子の活躍で男性ができあがります。ところで、SRYには大きな特徴があります。遺伝子は、人によって少しずつ違うところがあるのがふつうなのですが、SRYの場合、すべての男性で驚くほど一致しています。そしておもしろいことに、人間と九九・九%まで同じと言われるゲノムをもっているチンパンジーのSRYは人間のものとは大きく違うのです。つまり、人間の男性は人間の男性として特有の特徴をもち、しかも全員が共通の遺伝子をもつ仲間になっているということです。人間にはそれぞれ個性があるけれど、男性という性質は基本的に共通である。ゲノムはこんなことを語っています。

実は、Y染色体はとても小さいので、SRY以外にはあまり重要な遺伝子をもっていません。Xにはたくさんの遺伝子があるので、男性がもっている一本の染色体に異常があると、それが直接病気につながります。血友病や筋ジストロフィーがその例です。

人権としての男女平等はあたりまえ。でもやはり男と女は違うのです

男女で差別をしてはいけない、男女がともに働く社会をつくろうという考え方は正しいのですが、それは決して男性と女性が同じということではありません。社会的には女性の弱さが問題になりますが、生物学で見るとY染色体の小ささというような男性の弱さにも目が向きます。男女が平等であることはあたりまえですけれど、でも男性と女性には違いがあり、どちらにも弱いところがあるのです。お互い、あまり突っぱりあわないで行こうよと、あなたの中のゲノムは言っているのではないでしょうか。

やはり「あなたはアナタしかいない！」

すべてはＤＮＡが決める⁉

一人ひとりが祖先から受け継ぎ、また次へと伝えていくＤＮＡの研究が進んだ結果、人間とはどのような存在かということをＤＮＡを通して考えられるようになりました。

ところで最近、高校生と話をして、自分の性格や能力はすべてＤＮＡで決まっていると思っていたり、知能の遺伝子があると信じこんだりしている人がいることを知りました。これは違います。

確かに私たちの体の中で遺伝子ははたらいているけれど、表に出ている一つのことがらを決めている一つの遺伝子があるわけではありません。速く走れる遺伝子、音楽を好きになる遺伝子があり、それを遺伝子組換え技術とやらを使って体に入れると性質が変わるというものではないのです。確かに脚の速い人と遅い人はいますね。だれもがカール・ルイスや、ウサイン・ボルトになろうったって無理です。体型や筋肉のはたらき方など、さまざまなことがからみ合って脚の速さが決まり、その背景にはいくつもの遺伝子があるのです。事実、サラブレッドを見れば、速いという性質に目をつけて選んでいけば、能力の高いウマが生まれてくることはよくわかります。

でも、名馬から生まれた仔馬がすべてレースで常勝する馬に育つかといえばそうではありません。それに競馬用の馬は長い間かけてその目的のためだけに育種をされているわけで、人間の勝手さが作りだしたものです。これを人間にあてはめて、ある性質だけに注目して人をつくっていき、うまくいかなかったときには放り出してしまうなどということはできません。みんながみんな走るのが速くても困りますし、結局はいろいろな人がいるのがいいねということになるわけです。今のままでお互いによいところを認め、不得意なところは助けあうのが結局いちばんいいんだよということでしょう。

大切なことは特徴を生かすこと

ここで大切なことがあります。生きものは共通の祖先から始まり、環境との関わりの中で多様化してきたわけで、そこにはどちらが優れているかという判断は入ってこないということです。夜行性の生きものだったら視覚はそれほど発達していなくてもよいし、色も識別できる必要はありません。事実、恐竜が栄えていたころの哺乳類は夜行性だったので色を感じる細胞がありませんでした。今でも哺乳類の多くは、カラフルな世界を見てはいないのです。幸い、霊長類には光の三原色、赤、青、緑を感じる細胞があり、私たちは美しい景色を楽しんだり、絵の具できれいな絵を描いたりできるわけですから感謝しなければなりません。

でもここで、私たち人間のほうが優れていて色彩がわからない動物はかわいそうと思ってしまったら間違いです。先日読んだ論文に、ネズミのヒゲの能力を調べた結果が出ていました。穴をくぐろうとするとき、ヒゲが周囲の壁にぶつかって折れ曲がる。どこのヒゲがどのあたりでどっちの方向に曲がったか。これでネズミは壁の様子を知ることができるのだそうです。人間でも立派なヒゲを生やしている人がいますが、あのヒゲがセンサーとしての役に立っているとは思えません。ときどき、ヒゲの先にごはん粒がついていても、わからないみたいですし。

というわけで、生きものにはそれぞれ得意な能力があり、それを生かしてその生きものらしく生きているのであって、生きものを一列に並べて順番を決めることなどできません。人間も生きものなのですから、それぞれが自分の特徴を生かしていけばよいのであって、何か一つのこと、たとえば数学の点数で順番をつけてみても意味がない。もちろん、数学が得意なのはとてもよいことで、それを誇りにして将来に生かそうとするのはよいことです。ただし、それだけで人間の優劣が決まるわけではないというあたりまえのことを確認しておきます。

自分のゲノムを気に入って……

ゲノムの研究が進むと、なんでも遺伝子で決まっているのではないことがわかるようになっていきます。調べれば調べるほど複雑になっていくことがわかってきた例を一つあげておきましょう。アレルギー、とくに喘息についての研究が進められています。近年患者が増えており、その原因探しが積極的に行なわれています。その結果、喘息患者で変化が見られる遺伝子がたくさん見つかってきました。その中のどれか一つに原因を特定することはむずかしそうです。最近は、自動車の排気ガスその他で大気が汚染されているために発症者が増えているとも言われます。一方であまりにも清潔にしすぎて免疫系のはたらき方が変わったので増えたという考え方をしている人もあります。原因となる環境についても要因がたくさんあげられます。

つまり、関係する遺伝子が一つではないというだけでなく、アレルギーが起こる遺伝子があるからと言って、それだけで発症するかしないかが決まるのではないのです。環境が大きな要因になっており、それと遺伝子のはたらきの関係に見られる複雑さにも注意しなければなりません。ここには遺伝と環境の関わり合いというテーマがあります。

遺伝か環境かという問題は、古くから議論されてきたものですが、ゲノム研究が進めば、これに決着がつくのではないかという期待がありました。ところが最近のデータを見ると、最終的には遺伝も環境も影響しますということになるという報告が多いのです。なんだそんなことなら研究しなくたってわかってるじゃないと言われそうですが、よく調べずに、そうかもしれないと言っていることと、研究したうえでの結論では、まったく意味が違います。今、研究者は遺伝か環境かと対立させるのではなく、環境を通して遺伝が関わると考えています。

生きもののことは、調べていくと、どうもあたりまえのところに落ち着きそうです。でもこれでホッとしませんか。優秀遺伝子があって、それをみなで争って自分のものにするような社会より、それぞれが得意な部分を生かして生きていくほうが、みんなが暮らしやすい社会だと私は思います。それぞれが自分のゲノムを気に入って生きていきましょう。

第2章　脳を語る

「ネットワーク」が脳の原型

ここまでは、ゲノムをテーマにしました。ゲノムは、地球上の生物のどれをとっても必ずDNAという物質なのに、それぞれの生物の特徴を出す役割をする興味深いものです。でも、ゲノムで生きもののことが何でも説明できるかといえば、そうではありません。たとえば、環境の影響も少なくありません。一卵性双生児を対象にして、人間の性格その他を決める要因を調べている研究者が、多くは遺伝五〇％、環境五〇％であり、多少違う場合でも前者が六〇％、後者が四〇％という程度だと報告しています。だいたいだれもがそうだろうなと思っているところに落ちついています。

環境の影響を考えるとき、最も興味をひくのは「脳」です。ゲノムの解析で、ヒトと一番近いのはチンパンジーであり、その差は一・三％程度とわかってきました。それだけの違いで、アフリカの森の中で暮らすチンパンジーとジェット機に乗って地球の全域を飛びまわり、しかもその飛行機を単なる交通手段でなく戦争の道具にまでしてしまう人間の差がどうして出てくるのか。それを知るためのゲノムの解析も進んでいますが、もう一つの方法が、環境のほうから考えてみることです。そこで、ここからは、「脳」をテーマにします。

情報の交差点としての脳

さて……と改まって。「脳」というとすぐに人間の脳を考え、しかも学習、記憶、意識などの高次の機能、そして心というところに関心が向きます。でも生命誌は、生きものの仲間として人間を見る立場をとりますので、脳についても、人間だけを特別視はしません。そこで、外からの情報を生きものたちがどのように扱ってきたかを、単細胞生物から始めて順に追っていくことにします。

生きものの基本と言えば細胞。細胞一個で暮らしているバクテリアやアメーバもみごとに生きていますから、その様子を見ましょう。細胞の特徴は、膜で囲まれていることです。この膜は四ナノメーター（一ナノメーターは一〇〇万分の一ミリ）という薄いものですけれど、二重になっていて外から必要なものを取り入れ、中から不要物を出すはたらきをします。内容物はしっかり中に保ちながら、ものを出し入れできるという優れものの膜は、情報を扱う能力をもっています。餌があるぞという情報をキャッチするとそれを細胞内にとりこみますし、少し遠くにもっとたくさんの餌があるという判断をすると細胞はそちらへ泳いでいきます（多くの細胞には毛が生えていてそれを使って動きます）。逆に、毒物など嫌なものがあるとわかれば逃げだす。このときの膜の反応は、私たちの脳の細胞が情報に従って物質を出し入れするときと同じやり方なのですが、細かなことは後で説明します。

カイメンと私たちって同じレベル⁉

単細胞の生きものでも感覚をもち、外界の情報を取捨選択して内部にとりこみ、その情報に従って運動したり、その運動を制御したりしている。基本的には私たちと同じことをしているわけで、それができるのが生きものだと言ってもよいのかもしれません。

でも細胞一つではそれほど複雑なことはできません。そこで集まってお互いに助けあったり役割分担をする多細胞生物ができあがります。さまざまな多細胞生物が生まれたことがはっきりしているのは、六億年ほど前のカンブリア紀ですが、それ以前にも、まだしっかりした役割分担まではいかないけれど細胞が集まっているという状態の生物が生まれていました。たとえばカイメンはその一つです。カイメンはあまり動かないので動物のようには見えませんが、多細胞の動物の祖先と考えられます。カイメンの場合、細胞をバラバラにしてもまたおのずと集まってくるのですが、このとき、種類の違うカイメンを一緒にバラバラにすると、集まってくるときに同じ種類のもの同士がかたまりになります。

つまり、細胞には自分の仲間がわかっているのです。カイメンにはもちろん「脳」はありませんし、すぐバラバラになるのですから、まだ多細胞動物とさえ言いにくいところがあります。ところが――ところがです。すでにこのカイメンのゲノム（細胞内にあるDNAのすべて）の中に、私たちの脳ではたらいているのとよく似た遺伝子があることがわかったというのですから驚きです。というより、生きものは古くから外に対応して生きていく能力をとても大事なものとしている、ということがここからわかります。

ITのルーツはカンブリア紀に⁉

さまざまな多細胞動物が登場するのは、六億年ほど前のカンブリア紀と言われる時期ですが、

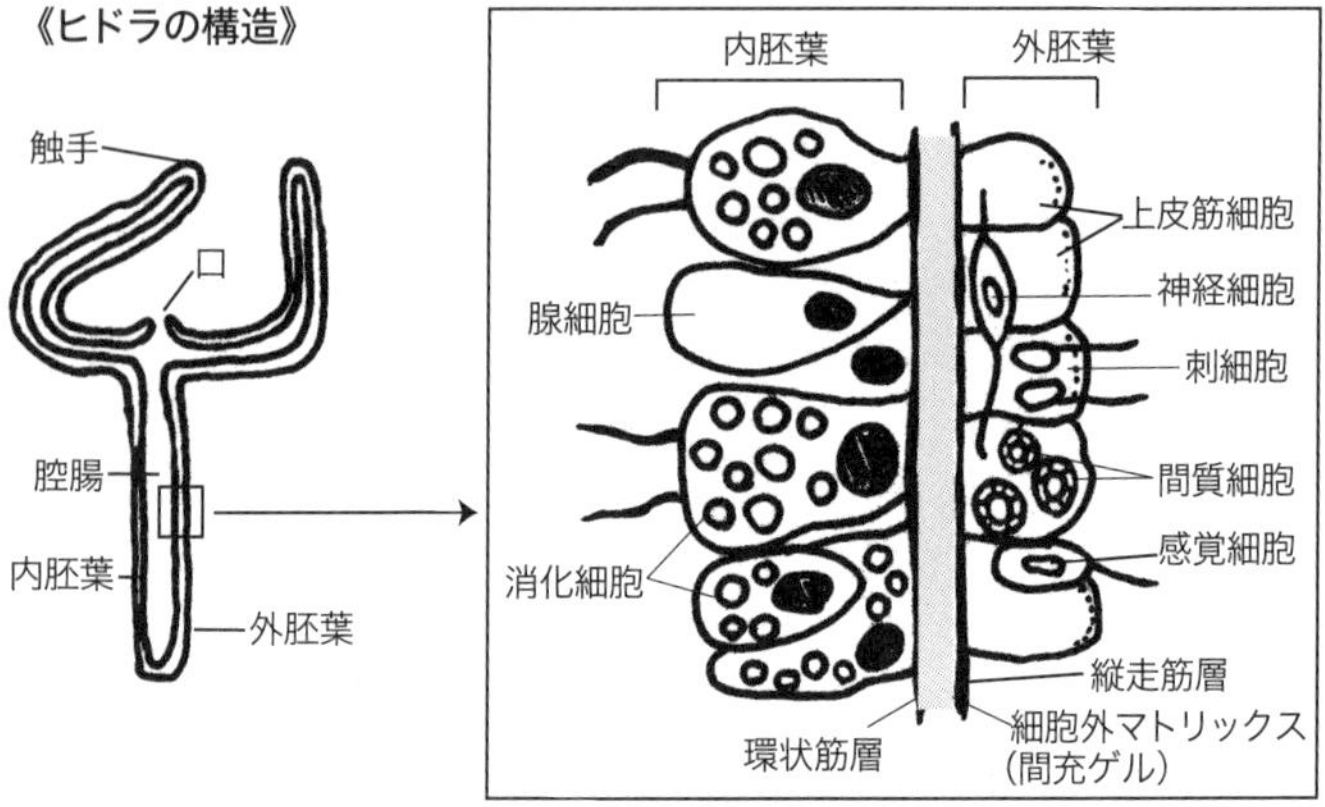

図 3-3　ヒドラの体の模式図

ここで現れた動物の一つであるヒドラは、すでに感覚と運動を分担する細胞が分かれています。図3－3を見てください。一番外側は細胞が二層になっていて、外側の細胞は、体を保護する役割の細胞と感覚器からできています。体の外に何があるかを知るための細胞です。図を見ると、餌になる小動物を麻痺させるための毒針をもった細胞（刺細胞）があります。内側に並んでいる細胞は、もっぱら消化の役割をしています。そしてこの二層の間に網の目のように走っているのが神経細胞、これは体中をつないでいます。

こうして見ると、すでにこの時期に私たちの体をつくっている基本のはたらきは備わっていることがわかります。とくに気をつけたいのは神経細胞で、これが全身にはりめぐらされてネットワークをつくっているのです。私たちは脳という命令の中心をもっていますが、最初は体のどこかに情報が入ってくると、そこから体中にそれが伝わり、それをもとに判断していたのです。

実は今の世の中、そちらの方向へ動いていますね。インターネットや携帯電話でのつながりです。以前は、家には一台しか電話がなく、お友だちからの電話もお母さんに取り次いでもらっていました。近ごろは家族の一人ひとりが携帯電話を持つ家も出てきました。一台の電話のある家はヒト型。携帯電話の家はヒドラ型。この二つのやり方の比較は次項にしましょう。それぞれの特徴を考えておいてください。

脳は情報処理の信号機!?

ヒドラのとんぼ返り

情報のやりとりについての携帯電話のヒドラ型、一家に一台固定電話のヒト型それぞれに、よい点と悪い点があることを考えましたか？　実際に生物はこれをどう使っていくか、次の話に進みます。

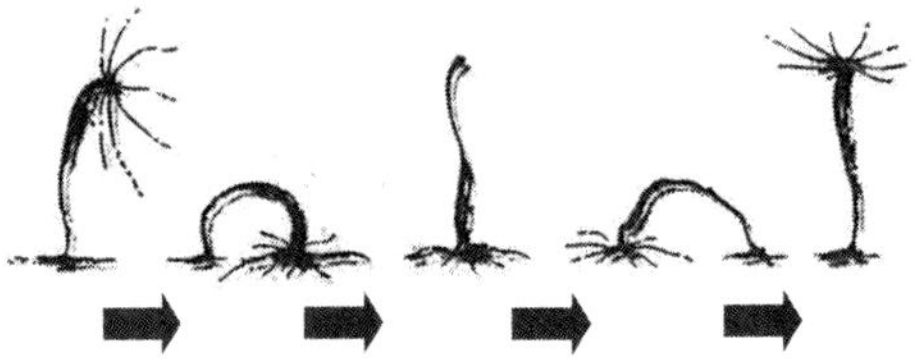

図 3-4　ヒドラの移動法の一つ“とんぼがえり”
トランブレーの「覚書」より

外からの情報、つまり環境からの刺激を受けとるのは感覚ニューロンとよばれる神経細胞です。感覚とは、視覚、聴覚、嗅覚、味覚、触覚などで、それぞれに対応するニューロンがあります。そして、入ってきた刺激に対して何らかの反応をする、それは運動ニューロンと言って筋細胞に命令を伝えるものです。

前述したヒドラですと、まだこのニューロンの間で役割分担ができておらず、あちらこちらに散らばったニューロンが感覚ニューロンとしても運動ニューロンとしてもはたらきます。それでもヒドラは上手に〝とんぼがえり〟（図3―4）もしますし、なかなか複雑な行動をします。

ちょっと横道にそれますが、この愛嬌のあるスケッチをしたA・トランブレーについてちょっと話しておきたいことがあります。彼は一八世紀の人です。ヒドラを用いて、体の一部を切りとっても再生してくることを示し（一七四四年）、動物の再生を通して実験生物学の祖となりました。今では生物研究と言えばすぐ実験を思い浮かべますが、一八世紀の半ばまでは観察であり、生きものに手を加えることはほとんどありませんでした。

ところでトランブレーはヒドラの実験をどこでやったと思いますか。フランスの貴族の子どもの家庭教師となり、庭の池にいるヒドラを使って子どもたちに実験を見せたのです。今だったら、最先端の研究は大学や研究所で行なわれ、専門外の人や子どもたちがそれを知る機会はほとんどありません。今でも再生の研究はとても重要でたくさんの大学で行なわれていますが、子どもと一緒にやる人はいません。そういう点では昔のほうが進んでいたとも言えるかもしれません。実は、私のいる研究館は、生きものの研究はだれもが楽しめるものだと考えて、研究室を開放したり、さまざまな展示などをしています。是非いらしてください。

プラナリアにも脳はある⁉

ヒドラのとんぼがえりから入った横道が長くなってしまいました。再びニューロンに戻りましょう。ヒドラは、お腹がいっぱいになったときにはお酒を入れる徳利のような形になって食べものをため、外へもらさないようにもします。実は、お腹がいっぱいになったぞという判断ができるのは脳だということになっているので、ヒドラはどうして判断するのだろうと気になります。最近になって、ヒドラの口の近く（図3－5）に、ニューロンが集まってできた神経環のあることがわかってきました。ここにあるニューロンを調べると他のところより寿命が長いこともわかってきました。口の近くにあって、ニューロンの寿命が長いというのは脳の特徴です。まだ研究者の間では、ヒドラに脳があるという同意ができてはいませんが、このような様子を見ると神経環はとても脳に近いなあと思います。

体の前のほうにニューロンが集まり、脳とよんでもよいと思われる構造ができ始めるのはプラナリア（扁形動物）からです。と言ってもこれも最近わかってきたことで、プラナリアの研究者はこれは脳だと思っていますが、人間やマウスなど脊椎動物（昔は高等動物とよばれていた仲間。最近はすべての生物がそれぞれ特徴をもって暮らしていると考えるようになり、高等とか下等とか言わなくなりました）の脳の研究者の中には、まだそれを脳とよぶのは早いと思っている人も少なくありません。

事実、プラナリアの場合、ヒドラ型とヒト型の混合です。脳とは何かという問題も、これから研究が進んでいくことで、はっきりしてくるでしょう。生きものすべての歴史を知りたいと思っている立場にある私は、すでにヒドラに脳の気配を感じています。脳をあまり特別視せずに外からの情報を上手に利用するところくらいに考えてよいかなと思うからです。

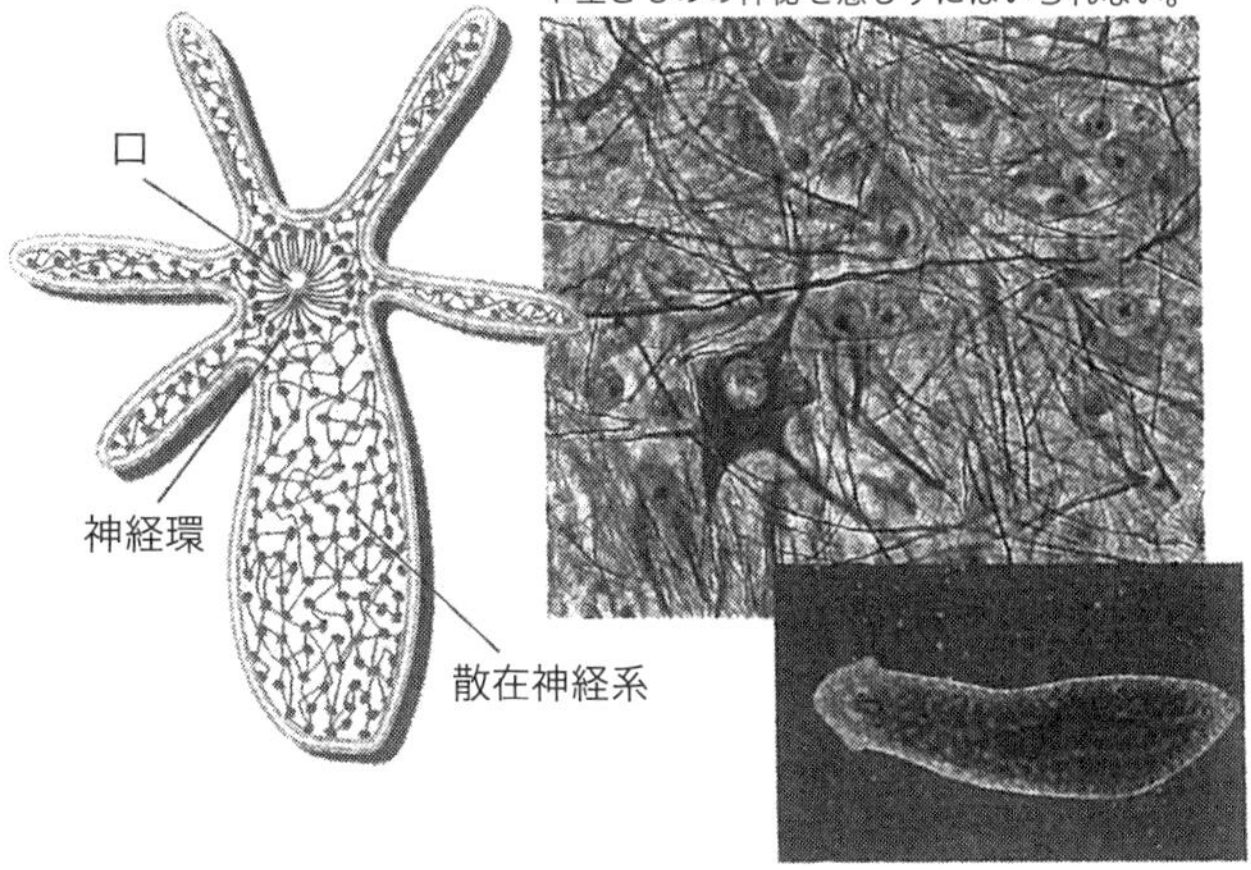
神経細胞・ニューロン
網の目のようにはりめぐらされ、脳の、いや生きものの神秘を感じずにはいられない。
プラナリア
淡水や海水、そして湿地帯にも生息する再生力の強い動物。体長は 2〜3mm、大きいもので 5mm 程度とされる。

図 3-5　ヒドラの口と神経環

ところで、脳をつくっているニューロンは、介在ニューロンとよばれます。感覚ニューロンと運動ニューロンは入ってくるところと出ていくところですから、外に近いところにいなければなりません。その二つをつなぐために間にたくさんのニューロンが必要なわけで、それが介在ニューロンです。これが体の前のほうに集まり、たとえば目の感覚ニューロンから、信号の赤い光が入ってくると、止まらなければいけないぞとすばやく判断し、運動ニューロンにこの命令を伝え、そこで足の動きが止まるというわけです。

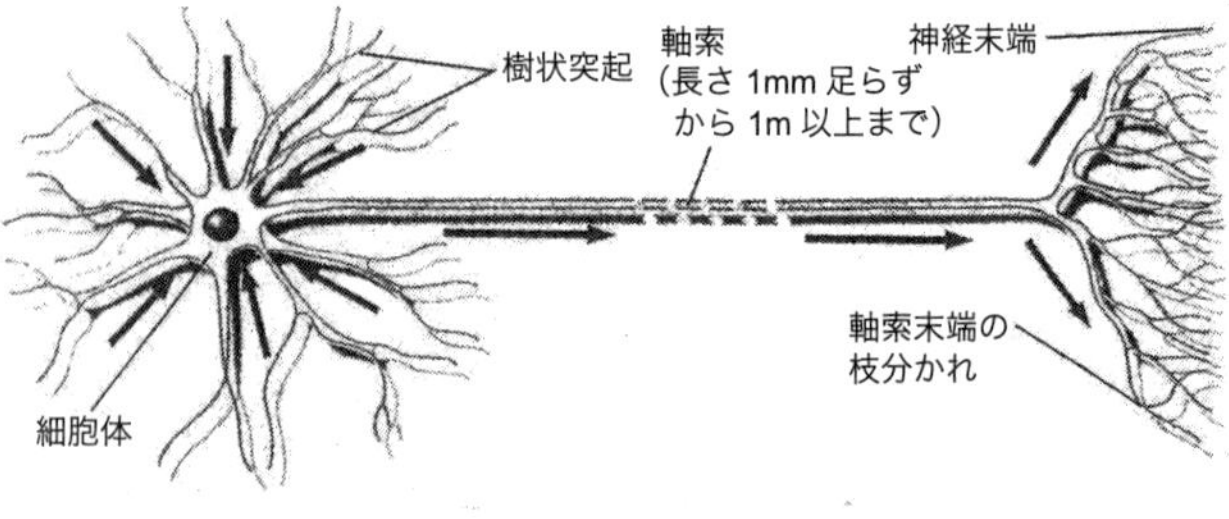

図 3-6　ニューロン（神経細胞）の構造

体中を走るニューロンネットワーク

ニューロン（神経細胞）は、おもしろい形をしています。図3－6を見てください。細胞体と言ってDNAの入った核があり、さまざまな物質を生産するなど細胞としての基本的な活動をするところから長い軸索（一メートルほどあるものもある）が伸び、その先は多数に分かれ、その末端が筋細胞や他のニューロンにつながって情報を伝えるのです。細胞体のまわりに出ている樹状突起には他のニューロンの神経末端がつながっているのですが、その数は数百から数千にもなります。

イメージできたでしょうか。神経末端と樹状突起があるので、ニューロンとニューロンはお互いに複雑なネットワークをつくります。私たちの体中にこのようなニューロンネットワークが張りめぐらされ、それらをまとめて、外の刺激に対応する判断をしているのが脳なのです。よく脳と身体という言い方をしますが、ニューロンのネットワークで見れば身体中がつながっていて、途中で情報処理をするニューロンが集まっているところが脳だと考えるほうがよいことがわかります。

このように考えると、まだまだ簡単とはいえ、プラナリアにも脳があり、プラナリア全体として運動したり、物を食べたりするのに役立っていると考え、さてそれがどのように複雑化しているのだろうと考えるのが自然に思えてきます。次はこの複雑化に入っていきましょう。

ご先祖サマはお魚サマ!?

私たちの脳は魚から進化した

体中に神経系が同じように散らばっていたインターネット型と、情報管理が一カ所に集中している中央型はどちらがよいか。それぞれ特徴があるわけですが、ヒトにつながる脊椎動物（背骨のある仲間で、魚、恐竜などのは虫類、カエルのような両生類、鳥類、哺乳類の順に出現）は、中央での集中管理、つまり脳を発達させていきます。

そこで、私たち人間の脳につながる進化の始まりである魚の脳を調べます。ここで一つおも

図 3-7
魚の逃避行動

藤田哲也『心を生んだ脳の 38 億年』（岩波書店）

しろいことがあります。外から刺激が入ってくる側と、それに対応して体を動かす運動神経のはたらく側が、反対になるように左右の神経が交叉していることです。私たち人間もそうなっています。脳出血などで脳の機能に障害が起きたとき、それが左側の脳だと右半身が不自由になり、右側の脳がうまくはたらかなくなると左半身がはたらきにくくなるのはよく知られています。これは神経が、首のところで交叉しているからです。なぜなのだろう。右は右、左は左でもよいのにと思っていましたら、魚ですでに交叉していてそれが残っているのだとわかりました。

では、なぜ魚で交叉したのか。危険なものが近づいてきたとき、危険信号が来た方向と反対側の筋肉を収縮させるとそちら側に逃げられます（図3－7）。この反応は神経信号の伝達の中で最も早いものの一つと言われています。なるほどと思いました。こうやってすばやく逃げられるものが生き残りやすかったのでしょう。私たちの体の神経が左右交叉しているのは、五億年も前の海の中で魚がうまく逃げる能力を獲得したときに生じたものが残っているのだとわかり、私たちが生きものの歴史によってつくられるのだということを改めて感じました。

小顔じゃダメ。アゴが人生を豊かにする

このように、私たちの脳の基本の形は魚が生じたときにすでにできていたことがわかります。もちろん、魚も進化しました。その中で最も大事なことがらってなんだと思いますか。実はアゴができたことなのです。ふだん、アゴのことなんて考えますか。もし考えたとしても形でしょう。小顔でいくにはアゴはスッキリしてなきゃいけないというのが最近の流行でしょうか。アゴの役割は――口を開いたり閉じたりすること。あまりにもあたりまえで、とくに関心をもつことも感謝することもありませんね。でも進化の中では、アゴの誕生は画期的なことなのです。

原始魚類はアゴがありませんでした。ですから、開きっ放しの口の中に自然に入ってくるプランクトンなどを食べる他なかったのです。ところが、エラの中の一番先端にある部分に丈夫な骨のあるアゴができ、これが脳とつながって口を開けたり閉めたりできるようになりました。こうなったら、餌をパクリとつかまえられる。アゴができると同時に目の神経も整備され、積極的に餌をとって生きる姿ができあがりました。アゴができたことで人生――ではない魚生が

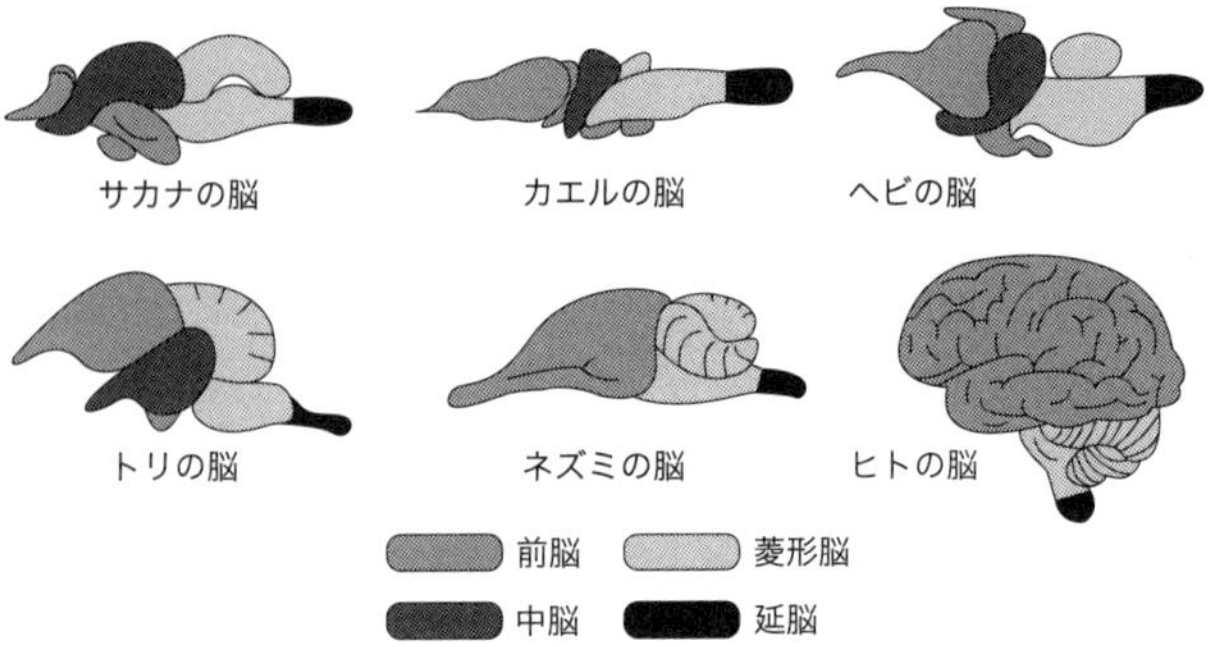

図 3-8　生物の脳の構造

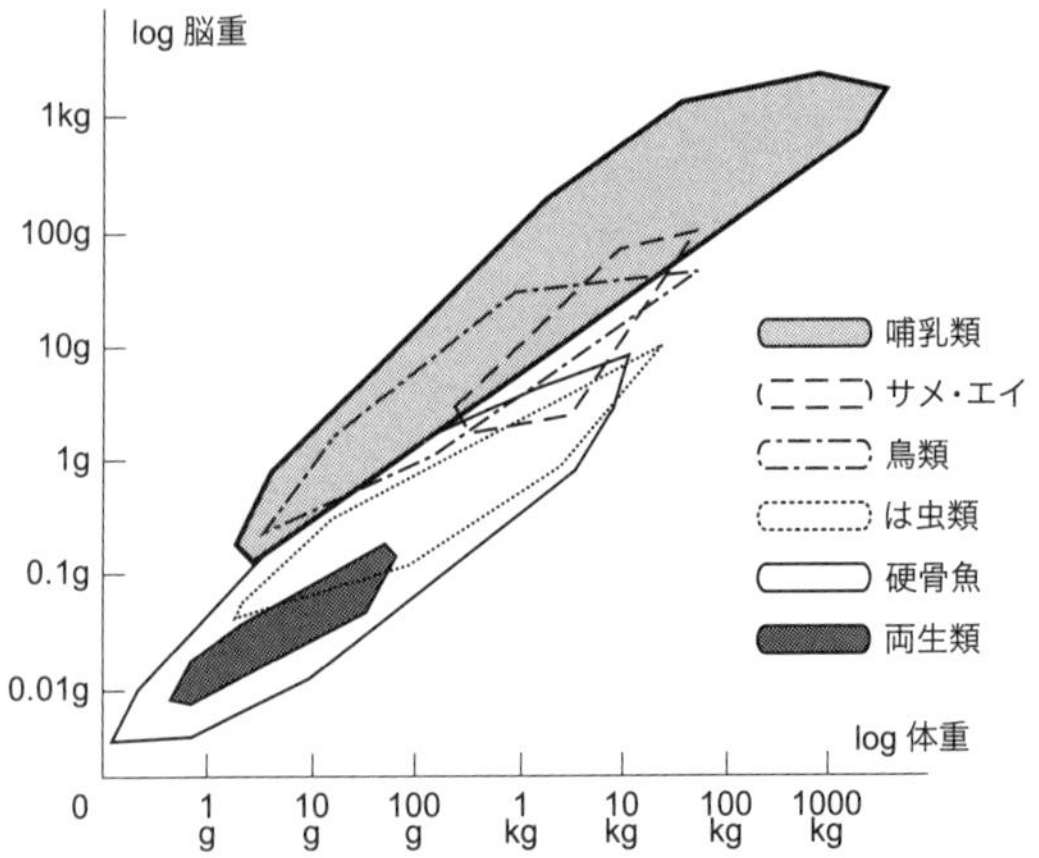

図 3-9　生物の脳重と体重

Evolving Brains; John M. Allman

とても積極的なものに変わったのですから、画期的と言ってよいでしょう。そしてここでできた神経のはたらきの基本が、人間にまでつながっているのです。

ここで改めて魚の脳を見てみましょう（図3－8）。前から順に終脳（人間の場合大脳とよばれる）、間脳、中脳、後脳（小脳）、延髄、脊髄と並びます。この構造は基本的に変わらずこれが少しずつ変化して人間にまでつながるのです。もちろんそれぞれの脳の大きさや役割はぐんぐん変化しました（図3－9）。基本的には同じでありながらさまざまなものをつくっていく。前にゲノムについて話したときに何度もそれをくり返しました。脳も同じです。つまり生きものは、とても多様だけれど、基本は同じという性質をもっているのです。もちろんこれは人間にもあてはまることで、人それぞれに特徴があり多様であると同時に基本は共通しているというところが大事なのです。

カラスもゴキブリも結構優秀です

脳に戻りましょう。まず大きさのことを考えます。図3－8は、脳の様子を知るために、どの生きものの脳も同じくらいの大きさに書いてありますが、もちろん、体が大きいものの脳は大きくなります。生命誌研究館では五〇種類ほどの生きものの脳を展示しているのですが（現在展示は改変）、ゾウの脳のところへ来ると、たいていの人が「小さいなあ」と言います。実は、ゾウの脳は、ヒトの脳とほとんど同じくらいの大きさなので、脳そのものとしてはそれほど小さいわけではないのですが、みんなゾウの体の大きさを知っているので、小さいなあと感じるわけです。確かにゾウとヒトとを比べるとヒトのほうが脳が発達してると言ってよいでしょう。そこで、脳の大きさを比べるときには、体との比率で考えることにしています（図3－9）。

この図を見てどんなことを感じますか。自分であれこれ考えてみてください。たとえば、進化の順序と脳の大きさとはどんな関係にあるか。大ざっぱに見ると、だんだん大きくなっていると言ってもよいでしょう。両生類と哺乳類を比べれば、確かに後から登場した哺乳類のほうに大きな脳のものがいます。でも、鳥や魚もがんばっています。カラスなんか、なかなか賢いですからね。

ところで、研究館の脳の展示には、ゴキブリもあるのですが、来館者の中には、「エーッ、ゴキブリにも脳があるんですか」という方が少なくありません。確かに脊椎動物に比べたら昆虫の脳は小さいのですが、立派な脳があります。ゴキブリって賢いじゃありませんか。実は、脊椎動物は進化とともに脳を大きくしていく方向に進んだのですが、昆虫はむしろ小型化に賭けました。そもそも昆虫は外骨格と言って外に殻がありますから、体そのものが大きくなれません。しかしそのためにすばやく動けるので生存能力は高く、生活できる場所もふんだんにあり、地球上でも一番の多様化を誇っています。昆虫は脳にも工夫があり、小さくてもさまざまな活動ができるようになっています。その一つが、神経細胞（ニューロン）が小さいことであり、小さな場所にたくさんの細胞を入れてはたらかせています。

次は、脳の働きの基本となるニューロンへと話を進めます。

スーパープレーヤーを支える細胞たち

主役のニューロン、脇役のグリア

体のあらゆる部分と同じように、脳ももちろん細胞でできています。細胞から見たときの脳の特徴は、まったくはたらきの異なる二種類の細胞から成り立っていることです。一つがニューロン（神経細胞）でこちらが主役、もう一つは脇役をつとめるグリア細胞です。神経細胞は、主役と言っても、たった一つというわけではなく、私たち人間の脳の場合、約一〇〇〇億個あるとされています（ちょっと脇道にそれますが、こういう数の場合、本当に数えたヒトがいるわけでは

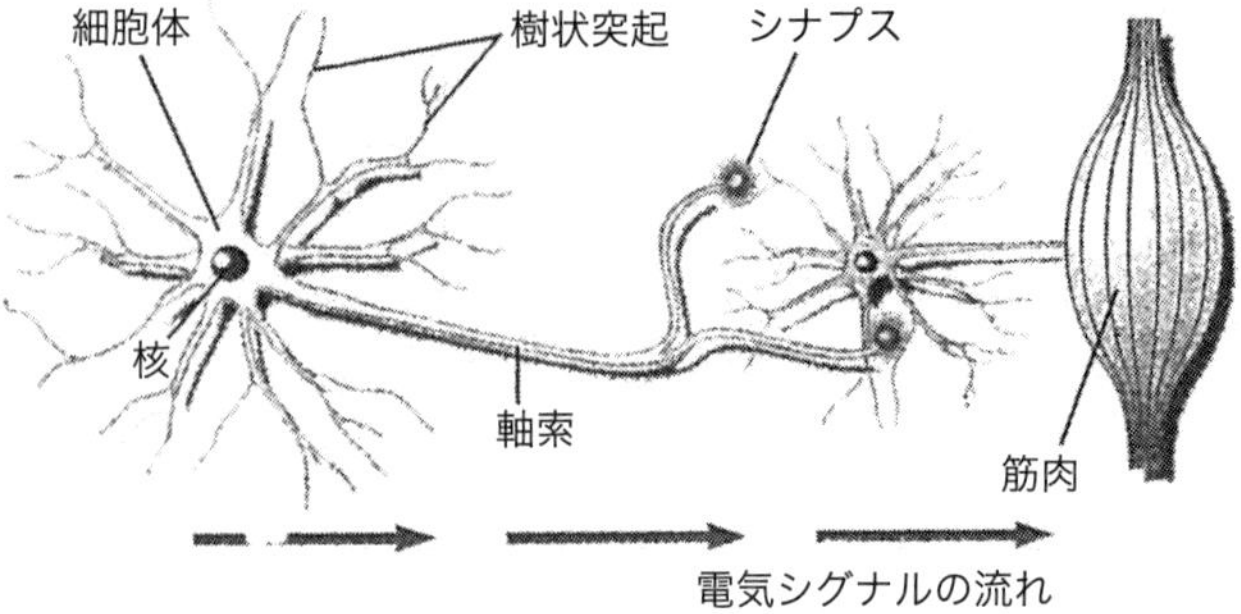

図3-10　ニューロンの構造

ないので、およその数であり、研究が進むと少し違う数が出てくるかもしれません。科学は絶対に正しいことを示す学問ではなく、現在の私たちの知識ではここまでわかっていますとか、今はこのくらいしかわかりませんというものなのです。ですから、新しいことがわかると教科書が書きかえられることもあるわけで、むしろそうやって変わっていくのが科学の特徴と言ってもよいかもしれません。そして、グリア細胞のほうは、なんと一兆個もあります（もちろんこれもおよそのことです）。

ニューロンは、外から入ってきた刺激を電気シグナルとして伝える役割をしていますので、普通の細胞と同じ、中に核をもった細胞体の他に、他のニューロンにシグナルを送るために長く伸びた軸索と、軸索を通って送られてきたシグナルを受け止めるための樹状突起とがあります（図3－10）。軸索の長さは一メートルもある場合もあります。図3－10でもわかるようにニューロンを通って伝わってきた刺激は最後には筋肉に伝えられます。

キャッチボールをしているとき、ボールの位置を見た目からシグナルが脳内のニューロンに伝わり、脚や手の筋肉に向かって、走ったり手を伸ばしたりするのに必要な命令が伝わっていくのです。こうして、ナイスキャッチ。となるとよいのですが、ドジなニューロンがうまく指令を出してくれないと、ボールはグローブをかすめて後ろへコロコロということにもなります。シグナルの伝達のしかたは、後でもう少し詳しく説明するとして、先に脇役のグリアの役目を見ておきましょう。

イチローのグリア細胞は最上級⁉

グリア細胞は、軸索や樹状突起を伸ばしてつながり合っているニューロンのネットワークの間にあるすき間にたくさん存在します。グリア細胞には四種類あるのですが、その中で一番役割のはっきりしているのがオリゴデンドロサイトとよばれる細胞です。実は、ニューロンから長く伸びている軸索は、そのまわりをミエリンとよばれる鞘《さや》で囲まれています（図3－11）。これをつくるのがオリゴデンドロサイトです。ミエリンは絶縁体で、軸索を通る電気シグナルを外にもらさないようにする役割をします。

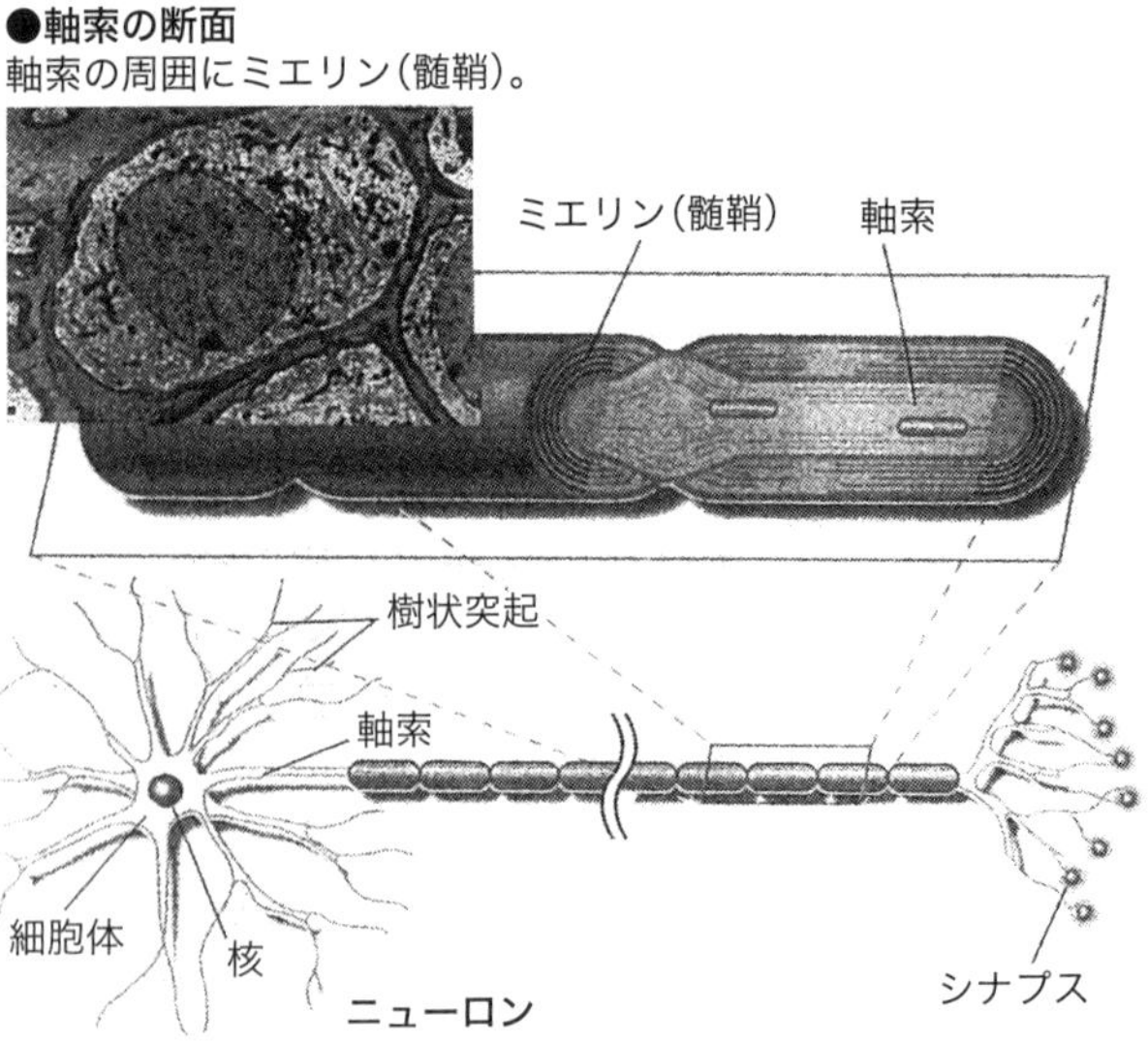

図 3-11　グリア細胞が作るミエリン

　こうして、目的地に向かってシグナルが早く送られるようにしているわけです。しかも図3－11でわかるように、ミエリン鞘は間に小さな隙間のある形で並んでおり、電気的変化が隙間から隙間へと一気に伝えられ、シグナルは早く伝わります。ボールを取るとき、シグナルの伝達があまりゆっくりしていたら、ボールが後ろへ行ってしまってから手を伸ばすという不様《ぶざま》なことになるでしょう。グリア細胞はそれを防いでくれる大切な役目をもっているのです。

　ここでまたちょっと脇道へ。先ほど、最初の魚の仲間はアゴがなく、アゴができてからは餌を追ってパクリと食べる積極的な生活が始まったと書きました。実は、アゴのない魚のニューロンにはミエリンはありません。すばやく餌にとびつくためには、私たちがキャッチボールをするときと同じ――おそらくそれ以上に敏捷な行動が求められるでしょう。そこでミエリンが登場したわけです。アゴとミエリン。一見無関係なものが、進化の過程で見ていくと意外な関係をもっていることがわかる例です。

ミエリンは、このように進化の役に立ったのですが、ミエリンをもっているのは脊椎動物だけです。たとえば、タコやイカの仲間は軸索を太くしてシグナルの伝達を早くしました。でも太いと場所をとりますし、エネルギーもたくさん必要です。これでは決まった大きさの頭の中に入るニューロンの数は増やせません。タコが餌をとる様子などを見ると、なかなか賢いようですし、事実、かなり複雑な脳をもっていると言われますが、学校をつくるというところまではいかなかったのも確かです。

脊椎動物はミエリンを使ったので、ヒトの脳にまで複雑化できたと考えてよさそうです。進化っておもしろいですね。もし、脊椎動物が軸索を太くするという方法をとっていたら……どうなっていたかわかりませんが、少なくとも学校や試験はなかったでしょう。

脇役たちに感謝

他の三つのグリア細胞は、ミクログリア、アストロサイト、上衣細胞とよばれます。これらの役割はあまりよくわかっていません。アストロサイトは最もたくさんある細胞で、ニューロンに栄養分を供給したり、環境づくりの役をしたり、ときにはニューロンが進むための案内役をしたりしているらしいのですが、はっきりしたことは、まだこれからの研究を必要としています。

脳には、血液脳関門とよばれる関所のようなものがあるのを知っていますか。体中をめぐっている血液は、もちろん脳にも送られます。いっしょうけんめい勉強して脳を活発にはたらかせているときなどは、血液もどんどん送られています。血液の中には、たくさんの物質が溶けているのですが、脳に関しては、血管の細胞にある特別のタンパク質の助けを借りない限り、溶けている物質は入っていきません。脳は大事な場所なので、うっかり体中にとりこんでしまった物質が入っていかないように守られているのでしょう。脳関門もアストロサイトがつくっているようです。

脳細胞というとニューロンのことに目が向きますが、それを支えるグリア細胞の活躍も重要です。人間でもそうですね。脇役がしっかりしていると組織がうまくいくことは多いものです。

次はニューロンを見ましょう。

ニューロンの性能はカーナビ以上!?

進化する役割分担

ニューロン（神経細胞）については、これまでにも触れてきました。人間の脳には一五〇億個ほどのニューロンがあり、それがネットワークをつくって、うれしいとき、悲しいとき、数学の問題を解いているとき、音楽を楽しんでいるとき……私たちの感性や理性がはたらいているときには、その中のどれかがはたらいています。いや、眠っているときでさえ、はたらいているのです。

ニューロンとは何か。これまで、脳がどのように進化してきたかを見てきましたが、それには細胞自身の変化とそれに伴う新しいタイプの細胞の登場がありました。そこでここでは、細胞に注目します。

外からの情報を受けたら、それに対応して体を動かす。これが私たちが日常やっていること

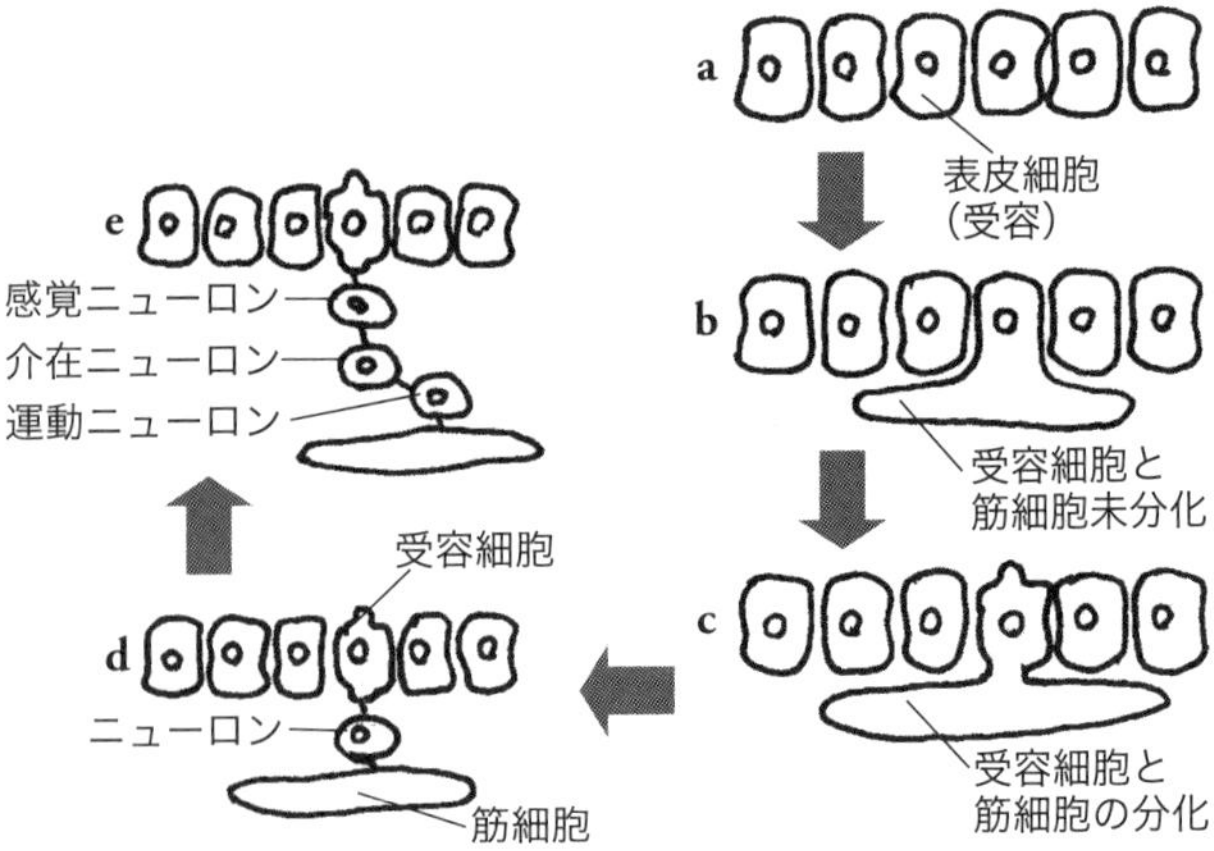

図 3-12　受容細胞と筋細胞（腔腸動物）

です。赤信号が見えたら止まる、携帯電話の呼びだしメロディがなったらポケットから急いで取りだす。一日の行動を始めから終りまで書いていたらキリがありませんが、熱いものに触ったときすぐに手を引っこめなかったら大変です。このためには、どんな細胞が必要でしょうか。情報を受けとる細胞と実際に動く細胞、この二つは不可欠ですね。

このような細胞の様子をまとめてみました（図3－12）。最初、ズラッと並ぶ表皮細胞はいずれも感じたり、動いたりに関与しているので、感受性も反応も鋭敏ではありません（**a**）。そのうち筋細胞が生じますが（**b**）、まだ受容細胞とはっきりは分かれていません。腔腸動物になると、表皮細胞の仲間から、外からの刺激を受けることが仕事となる受容細胞が生じ、一方で筋細胞は筋細胞としてできあがってきます（**c**）。腔腸動物の中でも進化が進むにつれて、だんだん細胞の役割分担が進み、（**d**）に見られるように刺激を筋細胞に伝える役割の細胞が生まれます。ニューロンの誕生です。この具体的な姿はヒドラの例で示しました。図3－12と比べてみてください。

速く、正確に伝える工夫

ニューロンの役割は伝達ですから、だんだんそれに適した姿形になっていきます。図3－12（**e**）に示したように感覚に近いところ、筋細胞に近いところにある感覚ニューロンや運動ニューロンだけでなくその間をつなぐ介在ニューロンも生まれます。介在ニューロンが集まってできたのが脳でしたね。

ニューロンには樹状突起と軸索という他の細胞にはない、細胞からとび出した部分があり、樹状突起で情報をとり入れ、軸索は遠くの細胞に情報を送る役割をしていることもすでに述べました。ところで、ニューロンは情報伝達をするのですが、情報はつねに速く、正確に伝えられなければなりません。ニューロンの場合も速さと正確さが求められます。私たちの体にとって最も大事な情報伝達ですから、そうでなかったら大変です。自動車が近づいてるぞと目に入る感覚は

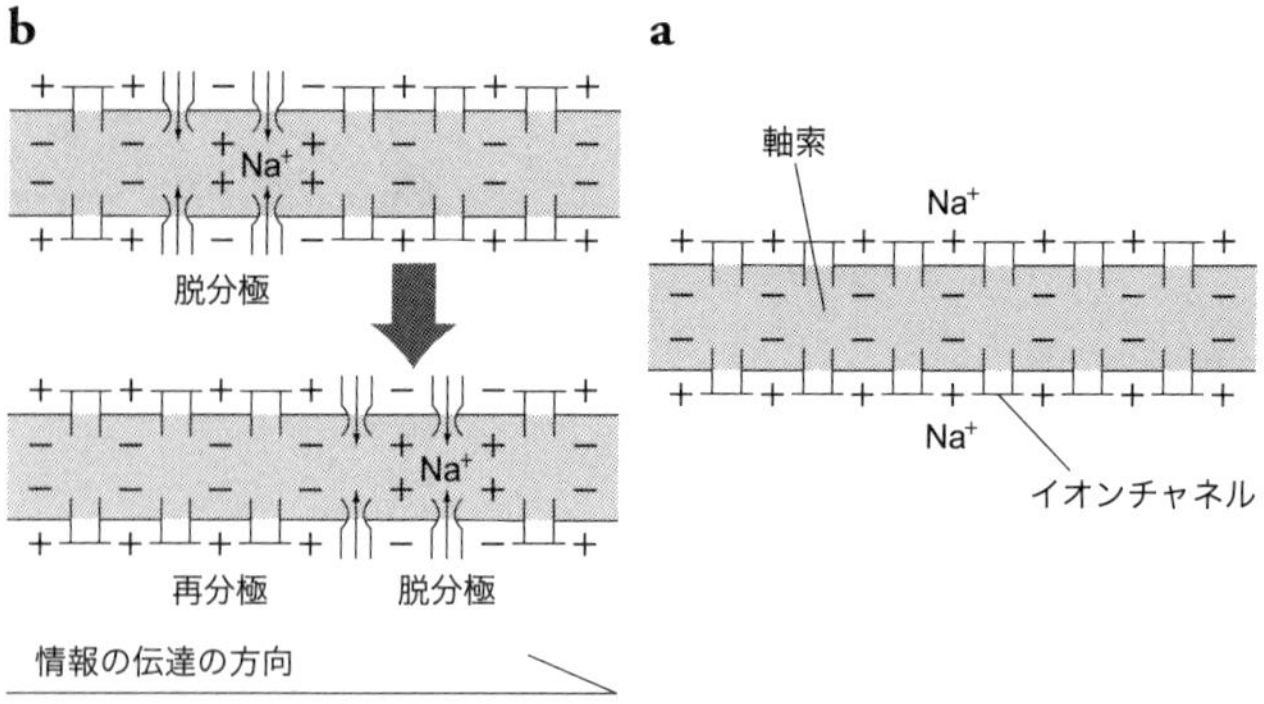

図3-13　軸索を伝わる活動電位

伝えているのに、道にとび出しちゃいけないという判断がすぐにできなければ危ない、危ない。

まず、速く伝えるためにどんな工夫があるか。少し複雑ですが、こういう細かいことをていねいに追って、なるほどと思うのが科学のおもしろさですので、図を見ながら考えてください。

軸索の様子を見ると、図3－13（**a**）のように、電気的に外側が＋（プラス）、内側が－（マイナス）になっています。具体的にはNa^+イオンが外にたくさんあるのです。これを分極状態と言います。軸索にはイオンチャネルとよばれるイオンの出入口があり、図3－13（**b**）のようにチャネルを通ってNa^+が中へ入ると、内側が＋（プラス）、外が－（マイナス）になります。これを脱分極状態とよびます。この脱分極状態は、次々に隣のチャネルへと伝わっていき、このようにして刺激が電気的な変化として伝わっていきます。はたらき終わったところは再びチャネルが閉じ分極状態になります。

この電気的変化をなるべく速く伝えるにはどうしたらよいか。一つは、軸索を太くすることです。イカなどの無脊椎動物はこの方法をとりました。でも、一本の軸索を太くすると体内にめぐらせる量は増やせません。そこで、私たちの仲間である脊椎動物は、ちょっと賢い工夫をしました。図3－14のようにミエリン鞘という特別の細胞で軸索を覆い、ところどころイオンチャネルが現われているような形をとったのです。これで、絶縁状態のところをとばしてすばやく情報が伝わります。実際の動物では、秒速一〇〇メートルにもなっています。

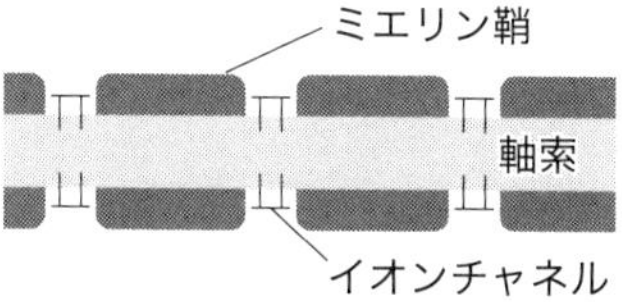

図3-14　脊椎動物の軸索

チャネルは本日も大忙し

これで速度は大丈夫。次は正確さです。これは軸索が次の細胞とつなぐ所の工夫で、ここは直接つながらずに隙間があいています。シナプスとよばれます（図3－15）。相手が筋細胞である神経筋接合部の軸索端末には、直径約四〇ナノメーターの小胞が数千ほどあります。この小

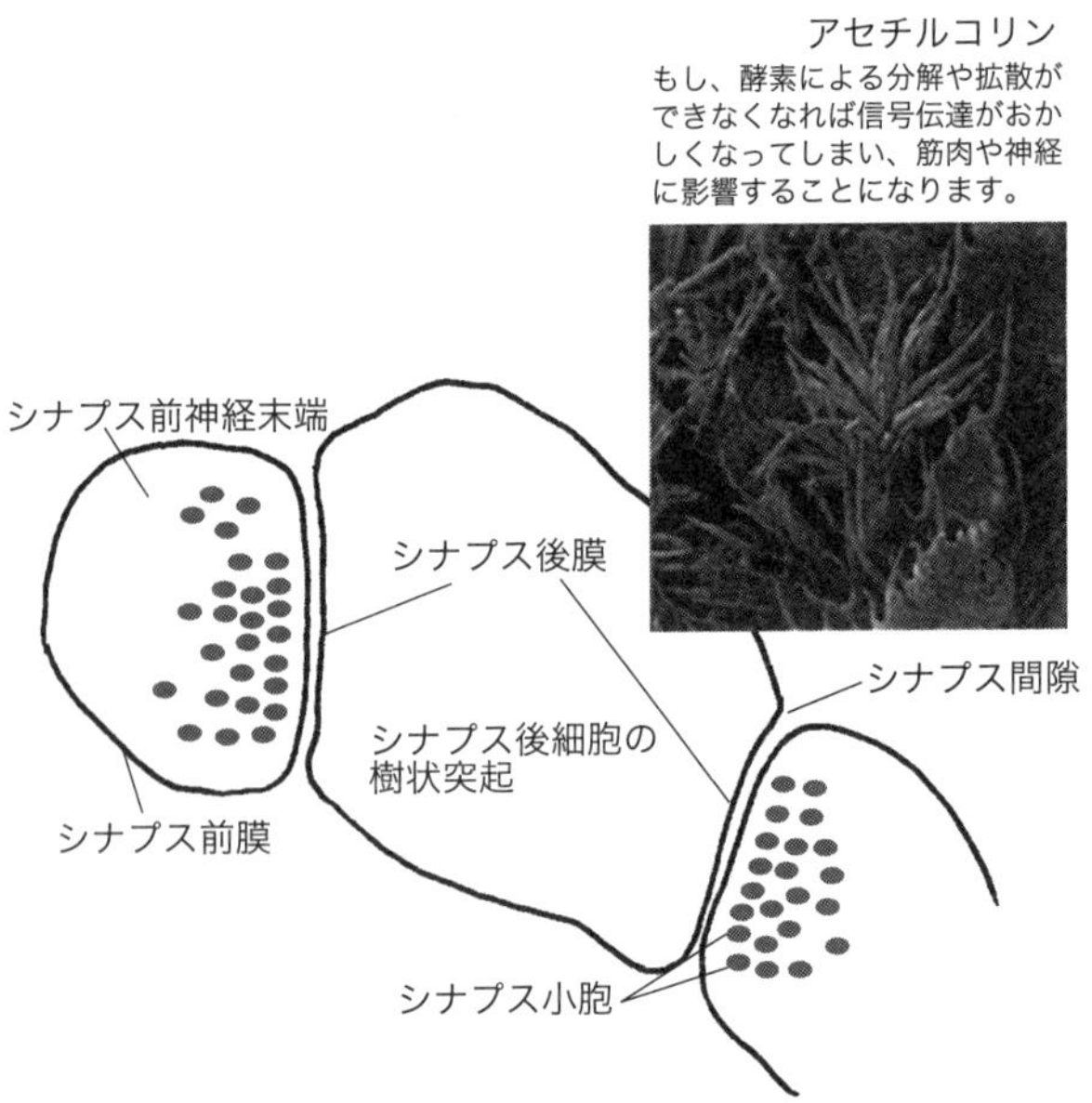

アセチルコリン
もし、酵素による分解や拡散ができなくなれば信号伝達がおかしくなってしまい、筋肉や神経に影響することになります。
シナプス前神経末端
シナプス後膜
シナプス間隙
シナプス後細胞の樹状突起
シナプス前膜
シナプス小胞

図 3-15　シナプス

胞の一つひとつには、アセチルコリンという物質が入っています。Na^+チャネルの開閉によって軸索に沿って伝わってきた活動電位は、この末端では、Ca^{2+}チャネルを開いて、Ca^{2+}が中へ入ると小胞の中のアセチルコリンが放出されます。アセチルコリンは、相手の細胞の膜のタンパク質に結合して、その立体構造を変えることで情報を伝達します。

ここにもチャネルがあります。筋細胞にあるチャネルは、アセチルコリンが結合すると開き、そこを電気的にプラスのイオン（Na^+、K^+、Ca^{2+}など）が通り、脱分極が起きます。こうして筋細胞に刺激が伝わり、筋細胞の活動をひき起こすのです。アセチルコリンは、酸素によって分解されたり、拡散したりして筋細胞のチャネルは閉じます。

軸索末端で小胞の中にあり、刺激によって放出される物質にはアセチルコリンの他に、グルタミン酸、αアミノ酪酸、グリシン、アスパラギン酸などがあり、αアミノ酪酸とグリシンは放出されると情報伝達を抑えるはたらきをします。このようにして情報伝達は調整されるのです。速く、正確に刺激を伝えていくためにさまざまな工夫があるけれど、基本ではたらいているのはチャネルです。細胞の表面にはこのようなチャネルがたくさんあって、開いたり閉じたり忙しくはたらいています。簡単で巧みな工夫だと思いませんか。

脳に命を吹きこむのは言葉です。そして……

脳の話も最後になりました。私たちの脳の基本はゾウリムシのような単細胞生物にすでにあるというところから始まり、細胞の表面にあるチャネルを使って情報のやりとりをしているしくみはどの生物でも同じだということを話してきました。人間の脳はとても複雑なことができるけれど、そのしくみの基本は数十億年も前にできており、それを上手に組みあわせてさまざまな脳ができてきたのです。生物の歴史を見ると、驚くほど昔から準備ができていることに感動します。カイメンの中に、すでに脳をつくるのに使う遺伝子があるなんて……どうして？　と思ってしまいます。

ここまでは、私たちが他の生きものとつながっていることを強調してきました。しかし、終わるにあたっては、そうは言ってもやはり人間の特徴はあるということを話したいと思います。

歩くために脳は大きくなった

人間の脳と言えば、「大きい」のが特徴です。なぜ大きくなったのか。現在かなり有力なのは二足歩行と関係しているという考え方です。ヒトは、霊長類の仲間ですが、チンパンジー、オランウータン、ゴリラなど他のものと違うところがいくつかあります。その中でも最大の違いは二足歩行です。四〇〇万年前にアフリカに暮らしていたアウストラロピテクスは、骨盤とひざの特徴や足に土踏まずがあって親指が物をつかめなくなっているところに注目すると、すでに二足歩行していたと思われます。

もっとも、現代人に比べると、腕が長くて脚が短い――つまり類人猿のほうに近いので、私たちのように、いつもいつも立って歩いていたのではなさそうです。チンパンジーと同じように樹の上で過ごす時間もたっぷりあったみたいで、楽しそうですね。骨格を調べていくと、確実に二足歩行になったのは、やはり私たち（ホモ・サピエンス）の仲間であるホモ属になってからだということがわかります。

そして、興味深いことに、二足歩行が確立した直後に、脳が大きくなったのです。アウストラロピテクスの脳はチンパンジーとほぼ同じで四〇〇ccくらい、彼らが存在していた二〇〇万年ほどの間に五〇〇ccまで増加しただけでした。ところが、一七〇万年前に登場したホモ・エレクトス（エレクトスは起つという意味で二足歩行が確立したことを意味する）では脳容積が九〇〇

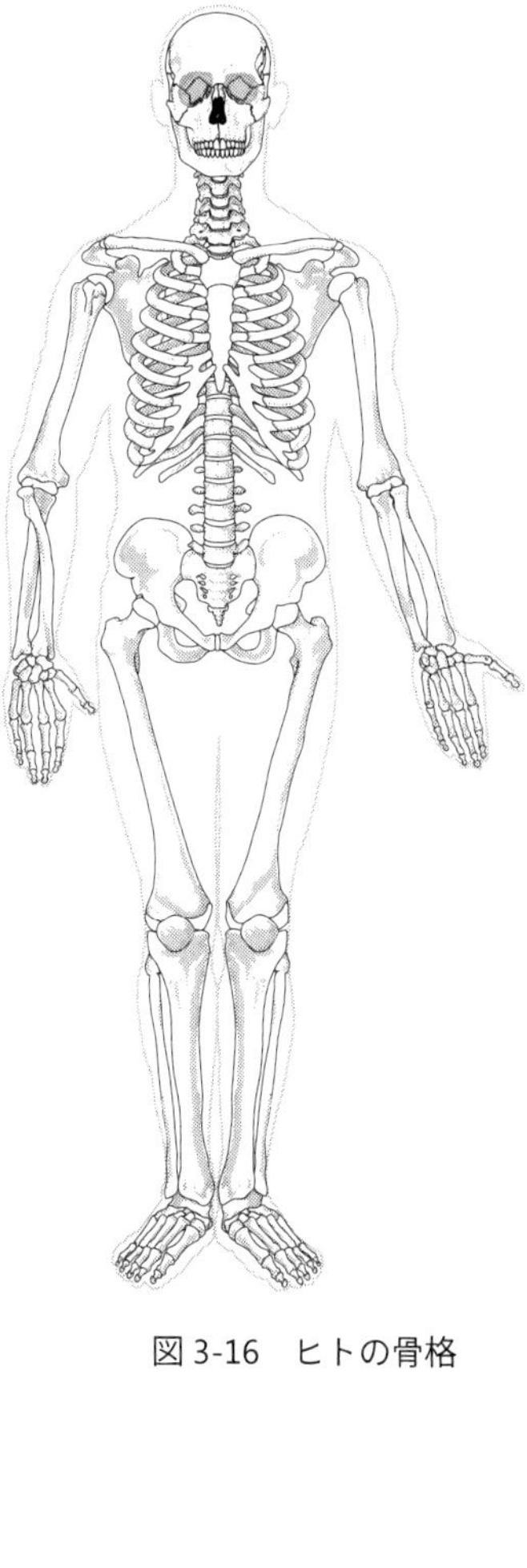

図 3-16　ヒトの骨格

cc、現代人の平均値一三五〇ccには及ばないけれど、他の霊長類に比べれば倍以上です。

食べるために、また脳は進化した

二足歩行と脳の増大とが関係があるらしい、ということはわかりました。その理由としては直立した場合には背骨と首がまっすぐつながって支えがしっかりしたことがあげられると思います（図3－16）。でも大きい頭が支えられるからと言って、意味もなく大きくしてもしかたがありません。しかも脳は、とんでもなくエネルギー多消費型なのです。安静にしているとき、単位重量あたりのエネルギー消費を見ると、筋肉の一六倍。人間の場合、体全体の総エネルギー消費の二〇～二五％が脳にあてられています。脳だけで全体の四分の一も使っている。普通の哺乳類では三～五％というのですから人間の大変さがわかります。エネルギーは食べものとして採るほかありませんから、ここで、食べものについて考えなければなりません。

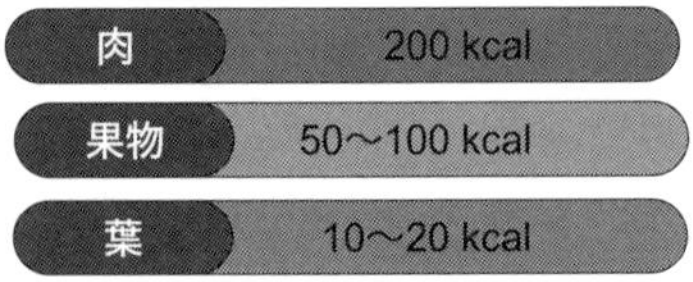

図3-17　100g あたりのカロリー

霊長類の仲間は森に住み、木の葉を主食としていました（草食です）。葉っぱは繊維が多くて消化が悪く、栄養分が少ないので大量に処理できる大き

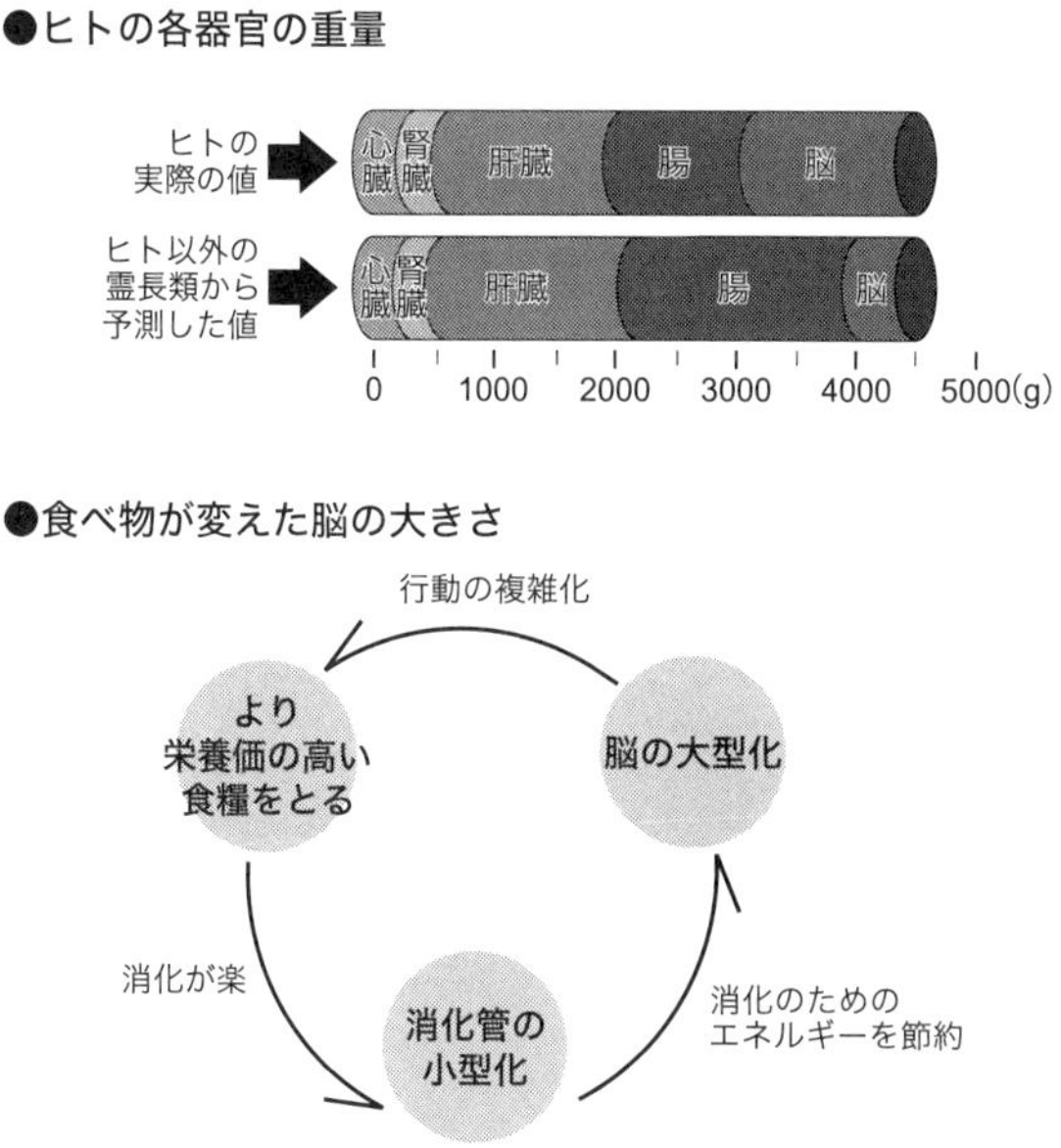

図3-18　脳と食事の関係

な消化管が必要です。しかし、そのうち果物など消化もよくカロリーに富んだ食べものを採る仲間が出てきました（図3－17）。実は、脳の大きな種《しゅ》ほどカロリーの高い食事をしていることがわかっています（図3－18）。最近の研究で、二足歩行のほうが四足歩行よりエネルギーが少なくてすむことがわかりました。

しかも、森林で暮らすチンパンジーやゴリラは一日に一～二キロメートル歩けば十分な食べものが手に入るけれど、草原に出たヒトは、一〇キロメートル歩くことも少なくなかったと思われます（この値は、現在の類人猿と狩猟採集民の移動から出したものです)。さらにヒトが進化を始めたころの気候変動で、アフリカ大陸の乾燥化が進み、ますます広範囲の移動が必要になったようです。食べものを求めてせっせと歩きまわっていた様子が目に浮かびます。大変ですが、みなスリムだったでしょうね。

二足歩行と脳の大きさと食べものと消化管と気候変動。これらがお互いに関係しあって、私たちの原型ができてきた様子がイメージできましたか。この陰では、これまでに紹介してきた細胞たちが、必要に応じて巧みにはたらいていたに違いありません。

「脳」を生かすためには……

ところで、人間はいつまでも狩猟採集だけで暮らしてはいませんでした。農耕や牧畜を始めて、より豊かな食べものを手に入れただけでなく、芸術を生みだしたり、都市をつくったり、文化・文明を進展させてきたのです。今では食べすぎの問題まで出ています。これから先、人間はどうなっていくのか。それを考えるのも脳ですね。

そうです。やはり脳は考える組織です。そして、考えるためには「ことば」が必要。他の生きものとつながっていながら、他の生きものにはない文化・文明をつくってきたのが人間の特徴だとすれば、それを支える「ことば」のことを扱わなければ、本当に脳について考えたことにならないと言ってよいと思います。残念ながら、この大事なテーマについて充分語る余裕はなくなってしまいました。

でも次の章は「環境」。実は「ことば」は私たちの体の中に止まっているものではなく、みんなの間でやりとりされることで大きな意味をもつものです。コミュニケーションと環境と……私たちと外とのかかわりはここから始まります。脳の話はこれで終りですが、脳が外とどうかかわるか、次のテーマへとつなぎましょう。こうして続いていくのが、生きものの特徴ですから。

第3章　生きものたちと環境

私たちも環境の一部です

人類に未来はない⁉

環境と聞いたとき、何を思いうかべますか。環境問題……大気や水の汚染に始まり、森林破壊、さらには環境ホルモンという問題もありますね。今年（二〇〇三年）は、水の問題が浮かびあがり、京都・大阪・滋賀で「世界水フォーラム」が開かれました。やはり、最も大きいのは、地球温暖化でしょうか。確かにこれらの問題は重要ですし、真剣に考え、解決方法をみつけなければ、大げさに言うなら人類の未来はないかもしれません。そんな勝手なこと言うなよと言いたくなるでしょう。もちろん、私も人類の未来を明るいものとして考えたい。それに、今、少しずつですけれど環境問題について考える人が増えて、問題解決の道を示す例も出てきました。そこで、環境問題については、ここからゆっくり考えていこうと思います。

ところで、そこに入る前に、環境という言葉の意味を考えておきたいのです（私はどうも基本を考える癖があるようなのでつきあってください）。

ここで登場するのがチャールズ・ダーウィン。おそらくこの名前は知っているでしょう。有名な『種の起源』という本を書き、「進化論」を世に問うた人です。今から一五〇年近く前のヨーロッパでは、神が人間を創造し、人間のためにたくさんの生きものたちを造ったという考え方が主流でした。ところがダーウィンは、生きものたちは最初から決まりきってはいない。少しずつ変わり、その中で新しい種《しゅ》も生まれたと考えたのです。教会の力が強い時代に、生きものは変わること、しかも人間もその仲間であると思わせる考え方を出すには、とても勇気がいりました。

ダーウィンは悩みましたが、やはり事実は事実、進化の考え方を出したのです。ここでダーウィンの書いたものを読むと、あることに気づきます。「自然をよく見ること」。ダーウィンは、ていねいにていねいに観察をし、そこから自分の考え方をつくっていきました。だから自信がもてたのです。

ミミズにもっと感謝しよう

その一つの例をあげます。環境を考えるうえで大事なことを教えてくれることがらです。ダーウィンは、あるとき、石灰をまいた牧草地を一回も耕さないのに、一〇年後には表面に石灰がまったく残っていないのはなぜかと聞かれたのです。掘ってみると、約七センチの深さのところに、地表にまいたのと同じ厚さで石灰の層がありました。しかも、その石灰層の下は石や粗い砂がいっぱいなのに、石灰層と地表の間は真っ黒な肥沃土《ひよくど》になっていました。仲間と一緒に調べた結果、そこにはミミズがいて、粗い砂を食べては糞として出していることがわかりました。ミミズの消化管を通るとみごとな黒土になるというわけです。

ダーウィンは、それ以来四四年間、地表に置かれたものが地中に入っていく速度を観測し続けました。一八四二年に牧草地に石灰をまき、一八七一年、つまり二九年後に掘って調べたところ一八センチ（七インチ）のところに白い線が見つかったので、一年に六ミリメートル沈んだことになるわけです。なんと気の長いことか！　大きな石が少しずつ沈んでいくのも見つけています。

最近、ミミズの力の研究は大がかりに進められ、地球上の至るところにミミズがいて、土をつくっていることが報告されています。アメリカ農務省の調査では、ミミズが一エーカーあたり一年で約五〇トン以上の糞をするとわかり、ミミズがかき混ぜた土の量は一〇〇〇トンにもなると言われています。

人間は〝環境〟に何ができるか

ダーウィンの論文「ミミズの作用による肥沃土の形成」は決して大げさな話ではなかったのです。ミミズって見たことありますか。最近の都会は、土の見えるところが少ないのでミミズにもなかなか出会えないかもしれませんが、ミミズの力は認めてやってください。もちろん、一匹のミミズのできるのは小さいこと。ダーウィンの観察でも、一年に六ミリメートルずつの変化というように長い長い時間がかかります。

「継続は力なり。こつこつ勉強すれば実力がつくよ」。先生や両親がよく言いますね。ミミズもすごいし、ダーウィンもすごい。両方ともまさに〝継続は力〟を見せつけてくれます。ところで、環境の話の始まりにこの話題をもってきたのは、生きものと環境は一体だということを考えたかったからです。環境問題と言ってしまうと、どこかに環境を壊す原因があってそれを非難するという考え方になりかねませんが、生きもの（もちろんこの中には人間も入ります）が存在すれば必ずその〝まわり〟があるわけです。

そして、生きものはその影響も受けるけれど、自分が環境をつくる。ミミズは、私たちのために肥沃土をつくってやろうと思っているわけではなく、ただ土の中の養分をとって、不要な分を糞として出しているだけなのですが、それが地球の土をつくっているわけです。その他にも生きものの力はいろいろ。私たち人間という生きものは、環境に対してどんなことをしているか。そういう目で環境を見ていきましょう。

＊ 実はミミズの話は一一七ページにもあります。同じデータですが、少し別の視点から見ています。「小さな生きもの」と「環境」という視点の両方からこれを考えるのも大切なことです。

地球の深呼吸を聞こう

光合成に大感謝

環境というテーマを、現代文明によって起こる〝環境問題〟としてとらえるのではなく、私たちが生きものとして生きていくときの〝まわり〟として考えていこうというので、ミミズが肥沃土をつくる話から入りました。

土といえば、植物が茂る森林が浮かびます。飛行機で日本の上を飛ぶと、列島の背骨になっているのは、緑の森であることに気づきます。もっとも、飛行機を降りると、空港の周囲はビルだらけ。緑は花壇くらいとなってしまい、現代文明は緑、つまり自然から離れる方向へと進んできたことがわかります。そこでは緑は、ときに目を慰めるものとしては評価されますが、生きることを支えるものとしては受けとめられてきませんでした。

今回は、植物に目を向けて考えていきましょう。植物といえば緑。この正体であるクロロフィルという物質が、太陽光のエネルギーを吸収して行なう光合成反応で、この地球上に生きる生きものたちのすべてを支えています。現代社会では、エネルギー源として石炭、石油、天然ガスなどを使っていますが、これらもすべて太古の生物が光合成で蓄積した太陽のエネルギーなのだということを忘れてはいけません（ちなみに、太陽によらないエネルギーとして人間が開発したのが原子力。小さな原子の中に閉じこめられたエネルギーを取り出す点で、技術としては画期的ですが、それに伴って放射能が出ること、しかも放射性廃棄物の処理法が確立していないことが問題です。長い時間をかけてできあがってきた生態系と、急速に開発した人工技術との関係は、環境を考えるときの大事な視点です。原子力は、エネルギーとしてだけでなく、同時に環境という目で見ていかなければなりません。この場合、最大の問題は廃棄物でしょう）。

＊ここで、東日本大震災（二〇一一年三月十一日）のことに触れます。この時は地震、津波によって東京電力福島第一原子力発電所で事故が起き、放射能汚染が大きな問題となりました。詳細を書く余裕はありませんが、科学者・技術者も含めて多くの人が、「想定外」と言ったことを忘れるわけにはいきません。すべて自分の思いどおりにいくことを求める科学技術と、予測不能の自然（生きものを含む）との関わりについて考え直す必要があることを示しています。この本で考えたい問題そのものです。

原始のスープってどんな味？

話が少し横道にそれました（大事な問題ではありません）。光合成に戻りましょう。この能力は、いつどのようにして生まれたか。今から三〇億年前以上の海の中で、〝ラン藻（シアノバクテリア）〟という単細胞生物がクロロフィルをもったのが、現在の陸上植物にまでつながる光合成の始まりです。実は、大昔の海に大量に育っていたラン藻（「ラン」は漢字で書くと「藍」。この藻は藍色をしています）が岩になってオーストラリア西海岸に残っています。ストロマトライトとよばれます。三〇億年以上も昔が現実に残っている――それが地球なのです。

私たちは、テレビのスイッチを入れたときにすぐ画面が出てこないとイライラするので、テレビはつねに待機状態になっています。これで無駄な電力が使われていることを考えると、そのくらい我慢できないだろうか、と思います。三〇億年とはいいませんが、現代文明の自然離れは何事も効率よく時間を短縮することをよしとする考え方につながっています。そのためにエネルギーを大量に使うことになり、それが環境破壊につながってきました。

また少し横道にそれました（環境はあらゆることと関係するので、いつのまにか本道が横道になってしまいます）。ラン藻の出現の意味は、大きく二つあります。一つは、いうまでもなく有機物の生産です。原始の海にはたくさんの有機物が溶けていました。よく「原始のスープ」という言葉が使われますが、飲んだらどんな味だったでしょう。その有機物を使って誕生したのが生きものです。そして生きものは有機物を食べて育ちました。ですから生物が増えて有機物を食べ尽くしてしまったらそれで終りです。現在のように地球上に生きものがたくさん存在することはなかったでしょう。もちろん人間だって生まれてくるはずがありません。そこにラン藻のような、太陽光を利用して水と二酸化炭素（これは空気中にたくさんありました）から有機物をつくるという魔法使いが現れたわけです。こうして養分がつくられ、生物は繁栄していきます。

むかしむかし、酸素は毒だった⁉

もうひとつの鍵は酸素です。光合成には、水（H_2O）の中の水素（H_2）だけが必要で、酸素（O_2）は廃棄物です。つまり、光合成がさかんになればなるほど廃棄物である酸素が大量に出ることになります。生命体が誕生したころの大気には酸素は存在しませんでしたが、今から五億年前ころには、現在と同程度の酸素量（大気の二一％）になったと計算されます。実はちょうどそのころ生物は水から陸へと上がっています。よく知られているように、酸素濃度が二一％ほどになるとオゾン層が形成され、紫外線がそこで吸収されるようになるからです。紫外線は

DNAを壊しますので、オゾン層の存在は重要です。

私たちは酸素がなければ生きていけない体のしくみになりましたが、大昔の生物にとって酸素はむしろ毒だったのですから、環境とはむずかしいものです。生物によって環境が変わり、環境によって生物が変わるという関係を上手に組みたててきた歴史が、地球の歴史です（ただし、これは長いながい時間の中でのことであり、しかも環境が変わる中で死んでいった生物もたくさんいたことには注意しましょう）。

環境が変わるといえばもうひとつ。原始の海は、鉄が大量に存在して赤色だったのですが、酸素ができて酸化鉄（Fe_2O_3）として海底に沈み、鉄鉱床ときれいな海ができました。現代社会は、鉄をどんどん掘りだして人工物を作っていますね。鉄と青い海は、光合成のおかげでできたのです。

こうして、原始の海から変化した環境が、現代までつながっていきます。これが陸にどのような影響を与え、陸はどんな環境になっていくか。ここで陸上生物と森林の話へとつながっていくわけです。

「キミの故郷は森」って知ってた？

陸は環境が変わりやすいところ

環境というと、どうしても人間を中心に考えがちですが、実は私たち人間は、多様な生きものの一つとして全体の中にいるのだということを基本にしなければいけません。これがこの章で考えることです。先ほど光合成があったからこそ生物は自分たちの力で生きられるようになったのだということを述べました。残念ながら動物にはこの能力がありませんから、基本はすべて植物に依存しているのです。環境を考えるにはまず植物の力をどれだけ生かせるかというところに注目する必要があります。

海中で生まれた藻類が陸へ上がりはじめたのは四、五億年ほど前、それから一億年ほどの間に森林ができました。当時はシダとソテツやイチョウなどの裸子植物でした。その後また一億年ほどかけて被子植物とよぶ、今私たちが目にするほとんどの植物、つまり花がきれいに咲く仲間が登場しました。ここで気づくことがありませんか。陸上の植物が変わっていく様子を一億年ほどで、と書きました。もちろん一億年は長い時間です。でも、海の中で光合成が始まってから陸へ上がるまでには三〇億年以上かかっています。陸は海に比べて、とても変化の速いところ、つまり環境が変わりやすいところなのです。

花粉症はスギのせいではありません

裸子植物と被子植物を比べると前者は風媒花です。例のスギ花粉がこれです。一方被子植物は、目立つ花をつけ、昆虫や鳥に花粉を運んでもらいます。スギ花粉の場合は、風まかせですから仲間のところへいけるかどうかわからないので、小さな花粉をたくさん出します（それで人間が迷惑する……と言ったら間違いです。植物のほうが先に誕生し、生き続けてきたのですから、その中で人間がいかに生きるかを考えるのが順序です。地面が土であれば吸収されるはずなのに、ほとんどの道を舗装してしまったから、その上で乾いた花粉が散るのです）。昆虫や鳥に運んでもらうには蜜をプレゼントしなければなりませんし、ちゃんと仲間のところへ届くようにするには、特別の色やにおいをつけて他と区別することも大事です。

こうして植物と動物の間の関係ができあがりました。ここでまたちょっと気づいてほしいことがあります。花粉を運ぶ動物は、空を飛び、植物の暮らす場を広げてくれます。つまり、動物は、陸へ上がってから一億年ほどの間に空にまで進出したのです。こうして生物の関わる空間、つまり環境は水から陸、さらには空へと広がり、その中でさまざまな生きものの関係ができました。これが生態系です。そして、その中心は森林です。

かつて私たちは森を捨てたのです

ところで、人間は森林と特別な関係にあります。サルの仲間は森の中で暮らし、しかも樹上の昆虫を食べるところから始まり、葉っぱ、さらには果物、木の実を食べるようになっていきました。樹上で食事をするのは鳥類が主ですが、昆虫や果物は食べても葉っぱは食べませんでした（消化が悪いからでしょう）。こんもり繁る葉っぱも食べられる森の住人が、私たちの祖先です。

でも、人類は、最終的には森を出てサバンナへ出ます。人類が二足歩行を始めたころは気候条件が悪く森林が減少していたので、あまり強くなかった人類は森林の端のほうへ、さらには外へと出ていくことになったと言われます。食べものを手に入れるのも大変になり遠くから運ぶようになったのが二足歩行の始まりとも言われています。その後も森林生活を続けている人間に一番近い仲間、チンパンジーの暮しと私たちの生活を比べると、森を捨てたからこそ、人間は人間として新しい暮らし方を手に入れたのだということがわかります。

その新しい暮らし方――つまり火を使い、土器を作りさらに農業へという文明への道は、どうしても森林破壊の歴史になりました。ちょっと考えこみますね。生きものとしての長い長い歴史は森林によって育てられ、なかでも私たちの祖先はとくに森林にお世話になってきたのですから。たった数百万年前（今までの時間のスケールに比べればこれは〝たった〟ですよね）に森を出たからといって、こんなに森林を壊さなければ生きていけないようになったのはどうしてなのだろうと考えてみることも必要でしょう。

破壊型の生活に入ったのは、二〇万年ほど前に生まれた現代人ですし、文明の方向に向かいはじめたのは一万五千年くらい前。これまでの時間スケールで見たら一瞬とも言える時間です。しかも二〇世紀という百年は急速に文明が進み、人口が急増し、さらに自然離れが進んだ時間です。人間の一生は百年ほどですから、今を生きる私たちには二〇世紀型の暮しがあたりまえですが、もっと長い目で見て生き方を考える必要があるのではないでしょうか。

牧畜が滅ぼした地中海文明

文明と森林の関係の一例として、環境史の専門家である安田喜憲さんが次のような例をあげています。地中海にはヨーロッパ文明の基本となる文明が生まれましたが、ここは穀物が生育する夏に雨が降らないので水資源が重要なところです。水資源確保には森林が大事なのに、人々は牧畜によって森林を徹底的に壊してしまったのです。森林が壊れると土壌浸食が進んで農地が荒廃し、さらに水不足になり結局没落していくことになりました。しかも、土壌浸食が下流の港を埋めてできた湿地にマラリア蚊が育ち、マラリアが大発生しました。こうして地中海文明は滅びたというのです。

この話を聞くと、現代と似ていると思いませんか。ソクラテスやアリストテレスがそんな環境破壊の中にいたとはあまり考えてきませんでした。それから三千年もたっても相変らずのことをやっているとしたら、いやもしかしたらもっとひどいことをしているとしたら、人間って何なのでしょう。よーく考えて、よい方法を編みだす知恵を絞りだすのが本当の賢さではありませんか。

むかしむかし、地球は氷の球だった!?

気候が変われば生きものも変わる

環境というと人間を中心に考えがちなので、他の生きものがどれほど環境に大きな関わりをもつかを考えようという話を続けてきました。ここからは話をもうひとつ外へ広げようと思います。気候です。

光合成によって酸素が生まれ、地球の様子が変化し、この変化によってまた生きものの様子も変わったことを書きました。つまり、生物と地球の様子は相互に関連しながらともに変化してきた――これを共進化といいます――のですが、変化のきっかけは、生物だけがつくるわけではありません。気候が大きく変化して、生物の様子が変わることもあります。

ここでは気候の変化のほうで、その中でも、ちょっと驚くような大きな変化があったのではないかという、最近出された仮説を紹介します。今から約七億年前の話なのですが、さまざまな状況証拠から出されたとても興味深い話です。科学といえば事実を示すものと思われがちですが、新しい発見をするには、まだだれも考えていないことを〝こうではないだろうか〟という仮説を出すことが大事です。それにはこれまでとちょっと違うことに気づくこと、それを説明できるたくさんの根拠を探す作業が必要です。それがよい考え方だと思う人が多ければ、みなで証拠固めを進め、だんだんに定説になるのです。

たとえば、進化もそうです。今では生物学者は、生物は進化すると考えていますが、ダーウィンがこの考え方を出したときは、反対もたくさんありました。特にキリスト教を信じている人にとっては、人間が他の生物とつながっているなんて考えたくなかったのです。そこで、自然をよく見て、小さな変化にも目を向けることで、地道に証拠を積みあげて説得してきたのです。

マイナス五〇℃の世界って？

前置きが長くなりました。七億年前に起きた気候変化を、大寒冷化といいます。それも地球表面が全面的に凍結したのではないかと思わせるほど寒くなった可能性があるというのです。これが「全球凍結仮説」です。

これまでに、地球上の生きものは、三八億年ほど前に誕生し、それが絶えることなく続いてきたと述べてきました。今私たちと一緒に暮らしている生きものたちは、みんな三八億年の歴史をもっているのだと。地球が全部凍ってしまったら、生きものたちは生き残れるだろうか？　疑問が生まれて当然です。

まず、七億年前の生物の様子を思いうかべます。まだ生物は陸には上がっていません。陸上の動物や植物がいたら、寒さで絶滅していたでしょう。当時の生物は、まだ水の中。しかもバクテリアのような原核生物、現存の生物でいうならミドリムシのような仲間である原生生物、藻類など、肉眼では見えない小さな生きものたちでした。それにしても、どんなに小さくたって、マイナス五〇℃にもなった中でどんなふうに生きのびたのでしょう。

氷の下の湖

いろいろ状況証拠を見ていきましょう。最近は南極の研究が進み、そこでもさまざまな微生物が生きていることがわかってきました。南極の氷の下には湖があります。その氷の厚さは……多くの人が数百メートルくらいあるだろうと考えていたのですが、実際は五メートル。ちょっと拍子抜けですね。凍っている地球にも太陽光は届きます。氷は下のほうでは少しずつ厚くなっていきますが、表面では昇華（氷が水にならずに一気に水蒸気になること）で減っていきます。そのバランスで五メートルになっているのです。これを氷の地球（スノーボールとよばれます）に当てはめると、赤道付近では氷の厚さは一〇メートルくらいになるだろうと計算されました。これなら、氷を通って太陽の光が数％ほど下の水まで届き、その中にいる光合成のできる微生物（前にシアノバクテリアや藻類を紹介しました）は生きていけた可能性があります。また、地球内部の熱が出てくる場所がありますから（今でも海底には熱水の出る場所があって、出てくる水の中に含まれる養分で生物が暮らしています）、そういう場所に入りこんだものもいるかもしれません。

限りない進化と多様化

南極の氷の下の水中を調べてみたら海藻がたくさん生え、魚も泳いでいました。その魚には、凍結を防ぐタンパク質がみつかりました。なんとか生きる工夫をするのが生物なのです。スノウボールのころは魚はいませんでしたが微生物に耐寒の工夫はあったかもしれません。興味深いことに、このような「事件」の後で地球が温暖化したときに、さまざまな新しい生物が進化し、生物界は多様化したと考えられるのです。

厳しさがあったから新しいものが生まれてきた。生きものは、とてもしたたかなものなのです。だから、環境問題なんて大したことない……そう考える人がいるとしたら、それは違います。ここでの話は、何千万年、何億年かけての変化です。考えたいのは、地球がもっているダイナミズムであり、その中で生きる人間も、環境保全と言って何も変わってはいけないという固定したものの見方でなく、大きな視野、多様な視点をもっていく必要があるということです。

地球は泣いている⁉

これまで、ミミズという小さな生きものに始まり、地球と生きものとの関係を見てきました。地球ができてから四六億年、生きものが誕生してから三八億年という長い時間をかけてできあがってきた関係です。その間には大気の組成も大きく変わり、温度も変化（全面凍結も含めて）してきましたが、生きものは全部消えてしまうことなく続いてきました。「なんとしたたかな奴だ……」。地球はそう思っているかもしれません。

ヒトは地球の新人です

ところで、その地球に一番最後に現れた生きものがいます。今から五百万年ほど前……そう、ヒトという生きものです。この生きものが、ちょっと他の仲間とは違っていました。二足歩行をして自由になった手は器用に、脳は大きくなって言葉も使えるようになったのが七万年くらい前でしょうか。ここで時間の長さを比べてみるために、人間の一生を、寿命を一二〇歳として秒で表してみたら、なんと約三八億秒。ちょっと驚きました。生命の起源が三八億年前ですから、生きものの歴史と人間の一生を重ねると一年が一秒になるわけです。この計算でいくと私たちの一日は、生きものの歴史の八万六〇〇〇年ほどになります。ジェット機やテレビや自動車など、今、身の回りにあるものが生まれてからの時間を考えると、せいぜい一～二分でしかありません。

ここで問題は、そんなに短い間に人間は、長い間かけてできあがった自然生態系を壊し、不安定にしているということです。それが環境問題なのです。これまでに長い地球の歴史や他の生きもののことを書いてきたのは、環境問題は目の前のことだけで考えたのでは本質がつかめず、したがって解決もできないと思うからです。逆に言うなら、人間が生きものであること、そして生きものである以上、長い歴史の中で生きていることを自覚しなければならないということです。そうすれば、自然に環境問題など起こさない暮らし方ができるはずです。私はこれを「生きもの感覚」とよんでおり、これをもつことがとても大事だと思っています。

〝生きもの感覚〟を磨こう

生きもの感覚のテストを一つしましょう。「冷蔵庫を開けたら二日前に賞味期限の切れたソーセージがありました。さて、どうしますか？」

しまった、忘れてたと思ってゴミ箱にポイと捨てる。これはもちろん不合格です。まず袋から取りだしてにおいを嗅ぎ、触ってみます。腐れば異臭がしますし、触感もやわらかくなりますね。まあ、期限切れ後二日ではそんなことはないでしょう。おそらく食べられると思いますが、やはり加熱したほうがよいでしょう。まだ腐るほど細菌は繁殖していなくても、念のため。油を使って炒めてもいいし、ゆでてもいいでしょう。そして食べるとき、ちょっと味見をして、「大丈夫！」となったら、あとはおいしく食べましょう。

このように、印刷された期日で判断するのではなく、自分の視覚・嗅覚・触覚・味覚など、身体がもっている能力を活用して答えを出すのが、生きもの感覚を生かすことです。

さらにその奥には、食べられるはずのものを食べずにゴミにしてはいけない、という生きもの感覚があります。動物は、生きものを食べずには生きていけませんが、貴重な生命をいただくのですから、そこでのムダ使いはしない！　これを守らないと、生態系のバランスが崩れます。

もし、ソーセージが腐っていたら（本当は気をつけていて、その前に食べないといけないのですが）、これはゴミにせざるを得ません。しかしここでもちょっと生きもの感覚がはたらくようにしたいものです。

「人間も生きもの」という意識が大切

ソーセージ——元は豚肉です——は、タンパク質や脂肪などの有機物です。人間の体をつくる素材として大事なこれら有機物は、生きものはなんなくつくりますが、工業的に合成しようとしてもできない大変貴重なものです。これらは炭素・チッ素などが主成分ですからゴミにして燃やすと結局、二酸化炭素（CO_2）や窒素酸化物（NOx）などになってしまい、大気を汚すほうにまわります。有機物を有機物として使うには、庭があったら土に埋めれば、土中のバクテリアが分解して、樹や花の肥料になります。

今は、マンションのベランダでも使える分解用器具がありますから、できるだけ有機物はそのまま土に戻すようにするのが良いですね。これを頭で理解するのでなく感じとれるようになること――これが生きもの感覚です。人間も生きものだということを忘れないこと。環境問題を考える基本はこれに尽きます。美しい地球で楽しく生きていけるよう、生きもの感覚を磨きましょう。

初出一覧

＊タイトルは初出から変更した場合がある

Ⅰ　私のなかにある三八億年の歴史――生命論的世界観で考える

「私のなかにある38億年の歴史――生命論的世界観で考える」『科学は未来をひらく〈中学生からの大学講義〉3』（共著）ちくまプリマー新書　二〇一五年

Ⅱ　まど・みちおの詩で生命誌をよむ

『NHKカルチャーラジオ 科学と人間　まど・みちおの詩で生命誌をよむ』NHK出版、二〇一七年一月（放送二〇一七年一月～三月、ラジオ第二放送）

Ⅲ　ゲノムから脳へ、そして環境

『ドリコムニュース高校生』連載、日本ドリコム

「ミクロの巨人たち　Genome is your mother」

①「君の歴史は38億年。」　二〇〇一年五月

②「遺伝子の世紀からゲノムの世紀へ。」　二〇〇一年九月

③「オトコとオンナはどこから始まる?」　二〇〇一年一一月

④「やはり「あなたはアナタしかいない!」」　二〇〇二年一月

「ミクロの巨人たち　The Brain」

① 「「ネットワーク」が脳の原型です。」　二〇〇二年四月
② 「脳は情報処理の信号機!?」　二〇〇二年五月
③ 「ご先祖サマはお魚サマ!?」　二〇〇二年八月
④ 「スーパープレーヤーを支える細胞たち」　二〇〇二年九月
⑤ 「ニューロンの性能はカーナビ以上!?」　二〇〇二年一一月
⑥ 「脳に命を吹き込むのは言葉です。そして……」　二〇〇三年四月

「生きものたちと環境」
① 「私たちも環境の一部です。」　二〇〇三年五月
② 「地球の深呼吸を聞こう！」　二〇〇三年八月
③ 「「キミの故郷は森」って知ってた？」　二〇〇三年九月
④ 「むかしむかし、地球は氷の球だった!?」　二〇〇三年一二月
⑤ 「地球は泣いている!?」　二〇〇四年四月

あとがき

十七歳は「自分の生き方」を考える大事なときなので、「生きている」ということを基本にこれから進む道を考えてほしい、と偉そうなことを言いました。

実は、それを書きながら、私が十七歳だったころを考えていました。私が通っていた高校は、古くからの女子校ということもあってのことでしょう、競争とはほど遠い雰囲気で、毎日を楽しく過ごしていました。子どものころから、今を楽しむことに忙しく、おとなになったら何になろう?と将来をしっかり考えるタイプではなかったのです。とくに私の時代は女の子に特別の期待をかける社会ではありませんでしたので、何になりたいかと聞かれることもなく、のんびりしていました。

三年生になるときに、先生に「大学へ進学するのなら専門分野を決めなければならない」と言われ、さあどうしましょう、です。国際機関に入ったらさまざまな国の人と一緒に働けて楽しいかもしれないと思ったりもしましたが、結局、化学の先生に人間としての魅力を感じ、同じ道を選ぼうと決めました。そのときの気持ちであり、深く考えてのことではありません。でも、科学に進んだお友だちの多くが「先生に惹かれて」と言っていますので、先生の影響は大きく、よい出会いは大事なことだと思います。

その後もさまざまな出会いがあり、今、私が生命誌という知をめぐって仕事ができているのは、とてもありがたいことです。もちろんその間にさまざまな岐路があり、どんな路を歩むかは、偶然も大きな役割をしています。十七歳は一つの決心のときではありますが、決してそれですべてが決まるものでもない。私の小さな体験から、そう思っています。

もう一つ。私が十七歳のときは、太平洋戦争での敗戦から立ち上がった日本はまだ貧しく、物の豊かさを求めている時代でした。その後、経済の高度成長期があり、科学技術の進歩によって日常生活は急速に豊かで便利になりました。

けれども今、この流れがそのまま続くことはむずかしいことが見えています。地球環境問題は明らかにそれを示しています。それだけでなく、このままさらなる便利を求めることが人間にとって幸せな生活をもたらすのだろうかという本質的な問いも生まれています。脳科学の研究で、乳幼児のころからスマホを使い続けているために脳の発達が順調に進まない、という事例の報告を聞きました。この本の中で書いたクローンなど、生きものの操作についても考えるべきことがたくさんあります。

これからの社会はどうあったらよいのか。自分の進路だけでなく、社会全体の方向も考えなければならない状況にあります。若い方たちが、自分の将来と重ねあわせて社会の方向を考えてほしい。この本にはそんな願いがこめてあります。

二〇二〇年三月

人類の未来を若い人達に託す気持ちで

中村桂子

解説　生命誌と建築

伊東豊雄

科学主義への警鐘

中村桂子さんと初めてお会いしたのは、一九九九年、当時の小渕首相のもと発足した「21世紀日本の構想」懇談会です。中村さんの自然に対する考え方にいたく共感していたのですが、その後、二〇〇七年に中村さんの生命誌研究館の季刊誌での対談で、私の手がけた、近代建築の枠をはずれた、有機的な生きものの構造を模したようなユニークな作品を見ていただきながら、二人で話をすることができました。

私の共感に対して、中村さんは「伊東さんの建築には共通して、『自然と一体』という主張が見えます」「伊東さんのお作りになった建物の中にいると、生きものの体の中にいるような感じがありますね」とおっしゃってくださいました。私が「対談を終えて」に書いているとおり、自然の中の生命をもつものを対象として研究をされている中村さんと、それとは一見対照的に、建築という人工的なものを扱う私なのですが、人間と自然とのあるべき関係、という点で、想いはひとつなのです。

中村桂子さんの生命科学での主張には、過信しがちな科学主義への警鐘が強く感じられます。私も建築の設計思想に対して同じ考えを抱いています。

例えば現在、ＡＩ、人工知能によって建築のデザインは可能と考えている建築家はかなりいるのではないかと思われます。建築の設計は複雑なパズルを解くようなものだと考えているのです。最近将棋でコンピューターが人間に勝った、という報道によく接します。それがあり得るのは将棋の場合、いかに複雑であっても厳密なルールが存在するからです。

建築も設計条件を設定してしまえば、将棋と同様、人間よりも優れた設計が可能かもしれません。二〇世紀のモダニズムとよばれている建築は「機能」という概念によって、単純な設計条件を設定しようと試みました。すなわち科学的手法で建築の最適解を得られる、と考えたのです。

建築はつねに環境の中に存在しています。環境は多様で複雑極まりなく、時間とともに絶え間なく変化します。それにもかかわらず、二〇世紀の科学思想は環境に左右されない場を設定し、その場の中だけで問題を解決しようと試みるのです。

住宅を例にとれば、食べる、料理をつくる、憩う、寝る、といった単純な行為の場に分け、それらにダイニング、キッチン、リビング、ベッドルームといった部屋をあてはめて、それらの組み合わせによって最適な住宅が設計し得ると考えたのです。機能主義ともよばれるこのような方法は、今日の公共施設の設計においても継承されています。

しかしそれぞれ異なる生き方をしている人間は、寝るという行為ひとつを取りだしても千差万別、それを機械の歯車のように客観視してしまうことは、考えられないことです。

建築を設計するという行為は、ある設定された条件の下でパズルを解くことではなく、複雑多様な環境の下で、設計者個人の思想に基づいて特定の条件を定めることにあるのではないでしょうか。「社会を見る確かな目」こそが、優れた建築家に求められる条件だと思うのです。

建築家は決して科学者ではありません。中村さんの言われるように、建築は生きた個々人が暮らす場所であり、人間がその「内に居る」、つまり全生活的な世界観から生まれるものでなくてはならないと思います。

以前に読んだ中村さんの文章の中で、京都大学霊長類研究所を中心とする研究グループによるサルの社会の研究について書かれています。そしてこのグループによる研究の方法が極めて日本的であると述べています。すなわち欧米の研究者ならばこのような場合、おそらく客観的で分析的な手法で取り組んだであろうと考えられるのに対し、日本では研究者たちが観察者ではなく、サルの生活に溶けこんでともに暮らす方法によって成果をあげた点に注目しています。またこの

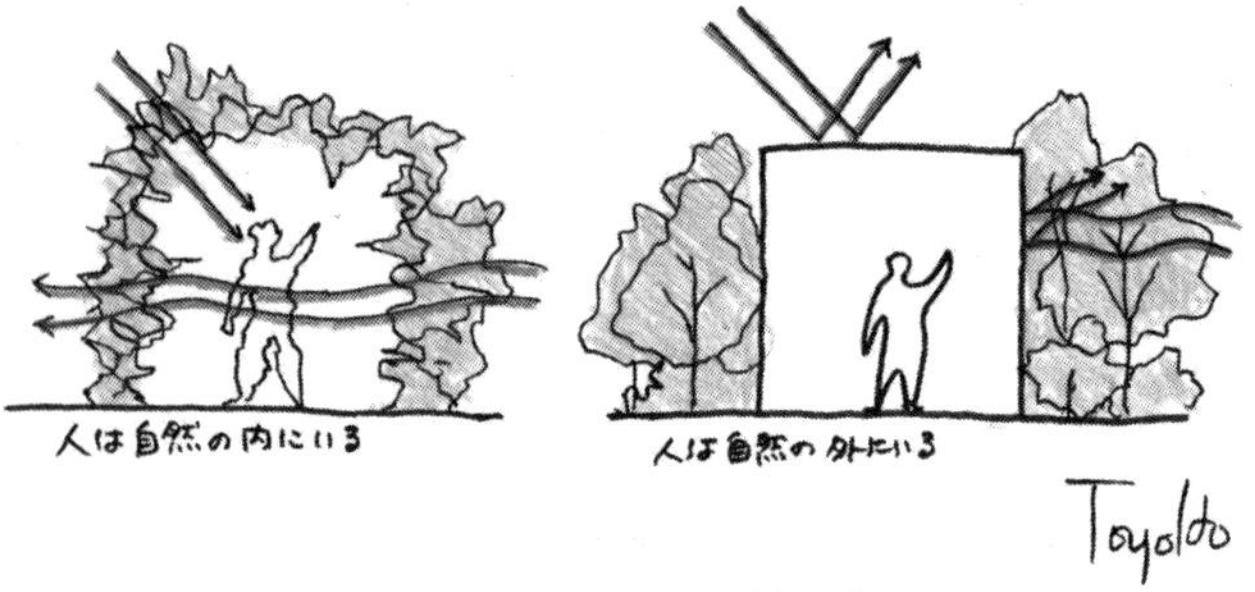
人は自然の内にいる
人は自然の外にいる
Toyoldo

図1　自然の内にある建築を考える

ような研究方法は「自然の中に溶けこみ、動物とも一体感をもつ日本人の自然観からの発想としか思えない」とも述べています。

これは極めて重要な指摘です。なぜなら研究であれ、設計であれ、人間が対象の外側にいるか、内側にいるかはとても大きな問題だからです。

私たちがいま関わっている建築の設計は、先にも述べたように、二〇世紀初頭に西欧から輸入された近代主義思想に基づいています。人間は設計対象の外側に立って、分析的な方法で設計を進めます。この方法はいかにも客観的、論理的に見えますが、建築のように環境と複雑な関係にある存在を、環境との関係を断ち切った人工物として扱ってしまうのです。そんな人工環境に住む人間は、自然との関係を断たれたロボットのような存在と言っても過言ではありません。

生命科学が自然の内にいる人間を扱おうとしているように、建築家もまた自然の内にある建築を考えなくてはならない時代にきているのです（図1）。

生きものは流れのなかの「渦」のような存在

その後、生命誌研究館が製作された映画「水と風と生きものと――中村桂子・生命誌を紡ぐ」（二〇一五年）に、私も出演させていただき、中村さんと再び対話をすることができました。このとき私は「技術は、自然との親密さを取り戻すためにあるのです」と中村さんに強調し、それに対して中村さんは「伊東さんは建築に、とことん技術をお使いになっているけれど、それを自然と向きあうために使ってらっしゃる。そこが魅力です」「伊東さんの建物には、生きものの感覚があります」と受けてくださいました。私が建築に込めた想い、建築の中でいとなまれる人間の活動を自然の中でのそれに近づけたい想いをわかってくださったのだと、本当にうれしく思いました。

私たちが目にする「人体解剖図」では、心臓、肺、胃、肝臓、腎臓……といった具合に人体はいくつもの要素に分けて描かれていて、それぞれの働きの違いが説明されています。すなわち人体は、生きものであるのに、「機能」概念によって分析的に描かれているのです。ですから西欧医学では身体のどこかに問題が生じると、検査によって問題の臓器を突きとめ、その部分を対症療法的に治療します。しかしこのような対症療法では、往々にして他の臓器に副作用が生じます。するとまたしても副作用の生じた臓器に特化して治療を施すのです。

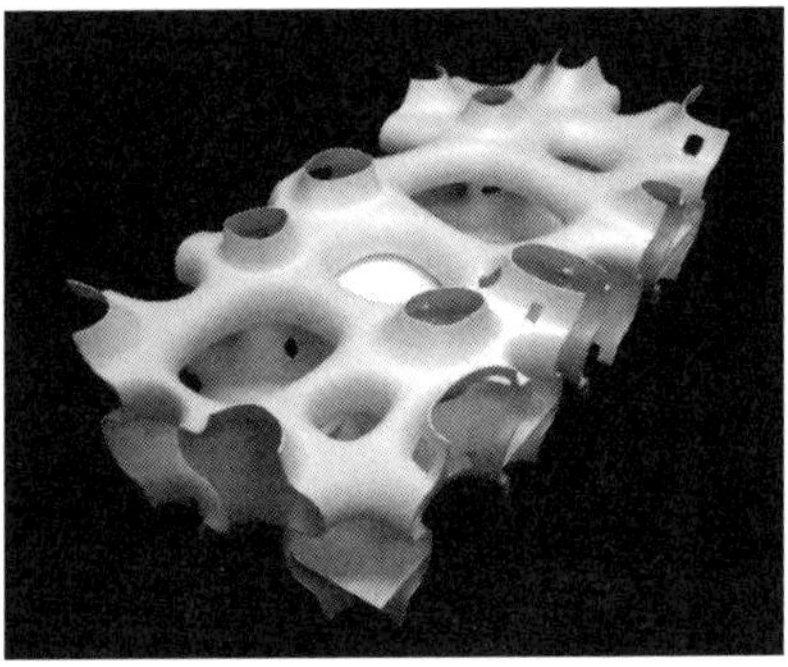

図２ 「台中国家歌劇院」構造体モデル
内と外とがつながったり分かれたりしている

これに対し東洋医学では、身体を西洋医学のように分析的にはとらえません。人間の身体を「気」「血」「水」の流動体として把握します。このような理解によれば、各臓器は自立した存在ではなく、流れのなかの「渦」のような存在です。水の流れとの関係において存在し、流れの変化によって渦もまた変化するのです。ですからある臓器に問題が生じると、流れの全体に問題が生じるのです。東洋医学では「気」の流れが悪い、といった表現がよく使われますが、これは特定の臓器だけの問題と考えるのでなく、身体全体のバランスが崩れていると考えるのです。

そこで私は考えました。建築もさまざまな機能を備えた部屋の集積と理解するのではなく、建築全体を流動的な空間と考えることが可能ではないかと。

公共建築のコンペティションでは応募要項において大方の場合、機能に従った空間（部屋）のヴォリュームが与えられています。一般的には、それらをどのように関係づけ、全体を構成するかが問われるのです。

しかしここでは機能によって分節されている抽象的な空間ではなく、人々の具体的な活動の場に戻して考えてみる必要があると思います。いきなり部屋を規定してしまうのではなく、自然環境の中で人が集まる場として考えれば、実に多様な集まり方が想像されるでしょう。読書する行為も、コンサートを聴く行為も、演劇を見る行為も、「〜のための部屋」という枠組みを一旦外して考えれば、はるかに自由で楽しいさまざまな行為の場所が描けるはずです。建築をそのような行為の場の複合体として考えれば、機能という言葉から解放され、自由で楽しい建築が構想されてくるように思います(図2、図3)。

図3 「台中国家歌劇院」
エントランスホールでのコンサート

「人は自然の部分である」

二〇一八年、白金の庭園美術館で「ブラジル先住民の椅子　野生動物と想像力」と題する展覧会が催されました。アマゾン流域にいまも住む先住民によって製作された手彫りのストゥール、約九〇点がブラジルから送られて展示されたのです。これらの椅子はすべて一本の丸太から斧やミノを使ってつくられたとのことで、素朴ですが、実に力強く魅力的な椅子ばかりでした。一見するると随分時代を経たもののように見えるのですが、古くても今から三〇年前くらいのものだそうです。ですから私たちが現在使っているモダンな椅子と同時代につくられたと言えるでしょう。

本書には、中村さんの生命をめぐる科学を、まど・みちおさんの詩の言葉を引用して語るという文章がおさめられています。科学と詩という、一見かけはなれたものですが、それを一つにして語るという、まさに中村さんらしい文章です。この中に「椅子」というまどさんの詩が出てきますが、アマゾンに住む多様な生き物についても、中村さんは何度か言及されています。

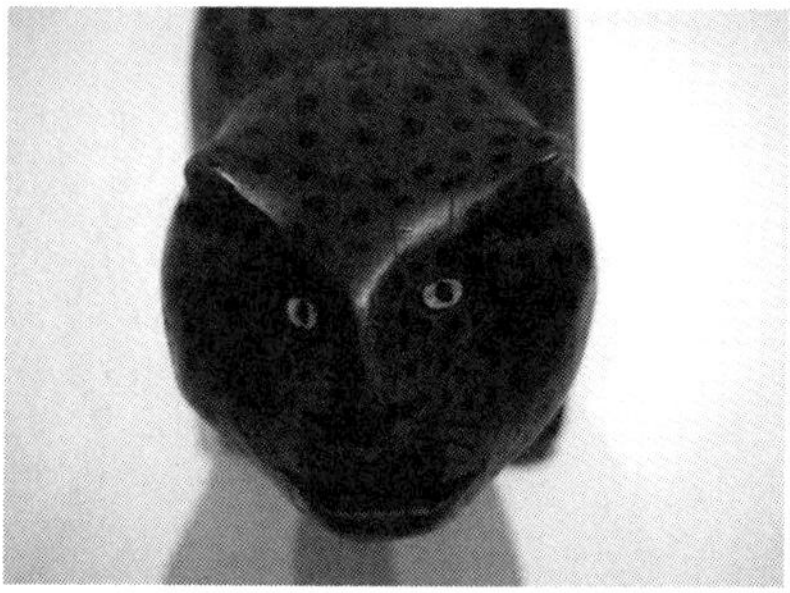

図4 「ブラジル先住民の椅子 野生動物と想像力」展
（東京都庭園美術館、2018年）

先住民の椅子には単純なストゥールもあれば、幾何学的装飾を施したものもありましたが、来館者を強く惹きつけたのはさまざまな動物の形を模したストゥールでした（図4）。これらの椅子は、集落の長の権威を象徴するための座であったり、呪術のために使われた椅子（特に飛翔を象徴する鳥の形を模したもの）、さらにはそのような象徴的意味合いを失った単なる観賞用の椅子など使用目的はさまざまです。しかしそこに一貫しているのは、近代合理主義思想からは決して生まれないプリミティブな人間の手でつくられていることです。ＡＩによってつくられる椅子とは対極にあると言ってもよいでしょう。

そして製作者である先住民の手の背後に見えてくるのは、彼らの目線の低さです。彼らは動物と全く同じ目線で向かいあっているのです。それぞれの動物の椅子に示されている表情は、リアルな野性の力を感じさせながらも、人への愛情と信頼に満ちあふれています。裏返せばそれは、作者の動物に対する愛情であり、信頼感でもあるのです。ジャングルの中で動物たちと同じ暮しをしているからこそ、このような目線の低さが可能なのでしょう。

中村桂子さんが常々言われているのは「人は自然の部分である」という言葉です。ブラジル先住民の椅子ほど、この言葉を具体化しているものはないと思います。東京の都心に近い美術館でこれらの椅子に触れたとき、私は自らの内で消えかかっていた野性を突然覚醒させられたように感じました。

自然と一体となった生活を

今から三十数年前、私は東京の中野に「シルバーハット」と呼ぶ自邸をつくりました。鉄やアルミなどの人工素材で構成されてはいましたが、外部に対して開放的な小屋でした。都会でも自然に溶けこむプリミティブハットが可能なはずだと意気ごんだ住まいであったので、雨や風、寒

図5　中野に建てた自邸「シルバーハット」

さや暑さには動物のように敏感に反応しながら暮らしていました。雷が鳴ると壁の隅に身を潜めていたり、雪が降ると屋内でもコートを着込んで寒さを凌ぐような有り様でしたが、自然と一体になって生活している実感はありました（図5）。

しかし妻の死に伴って「シルバーハット」は解体され、二〇一一年に大三島《おおみしま》の「今治市伊東豊雄建築ミュージアム」の一部として再生されました。

いま私は、都内のマンションの八階で暮らしています。このような集合住宅で生活するのは生まれて初めての経験ですが、大地に接しての暮しとはまったく違います。

窓を閉めていれば外部の音はほとんど入ってきませんし、雨の降っていることに気づかないこともあります。また上下階や隣接した住まいが断熱材の役割を果たしてくれるので、冷暖房もかなり節約されます。つまり以前に較べれば楽な生活ということができます。しかし「楽な」という意味は「居心地が良い」とは異なります。

中村さんとも、先ほど申し上げた映画「水と風と生きものと」の中で、高層建築をめぐっての否定的な意見で意気投合しましたが、現在のマンション暮しは、いわば「宙に浮いた箱」の中に居るようなもので、自分の「居場所」がない生活と言えるでしょう。大地に根を下ろしているという確かな実感がないのです。本来すべての動植物は自らの「場所」をもっているはずです。人間だけが、都市生活のなかで「場所」を失いつつあるのです。もう一度自然に接した暮しをしないと、人々は動物的な感受性を失って、「生きている」という実感までもなくしてしまうでしょう。もはや便利さに安住している時代ではないのです。中村桂子さんと私が共鳴したように、「自然の一部としての人間」をどう社会の中で実現していくか考えなくてはならないでしょう。

いとう・とよお 一九四一年生。建築家。東京大学工学部建築学科卒業。主な作品に、「せんだいメディアテーク」「みんなの森 ぎふメディアコスモス」、「台中国家歌劇院」(台湾)など。日本建築学会賞、ヴェネチア・ビエンナーレ金獅子賞、プリツカー建築賞など受賞。近著に『「建築」で日本を変える』(集英社)、『日本語の建築』(PHP研究所)、『伊東豊雄　21世紀の建築をめざして』(エクスナレッジ)等。

著者紹介

中村桂子（なかむら・けいこ）

1936年東京生まれ。JT生命誌研究館名誉館長。理学博士。東京大学大学院生物化学科修了、江上不二夫（生化学）、渡辺格（分子生物学）らに学ぶ。国立予防衛生研究所をへて、1971年三菱化成生命科学研究所に入り（のち人間・自然研究部長）、日本における「生命科学」創出に関わる。しだいに、生物を分子の機械ととらえ、その構造と機能の解明に終始することになった生命科学に疑問をもち、ゲノムを基本に生きものの歴史と関係を読み解く新しい知「生命誌」を創出。その構想を1993年、「JT生命誌研究館」として実現、副館長（〜2002年3月）、館長（〜2020年3月）を務める。早稲田大学人間科学部教授、大阪大学連携大学院教授などを歴任。

著書に『生命誌の扉をひらく』（哲学書房）『「生きている」を考える』（NTT出版）『ゲノムが語る生命』（集英社）『「生きもの」感覚で生きる』『生命誌とは何か』（講談社）『生命科学者ノート』『科学技術時代の子どもたち』（岩波書店）『自己創出する生命』（ちくま学芸文庫）『絵巻とマンダラで解く生命誌』『小さき生きものたちの国で』『生命の灯となる49冊の本』（青土社）『いのち愛づる生命誌』（藤原書店）他多数。

生《い》きる　17歳《さい》の生命誌《せいめいし》

中村桂子《なかむらけいこ》コレクション いのち愛《め》づる生命誌《せいめいし》6（全8巻）〈第5回配本〉

2020年5月10日　初版第1刷発行©

著　者　中村桂子
発行者　藤原良雄
発行所　株式会社 藤原書店

〒162-0041　東京都新宿区早稲田鶴巻町523
電　話　03（5272）0301
FAX　03（5272）0450
振　替　00160 - 4 - 17013
info@fujiwara-shoten.co.jp

印刷・製本　中央精版印刷

落丁本・乱丁本はお取替えいたします
定価はカバーに表示してあります

Printed in Japan
ISBN978-4-86578-269-1

◇響き合う中村桂子の言葉と音楽 …………ピアニスト 舘野 泉

中村桂子さんと対談をさせていただいた(『言葉の力 人間の力』収録)。2011年3月7日に東日本大震災が起こる四日まえのことだった。東京でも雪が降り、その中を中村さんが我が家に来てくださった。

私たちは人間のために世界は創られていると思いがちだが、人間中心のその考え方が独りよがりのものに思えた。生きとし生けるものが、みなそれぞれに生きている。どんなに小さなものも、大きなものも、何のためにか知らないけれど生きているのだ。そして、どこかで繋がっている。そんなことを語り合い考えた。

毎年、季節が巡れば花が咲く。花を咲かせるものも、咲かせられないものも生きている。いつかは消えてなくなっていくけれど、死さえも生きて蘇るものとなっていく。

そんな思いで、私の音楽も生まれ、一つ一つのピアノの音が昇り消えてゆくのを聴いている。中村さんの言葉と響き合っていると感じる。

◇しなやかな佇まい ……………………………………作家 髙村 薫

「ひらく」。「つなぐ」。「ことなる」。「はぐくむ」。「あそぶ」。「いきる」。「ゆるす」。「かなでる」。科学と人間をつなぐこれらの柔らかな目次の言葉たちは、科学者である著者の全人生から発せられたものである。

そのしなやかな佇まいは、今日の生命科学の知見が塩基の配列といったレベルを超えて拓いてゆく世界の広大さと、それを見つめる私たち人間の好奇心、そして日々生きて死ぬいのちの営みの凄さ、面白さのすべてを言い当てていると思う。

◇よくわかった人……………………………… 解剖学者 養老孟司

中村さんはよくわかった人です。すごいなあと思います。子どもにもちゃんとわかるように語ることができます。ということは、本当によくわかっているということです。わかっているつもりで、わかってない。そういう専門家も多いですからね。

いわゆる科学をなんとなく敬遠する人がいますが、そういう人こそ、この本を読んでください。大人はもちろん、子どもにもお勧めです。生きものの複雑さ、面白さがわかってくると思います。

▶本コレクションを推す◀

◇生命誌研究館での出会い……………… 絵本作家　加古里子

柄にもなく、地球生命の現状を知りたくなった私が、跳び込むようにJT生命誌研究館を訪れたのは、いつのことだったか。高槻市に創設されて間もないときではなかったか。記憶では、『人間』という科学絵本を書こうとしていた頃ではないかと思う。

生命誌という観点に大いに興味を持ち、当時の館長の岡田節人氏と副館長の中村桂子氏から、単なる生命の展開ではなく、生命誌という観点に立つ扇形の展開図「生命誌絵巻」を見せていただいた。また、新しい見事な「生命誌マンダラ」の円形の図にも感服し、教示を受ける幸運を得た。

中村桂子先生とは、それ以来の交流で、その後館長になられ、2011年には対談もさせていただいた。得難い時間であった。

いうまでもなく、生きる基本に「いのち」がある。それを生命誌という貴重な考え方で説く、中村桂子コレクションが発刊される。私が得た幸運を、皆様にも、ぜひにと願う。　＊ご生前に戴きました

◇中村桂子先生について ……………… 児童文学者　松居 直

中村先生は、とても鋭い見方をする方。単に科学者というだけでなく、本当にいちばん本質的なところを、ちゃんと突く。しかも、男性ではなく、女性である。女性ならではの鋭さかもしれない。男女を問わず、このような科学者は、そんなに多くいるわけではないだろう。

中村先生が、まどみちおさんの詩に共感し、生命誌として読み解き、その世界にこたえの一つを見つけられたことは、決して間違っていない。

本には共感すること、教えられることが、いっぱいある。私自身この年齢になってからも、考えたり学んだりするということは、幸せといえば幸せ。同時に今まで何をしていたのかと思うこともある。いのちを大切にする社会を提唱している中村さんの本は、そう気づかせてくれた一冊である。

今、「いのち」ということを、子どもたちが深く知る、感じるということが、とても大切だと痛感している。中村桂子コレクションの中でも、特に『12歳の生命誌』は、大切なことを分かりやすく書かれた本で、子どもにも大人にも、ぜひ読んで欲しいと思う。